Weidner

Qualitätsmanagement

Georg E. Weidner

QUALITÄTSMANAGEMENT

- Kompaktes Wissen
- Konkrete Umsetzung
- Praktische Arbeitshilfen

HANSER

Bibliografische Information der Deutschen Nationalbibliothek

Die Deutsche Nationalbibliothek verzeichnet diese Publikation in der Deutschen Nationalbibliografie; detaillierte bibliografische Daten sind im Internet über <http://dnb.d-nb.de> abrufbar.

© 2014 Carl Hanser Verlag München
http://www.hanser-fachbuch.de

Lektorat: Lisa Hoffmann-Bäuml
Herstellung: Thomas Gerhardy
Illustrationen: Daniel Trylski
Videoproduktion (E-Book): emilQ TV, München
Satz: Kösel Media GmbH, Krugzell
Umschlaggestaltung: Stephan Rönigk
Druck & Bindung: Hubert & Co, Göttingen
Printed in Germany

ISBN 978-3-446-43839-2
E-Book-ISBN 978-3-446-43850-7

Vorwort

Sie denken darüber nach oder haben sich bereits dafür entschieden, die Qualität(en) Ihres Unternehmens zu steigern?

Als eine gewinnbringende Grundlage hierfür hat sich die Einführung eines Qualitätsmanagementsystems (QMS) bewährt. Darin können Sie alle Abteilungen, Bereiche und Prozesse integrieren, um je nach individuellen Anforderungen die Qualität in allen oder einzelnen Teilen zu verbessern.

Wenn Sie sich darüber hinaus dazu entscheiden, Ihr QMS entlang einer anerkannten Norm einzuführen, haben Sie im Anschluss die Möglichkeit einer Zertifizierung, welche einem „Aushängeschild für Qualitätsunternehmen" entspricht. In diesem Zusammenhang orientieren wir uns in diesem Buch an den Maßgaben der am häufigsten implementierten und international anerkannten Qualitätsnorm DIN EN ISO 9001:2008.

Gepaart mit Ihrem Tagesgeschäft kann ein individuelles Qualitätsmanagementsystem kraftvolle und gewinnbringende Dienste für Sie leisten. Dies setzt voraus, dass es lückenlos etabliert und aktiv genutzt und gelebt wird. Hierfür versteht sich dieses Buch als Ihr Coach und Sparringspartner. Es wird Ihnen zur Seite stehen, um

- sich mit den Hintergründen und wichtigsten Grundlagen von und um Qualität vertraut zu machen,
- bewährte und praxisnahe Qualitätswerkzeuge einfach und erfolgreich anzuwenden,
- ein Qualitätsmanagementsystem weitgehend in Eigenregie einzuführen,
- Ihr Unternehmen nach Maßgaben der DIN EN ISO 9001:2008 zertifizieren zu lassen,
- Ihr implementiertes QMS gewinnbringend für Sie arbeiten zu lassen und kontinuierlich weiterzuentwickeln.

Mit einem QMS werden Sie sich einen Sportwagen zulegen, der sich auf der Rennstrecke viel wohler fühlt als in der Garage. Und bei richtiger Nutzung können Sie damit auch Rennen gewinnen – denn Qualität siegt!

Ich wünsche Ihnen nun viel Spaß bei der Lektüre dieses Buches, maximalen Erfolg bei der Umsetzung sowie im täglichen Umgang mit Qualität – beruflich wie privat.

München, Frühjahr 2014   *Georg E. Weidner*

Während der Erstellung des Manuskripts zu diesem Buch, habe ich mich bemüht, einerseits dem Umfang der Thematik Qualität gerecht zu werden und andererseits ein praxisorientiertes und kompaktes Werk zu schaffen. Daher ergeben sich zweifelsohne Möglichkeiten zur weiteren Vertiefung der dargestellten Inhalte.

Über Ihre Meinung, Kritik und Praxiserfahrungen würde ich mich sehr freuen!

Kontakt

Georg E. Weidner
Bäckerbauerstraße 7
81241 München
Germany
Tel.: +49 89 88 99 86-20
Fax: +49 89 89 86 72-25
office@emilq.com
www.emilQ.com

Inhalt

Wie nutze ich dieses Buch?   XI

1   Mit Qualität zum Erfolg   1
1.1 Welche Vorteile bietet ein Qualitätsmanagementsystem?   3
1.2 Woher kommt Qualität?   5
     1.2.1 Qualität im Altertum   5
     1.2.2 Qualität im Mittelalter   6
     1.2.3 Qualität im Industriezeitalter   7
     1.2.4 Qualität bis heute   8
1.3 Die vier Grundsätze für Qualität   10
     1.3.1 Grundsatz 1 – Die Definition für Qualität   12
     1.3.2 Grundsatz 2 – Das System, das Qualität bewirkt   13
     1.3.3 Grundsatz 3 – Der Leistungsstandard für Qualität   17
     1.3.4 Grundsatz 4 – Der Maßstab für Qualität   20
1.4 Das Qualitätsmanagementsystem   22
1.5 Wie funktioniert ein QMS?   24
1.6 Was ist eine Norm?   25
     1.6.1 DIN EN ISO 9001 und Co.   26
     1.6.2 Die Normenfamilie   29
     1.6.3 Nachbarn der ISO 9001   29

2   Quality Coaching   33
2.1 Das MEMO-Prinzip   34
2.2 Aufbau- oder Ablauforganisation?   38
2.3 Prozessmanagement   42
     2.3.1 Prozesskette   42
     2.3.2 Prozessarten   43
     2.3.3 Prozessebenen   45
     2.3.4 Darstellung von Prozessabläufen   46
2.4 Effizienz versus Effektivität   49

3   Das Einmaleins des Projektmanagements anwenden **51**

3.1   Projektdefinition 52

3.2   Projektorganisation 53

3.3   Projektrollen 53

    3.3.1   Auftraggeber des Projekts 54

    3.3.2   Projektsponsor 54

    3.3.3   Lenkungsgremium 54

    3.3.4   Projektleiter 54

    3.3.5   Projektcontroller 55

    3.3.6   Projektmitarbeiter 56

    3.3.7   Fachspezialisten 56

    3.3.8   Projektcoach und Berater 56

3.4   Projektkarriere 57

    3.4.1   Phase 1 – Projektvorbereitung 57

    3.4.2   Phase 2 – Projektplanung 58

    3.4.3   Phase 3 – Projektdurchführung 61

    3.4.4   Phase 4 – Projektabschluss und Review 64

4   Veränderungen meistern **69**

4.1   Change Management 69

    4.1.1   Zusammenstellung des QM-Projektteams 70

    4.1.2   Führung durch Veränderungsprozesse 71

    4.1.3   Erfolgsfaktoren guter Führung 72

    4.1.4   Das Tal der Tränen 74

4.2   Teamwork 76

    4.2.1   Die Gruppenuhr 77

    4.2.2   Rahmenbedingungen 79

    4.2.3   Atmosphäre 81

    4.2.4   Brainstorming 82

    4.2.5   Konsensfindung 83

    4.2.6   Konfliktlösung 84

4.3   Arbeitstechniken 85

    4.3.1   Moderation 86

    4.3.2   Visualisierung 87

    4.3.3   Präsentation 90

    4.3.4   Kommunikation: Der Kunde und der Lieferant 91

    4.3.5   Zeitmanagement in 100 Sekunden 95

5   Ihr QM-Werkzeugschrank **99**

5.1   KVP – Motor des QMS 101

5.2   Prozessmodell Turtle-Diagramm – ein Mastertool 103

5.3   Poka Yoke 111

5.4   Die FMEA 113
5.5   Die 8D-Methode 115
5.6   Die 5W-Technik 117
5.7   Das Ishikawa-Diagramm 119
5.8   Die Fehlersammelliste 121
5.9   Die Pareto-Analyse 122

6   Qualitätsmanagementsystem einführen 127
6.1   Der Projektplan 128
6.2   Eröffnungsveranstaltung durchführen 129
6.3   Die Bestandsaufnahme 132
6.4   Unternehmensleitbild, Strategie und Ziele entwickeln 135
6.5   Unternehmensstruktur und -fähigkeit anpassen 139
6.6   Projektteam zusammenstellen 142
6.7   Qualitätsmultiplikatoren trainieren 144
6.8   Prozesslandschaft erarbeiten 147
6.9   Prozesse erfassen und verbessern 151
6.10 Qualitätsdokumentation erstellen 154
6.11 (Qualitäts-)Managementhandbuch erzeugen 159
6.12 Systembewertung – Interne Audits durchführen 161
6.13 Unternehmen auf die Zertifizierung vorbereiten 162

7   Softwarelösungen zur Systemabbildung 167
7.1   LISA – die Lady mit Struktur 167
7.2   ViFlow – Prozessmodellierung mit Komfort 170
7.3   Joomla! – eine Open-Source-Alternative 174

8   Die Zertifizierung 181
8.1   Grundsätzliches 181
8.2   Was Sie unbedingt beachten sollten 183
8.3   Zertifizierungspartner – TÜV SÜD 185
8.4   Zertifizierungspartner SQS Schweiz 188

9   Qualität (er)leben 195

Dank 199

Autor 203

Index 205

Wie nutze ich dieses Buch?

Dieses Buch soll Ihnen auf Ihrem Weg zur Steigerung der Qualität und des individuellen Erfolgs Ihres Unternehmens gute Dienste leisten. Sowohl während der Einführungsphase eines Qualitätsmanagementsystems (QMS) als auch bei der kontinuierlichen Weiterentwicklung Ihres Tagesgeschäfts.

In Kapitel 1 erfahren Sie die wichtigsten Grundlagen des Qualitätsmanagements in kompakter Form und lernen die *vier Grundsätze für Qualität* kennen. Für die Einführung eines Qualitätsmanagementsystems benötigen Sie auch etwas methodisches Know-how. Sie sollten im Groben wissen, was Prozess- und Projektmanagement bedeuten, Sie sollten die wichtigsten QM-Methoden und Werkzeuge kennen, wissen, was es während Veränderungsprozessen zu beachten gilt und vor allem auch zuverlässig beurteilen können, welche Rolle der Faktor „Mensch" innerhalb eines Unternehmens einnimmt. Kapitel 2 bis 5 vermitteln dieses Wissen. Hiermit ausgestattet, nimmt Sie Kapitel 6 anschließend an die Hand und führt Sie Schritt für Schritt durch die praktische Einführung Ihres Qualitätsmanagementsystems. Sie müssen dabei das Rad nicht neu erfinden: Denn Kapitel 7 zeigt Ihnen drei ausgewählte Softwarebeispiele, die Sie bei der Einführung und Umsetzung Ihres individuellen QMS unterstützen können. Kapitel 8 schließlich stellt Ihnen kompakt die Zertifizierung vor, für den Fall, dass Sie sich hierfür entscheiden. Dabei kommen auch zwei namhafte Zertifizierungsgesellschaften zu Wort.

Wichtige Aussagen des Buches sind in Kästchen zusammengefasst, welche sich wie folgt darstellen:

 Wichtige Erkenntnis, Hinweis und/oder mögliche Stolperfalle.

 Tipps und Tricks, die die Umsetzung erleichtern sollen.

 Zusammenfassung eines Kapitels oder eines Abschnitts.

Nachfolgende zwei Protagonisten (sein Name lautet „Q" – gesprochen kju und ihr Name lautet „LISA" – Leitung, Integration, Struktur und Analyse) werden Sie durchs Geschehen führen und Sie auf Ihrem Qualitätsweg unterstützen:

Mit E-Book PLUS⁺

Zu diesem Werk erhalten Sie ein kostenloses E-Book PLUS⁺(siehe den vorne eingedruckten Code). Das E-Book PLUS⁺ ist mit interaktiven Elementen ausgestattet. Sie können im E-Book PLUS⁺ die in diesem Buch enthaltenen Videos und Arbeitshilfen direkt öffnen. Zudem finden Sie am Ende der Kapitel interaktive Frage- und Antwortelemente.

Das E-Book PLUS⁺ lässt sich bequem auf Ihrem iPad nutzen. Sollten Sie kein iPad besitzen, dann können Sie sich das E-Book auch als pdf-Datei herunterladen (siehe ebenfalls den vorne eingedruckten Code). Die Zusatzmaterialien einschließlich der Videos finden Sie in diesem Fall zum Download unter www.emilq.com/qualitaeterleben. Die Arbeitshilfen stehen Ihnen zusätzlich auch unter www.hanser-fachbuch.de/9783446438392 unter Extras zur Verfügung.

1

Mit Qualität zum Erfolg

„Qualität ist die Basis jedes dauerhaften Erfolgs, denn sie bedeutet die regelmäßige Erfül-
lung – bestenfalls sogar Übererfüllung – der Erwartungshaltung seiner Mitmenschen."
Sebastian Fitzek (Deutscher Erfolgsautor und Journalist)

Es gibt selten Menschen, von denen man hört, dass Qualität für sie von geringer Bedeutung ist. Die meisten sind dafür und haben ein individuelles Verständnis davon. Manche
Menschen empfinden *Qualität, „wenn es funktioniert"*. Andere sagen: *„Qualität ist das*
Gegenteil von Zufall!" Für wieder andere bedeutet *Qualität, „auf Anhieb das Richtige zu*
tun".

Man kann Qualität als eine Art Spiel betrachten – als ein ernst zu nehmendes Spiel, bei
dem es Gewinner und Verlierer gibt und welches sich wie Fußball, Schach oder die Formel 1 zum einen durch bestimmte Eigenschaften und Regeln auszeichnet. Zum anderen
gilt es, diese präzise einzuhalten, um das Spiel erfolgreich zu durchlaufen und als
Gewinner hervorzugehen.

Jesse Schell gilt als erfolgreichster Spieledesigner der Welt. Angelehnt an sein Buch *The*
Art of Game Design (Burlington 2008), hier die zehn Erfolgskriterien für ein erfolgreiches Spiel – das Spiel um Qualität:

Q1.   Man spielt es freiwillig.

Q2.   Es gibt Ziele.

Q3.   Es gibt Regeln.

Q4.   Das Spiel kann gewonnen oder verloren werden.

Q5.   Das Spiel bietet Herausforderungen.

Q6.   Das Spiel erzeugt individuellen Nutzen.

Q7.   Das Spiel ist interaktiv.

Q8.   Es schafft Mitspieler.

Q9.   Es birgt Konflikte.

Q10.   Ein Spiel ist ein vernetztes, formales System – wie ein QMS.

Nehmen Sie sich bitte ein paar Minuten Zeit und beschreiben Sie, was Qualität für *Sie* bedeutet und welche Kriterien Ihnen dabei wichtig sind.

Qualität bedeutet für mich:

_____

_____

_____

_____

Folgende Qualitätskriterien sind mir wichtig:

_____

_____

_____

_____

Qualität

Jeder ist für Qualität, keiner ist dagegen!

Viele Unternehmer, Führungskräfte, Projektverantwortliche, Künstler und Sportler haben Qualität bereits zur persönlichen Verpflichtung erklärt und bemühen sich um die Einbindung und Unterstützung des sie umgebenden Umfeldes. Für den Erfolg durch Qualität spielen Faktoren wie die Unternehmensgröße, Mitarbeiterzahl, Marktdurchdringung oder das Umsatzvolumen eines Unternehmens oder Vorhabens nur eine untergeordnete Rolle. Vielmehr kommt es bei der Umsetzung auf die Herangehensweise an, also darauf, **wie** man Dinge tut. Und das gilt für jeden einzelnen „Spieler" im Unternehmen, egal, welche Rolle er bekleidet.

Die Qualitätsanforderungen der modernen Wirtschaftswelt steigen ständig, da es der Kunde vermag, seine Ansprüche immer stärker durchzusetzen. Objektiv betrachtet, haben sich die grundlegenden Qualitätskriterien über Jahrzehnte, ja Jahrhunderte hinweg nicht verändert. Jedoch ergibt sich heute durch moderne Medien wie z. B. das Internet eine zunehmende Markttransparenz, womit Produkte und Dienstleistungen schlicht vergleichbarer werden. Daraus resultiert erhöhter Wettbewerbsdruck und damit das Erfordernis, einfach besser zu werden. Aus diesem Grunde fokussieren sich viele Marktteilnehmer auf beständige Qualität bei zeitgleich attraktiven Preisen – eine Herausforderung.

Da die Qualitätsanforderungen der Kunden an Produkte und Dienstleistungen zwar bestehen, jedoch noch lange nicht gesättigt sind, hat jeder, der sich dem Spiel um Qualität verpflichtet, sehr gute Chancen, mit auf der Gewinnerseite zu stehen – so er denn die Regeln kennt und beherzigt.

■ 1.1 Welche Vorteile bietet ein Qualitätsmanagementsystem?

Die Einführung eines Qualitätsmanagementsystems (QMS) verfolgt die Absicht, Rahmenbedingungen und Arbeitsabläufe eines Unternehmens so zu gestalten, dass sich auf ressourcensparende Art fehlerfreie Produkte und Dienstleistungen erzeugen lassen.

Geht man die "Mission Qualität" von Beginn an richtig an, etabliert man einen Schlüssel für nachhaltigen Erfolg!

Ein Projekt zur Einführung eines Managementsystems zur Qualitätsverbesserung geht in den meisten Fällen mit Veränderungen etablierter Abläufe und Gewohnheiten einher. Da ein solches Verbesserungsprojekt auch finanziell zu Buche schlägt, sollte sich der Aufwand dafür unterm Strich lohnen, was folgenden Gedanken nahelegt:

„Welche Vorteile bringt ein QMS und welchen nachhaltigen Nutzen stiftet es?"

Sehen wir uns zur Beantwortung dieser Frage zehn Beweggründe an, warum sich Unternehmer dafür entscheiden, ein Qualitätsmanagementsystem einzuführen:

1 und 2 – Ersparnis von Zeit und Kosten

Ganz oben und gleichauf rangieren Zeit- und Kostenersparnis. Die vergleichsweise niedrige Investition in ein QMS amortisiert sich innerhalb kurzer Zeit durch effizientere Prozessabläufe und flächendeckende Reduktion von Fehlern. Von jenem Moment an beginnt das Unternehmen, kontinuierlich vom Mehrwert zu profitieren.

3 – Steigerung der Kundenzufriedenheit

Kommunikation ist einer der Schlüssel zum Erfolg. Durch transparente Abläufe lassen sich interne wie externe Kundenanfragen schneller und professioneller bearbeiten. Die Kundenzufriedenheit und die damit einhergehende Kundenbindung steigen.

4 – Erhöhung der Produktqualität

Durch die Gewichtung von Qualität und die Einbindung der Mitarbeiter in einen Kontinuierlichen Verbesserungsprozess (KVP) erhöht sich Schritt für Schritt die Qualität von Prozessen, Produkten und Dienstleistungen.

5 – Risikoreduktion

Ein QMS beugt durch entsprechende Prozessdefinitionen und gerichtsfeste Standardisierung von Hauptprozessen hervorsehbaren Risiken vor. Einheitliche Abläufe reduzieren darüber hinaus die Fehlerquote in allen Bereichen des Unternehmens und damit auch den Haftungsaufwand im Fehlerfall.

6 – Erhöhung der Transparenz

Ein QMS erhöht die Transparenz der Arbeitsabläufe und bietet die Möglichkeit, Kunden oder anderen Interessenpartnern als vertrauensbildende Maßnahme einen systematischen Einblick in relevante Prozessabläufe zu geben. Falls erforderlich kann dabei auch auf Checklisten, Methoden und Arbeitswerkzeuge zugegriffen werden (z. B. bei gemeinsamer Produktentwicklung). In diesem Zusammenhang können erforderliche Veränderungen (z. B. wegen gesetzlicher Vorgaben) aufgrund der Übersichtlichkeit schnell und kostensparend vorgenommen werden.

7 – Verbesserung der Reputation

a) Ein QMS führt zur Steigerung der Produkt- und Dienstleistungsqualität. Dadurch verbessert sich die Reputation.

b) Ein Qualitätsmanagementsystem wird in der Regel entlang einer einschlägigen Norm eingeführt und durch eine entsprechende Zertifizierung in seiner Funktion bestätigt. Durch die Einbindung des verliehenen Qualitätssiegels in die Geschäftsausstattung wirkt ein Qualitätsunternehmen auch nach außen.

8 – Synergien durch „Best Practices"

Ein QMS unterstützt die Zusammenarbeit im Unternehmen bereits in der Einführungsphase. Arbeitsabläufe und Ergebnisse werden vor einer Implementation in entsprechenden Teams besprochen und ausgetauscht. Dadurch wird eine lernendende Organisation geschaffen, welche auch nach der QMS-Einführung Bestand hat. Der zugrunde liegende Kontinuierliche Verbesserungsprozess (KVP) ist der Motor weiterer Verbesserungen und Kosteneinsparungen.

9 – Marktzugänge und Wettbewerbsvorteil

Unternehmen, die mit der Unterstützung eines QMS und der entsprechenden Qualitätsphilosophie arbeiten, haben gegenüber Interessenpartnern einen Vertrauensvorsprung, was einem Wettbewerbsvorteil gegenüber Mitbewerbern gleichkommt. Speziell in finanziell unsicheren Zeiten investieren Kunden zunehmend in Unternehmen, auf deren Qualität, Kosten- und Liefertreue sie nachhaltig bauen können. Darüber hinaus kann ein QMS erforderlich sein, um bestimmte Branchen und Märkte überhaupt bedienen zu dürfen.

10 – QMS ermöglicht solides Wachstum

Ein QMS richtet den Fokus aller Interessenpartner auf effektive Prävention und Fehlerfreiheit. Die hieraus generierten Ersparnisse können in das Unternehmen reinvestiert werden und sowohl die finanzielle Stabilität als auch weiteres Wachstum fördern.

Fazit: Unabhängig davon, welcher dieser Beweggründe die Entscheidung beflügelt, ein QMS einzuführen; alle der genannten Faktoren haben eines gemeinsam: Sie lassen ein Unternehmen am Ende eines Tages besser dastehen als zuvor.

1.2 Woher kommt Qualität?

Die Forderung nach Qualität besteht wohl seit Bestehen der Menschheit. Die ersten Aufzeichnungen lassen sich bis ins alte Babylon zurückverfolgen. Eine Zeit, in der es zunächst weniger darum ging, vorbeugende Maßnahmen zu etablieren, um Abweichungen zu vermeiden, als um die Androhung von reaktiver Bestrafung bei Nichterfüllung. Es ist heute noch in einigen Ländern üblich, im Zusammenhang mit durch Menschen verursachten Qualitätsabweichungen persönliche teils körperliche Strafen zu verhängen.

Im Großteil der zivilisierten Welt jedoch veränderte sich im Laufe der Jahre und Jahrzehnte sowohl das Verständnis von Qualität als auch der Weg dorthin. Das Wesen von Qualität blieb jedoch über die Zeit hinweg gleich.

Es geht nach wie vor darum, Wege zu finden und Methoden anzuwenden, um die Anforderungen von Kunden vollständig zu erfüllen, womit sich sagen lässt, dass der Kunde als Empfänger einer Leistung von jeher das Zentrum jeglicher Qualitätsbemühung war.

Qualität wird auch aufgrund einer stetig zunehmenden Markt- und Markenvielfalt an Produkten und Dienstleistungen immer populärer. Dies verstärkte zunehmend die Bemühungen vieler Unternehmen, sich darauf auszurichten, die Qualität der eigenen Marken gegenüber anderen Marktteilnehmern zu steigern und wirksam hervorzuheben. Es führte zur Schaffung von qualitativen Alleinstellungsmerkmalen im Sinne von „quality sells" (= Qualität lässt sich verkaufen).

Die Qualitätsgeschichte führt uns zunächst ins Altertum.

1.2.1 Qualität im Altertum

Babylon, um 1770 v. Chr.

Bereits die alten Babylonier hatten sich zur persönlichen Einstellung verpflichtet, „auf Anhieb das Richtige zu tun", und daraus eine Gesetzgebung erlassen – den sogenannten *Kodex Hammurabi*, benannt nach dem Urheber, dem damaligen König Hammurabi (es sind auch Schreibweisen wie *Hammurapi* oder *Hamurabi* bekannt).

Nach unserem modernen Empfinden war der Kodex weder human noch effizient. Vielmehr wurden bei Nichterfüllung von vereinbarten Anforderungen drastische Strafen verhängt. Die Basaltsäule mit der Originalinschrift des Kodex befindet sich heute im Louvre in Paris.

Auszug aus dem *Kodex Hammurabi*:

- Wenn ein Baumeister ein Haus baut für einen Mann und es für ihn vollendet, so soll dieser ihm als Lohn zwei Schekel Silber geben für je einen Sar (1 Schekel = 360 Weizenkörner = 9,1 g, 1 Sar = 14,88 m²).

- Wenn der Baumeister für jemanden ein Haus baut und es nicht fest ausführt und das Haus, das er gebaut hat, einstürzt und den Eigentümer totschlägt, so soll jener Baumeister getötet werden.

- Wenn es den Sohn des Eigentümers totschlägt, so soll der Sohn jenes Baumeisters getötet werden.

- Kommt ein Sklave des Bauherrn dabei um, so gebe der Baumeister Sklaven für Sklaven.

„Qualis" im Römischen Reich

Im Römischen Reich tauchte zum ersten Mal der Vorläufer des heutigen Qualitätsbegriffs auf. *Qualis*, lateinisch für *wie beschaffen*, deutete auf die Absicht zur Erfüllung üblicher und besonderer (Kunden-)Forderungen in Bezug auf die Beschaffenheit und Güte von Produkten hin.

1.2.2 Qualität im Mittelalter

Im Mittelalter begann der Zusammenschluss qualitätsbewusster Handwerksmeister zu sogenannten Zünften. Qualität wurde dabei als das Gute schlechthin erachtet und entsprechend angestrebt, um sich von weniger qualifizierten Konkurrenten abzuheben. Damit fanden erstmals auch die Tätigkeiten (heute: Prozessabläufe) Beachtung, die zu Qualität führen sollten, und nicht nur das Endprodukt.

Die damaligen Statthalter wurden auf die Qualitätsbestrebungen der Zünfte aufmerksam und beauftragten sie, von nun an auch die Höhe der Preise festzulegen, um über diesen Hebel die Qualität der Waren zu sichern. So wuchs der Einfluss der Zünfte allmählich, und es begann die noch heute bestehende Lehrlingsausbildung nach definierten Vorgaben.

Zur Kennzeichnung von erzeugten Qualitätsprodukten wurden Gütesiegel geschaffen. Produkte, die feilgeboten wurden und nicht den festgelegten Kriterien entsprachen, wurden hingegen vernichtet, sobald sie auf dem Markt gesichtet wurden (billige Stoffe wurden zerschnitten, schlechte Brötchen gewässert etc.).

1.2.3 Qualität im Industriezeitalter

Um 1770 n. Chr. – also ca. 3500 Jahre nach den Babyloniern – begann in England die industrielle Revolution. Deutschland und weitere europäische Länder folgten etwa 70 Jahre später.

„Made in Germany" – vom Buhmann zum Vorbild

Made in Germany gilt heute weltweit als eine Art Aushängeschild für Qualität, doch das war nicht immer so. Durch den im Jahre 1887 vom englischen Parlament erlassenen *Merchandise Marks Act* wurden für ausländische Waren verpflichtende Herkunftsbezeichnungen eingeführt, um den einheimischen Markt vor billigen Nachahmerprodukten aus dem Ausland zu schützen.

Die warnend angedachte Kennzeichnung *made in Germany* löste daraufhin in Deutschland eine enorme Qualitätsoffensive aus, die im Laufe der Folgejahre das Gegenteil bewirkte.

Deutschland holte damit Englands industriellen Vorsprung durch eine rapide Qualitätssteigerung von Produkten und Dienstleistungen auf und setzte sich an die Spitze.

Nach dem Zweiten Weltkrieg wurde *made in Germany* sogar zum Synonym des Wirtschaftswunders und durch den zunehmend globalen Handel weltweit bekannt.

Die moderne Qualitätsrevolution – ab 1950

„Aufmerksamkeit auf einfache kleine Sachen zu verschwenden, die die meisten vernachlässigen, macht ein paar Menschen reich."
Henry Ford

Lange nach Einzug der Industrialisierung und Einführung der Serienfertigung durch Pioniere wie Henry Ford (Gründer der Ford Motor Company), startete in den USA und in Japan eine moderne Qualitätsrevolution. Man versuchte, die Qualität sämtlicher Erzeugnisse zunehmend systematisch weiterzuentwickeln, um sich damit von der steigenden Konkurrenz abzuheben.

Die ehrgeizige Stimmung schwappte bald über nach Europa, und es sprangen viele auf den fahrenden Zug auf. Einige Unternehmen der ersten Stunde schafften die interne Wende in kurzer Zeit, die es zuließ, unter dem Einsatz möglichst geringer Ressourcen Ergebnisse zu produzieren, die sich in großen Teilen fehlerfrei und haltbarer präsentierten als ihre Vorgänger. Damit setzten sie den Grundstein ihres späteren Erfolgs, der teils bis heute anhält. Plötzlich hielt der Markt also vergleichsweise günstige Produkte bereit, die zeitgleich eine höhere Qualität aufwiesen als jene, die man bis dato gewohnt war. Dies führte zu einer heftigen Marktdynamik, also steigender Nachfrage und damit zu höheren Verkaufszahlen produzierender Unternehmen.

Zunächst befanden sich unter den Qualitätserstlingen im wesentlichen Unternehmen der fertigenden Industrie und Konzerne aus der Automobilbranche, die sich aufgrund der Komplexität ihrer Produkte mit vergleichsweise hohen Anforderungen konfrontiert sahen und daher entsprechende Qualitätsinitiativen starteten. Ein Beispiel hierfür ist der 1937 gegründete Automobilkonzern Toyota, der im Laufe der Jahre das sogenannte „Toyota Production System (TPS)" hervorbrachte, in dessen Kern es um die Beseitigung jeglicher Verschwendung (Wartezeiten, Produktionsausschuss, Rückläufer etc.) bei zeitgleicher Erhöhung der Produktzuverlässigkeit geht. Aufgrund der herausragenden Qualitätseigenschaften des TPS gewann Toyota im Laufe der Jahrzehnte Marktanteile von einstigen Marktführern wie Ford und General Motors. Das TPS machte so weit Schule, dass dessen Grundgedanken und Prinzipien Anfang der 1990er-Jahre auch von deutschen Unternehmen wie z. B. Porsche (seit 2012 VW-Konzernmarke) in individualisierter Form übernommen wurden. Toyota ist heute (Stand: Januar 2014) mit knapp unter 10 Millionen verkauften Fahrzeugen pro Jahr der größte Automobilhersteller der Welt, in dessen Windschatten der Volkswagen-Konzern jedoch bereits einen komfortablen Platz eingenommen hat.

1.2.4 Qualität bis heute

Seit Anbeginn der 1980er-Jahre nahmen auch mehr und mehr große Dienstleistungsunternehmen die Qualitätsherausforderung auf, was den Fokus auf das Thema ebenso verstärkte wie die Erweiterung der Anforderungen auf administrative Bereiche der Unternehmen. Denn als unter Henry Ford und Co. noch von Begriffen wie *Qualitätskontrolle* oder *Qualitätsprüfung* die Rede war, lag der Hauptfokus nur auf der Produktion von Produkten.

Man begann also langsam damit, die Qualitätsbemühungen auf nicht technische Verantwortungsfelder auszudehnen und darüber hinaus – und das war neu – Maßnahmen einzuführen, um möglichen Abweichungen **vorbeugend** entgegenzuwirken, statt Fehlern reaktiv zu begegnen, also fehlerhafte Teile zur Nacharbeit auszusortieren oder im schlimmsten Falle wegzuwerfen.

Die Vorbeugung von Abweichungen war ein gewichtiger Schritt in Richtung des modernen Qualitätsmanagements, wie wir es heute kennen und in weiten Teilen der Welt praktizieren.

Im Rahmen dieser Weiterentwicklung trat neben Namen wie Deming, Juran oder Ishikawa der US-Amerikaner, Philip Bayard Crosby, ins Rampenlicht, der es sich zum Ziel gemacht hatte, die bis zu jenem Zeitpunkt bekannten Qualitätstechniken mit ein paar einfachen Grundsätzen zu perfektionieren. Er publizierte die *vier Grundsätze für Qualität*.

Philip B. Crosby – Kurzporträt

Die *vier Grundsätze für Qualität* stammen von Philip B. Crosby, einem der Qualitätsvorreiter unserer Zeit. Neben Namen wie Deming, Juran oder Ishikawa galt Crosby in den 1950er- bis 1980er-Jahren als einer der Qualitätsgurus. Er begann seine Karriere beim US-amerikanischen Telekommunikationskonzern ITT und gilt auch als Vorreiter der *zero defects strategy (Null-Fehler-Strategie)*, für deren Konzeption er Anfang der 1960er-Jahre auch vom US-Verteidigungsministerium ausgezeichnet wurde.

Neben der Null-Fehler-Strategie besteht Crosbys Ansatz aus drei weiteren Grundsätzen. Mit diesen insgesamt „vier Grundsätzen für Qualität" hat Crosby es geschafft, das komplexe Thema Qualität, für Mitarbeiter aller Ebenen und Bereiche verständlich darzustellen.

Qualität wurde von jener Zeit an nach und nach zum Standard. Es wurden eigene Abteilungen gegründet, um entsprechende Arbeitstechniken zu etablieren und Mitarbeiter mit der Umsetzung zu betrauen. Der Kern aller Qualitätsansätze wird seither als ein sich permanent weiterentwickelnder Kreislauf beschrieben, welchen wir heute unter dem Namen *Kontinuierlicher Verbesserungsprozess*, kurz *KVP*, kennen. Der KVP stellt den Motor eines jeden Qualitätsmanagementsystems dar. Der „Sprit" hierfür sind die Menschen innerhalb eines jeden Unternehmens oder unternehmerischen Vorhabens.

In den Folgejahren kristallisierten sich Qualitätsderivate mit eigenen Namen und spezielleren Eigenschaften und Anforderungen heraus. Es entstanden Begriffe und Systeme wie *Six Sigma*, *Lean Management*, *Total Quality Management (TQM)* und das *EFQM Excellence Model* der *European Foundation for Quality Management (EFQM)*. Letzteres firmiert als Business Excellence Model, welches sich auferlegt hat, erforderliche Qualitätsmaßnahmen mit der Grundstruktur eines Unternehmens in Einklang zu bringen und damit die Forderungen der Kunden ganzheitlich zu bedienen. Das EFQM Excellence Model ist die europäische Antwort auf den japanischen *Deming-Preis* und den US-amerikanischen *Malcolm Baldrige National Quality Award* und wird bei Erfüllung der erforderlichen Kriterien mit dem höchsten deutschen Qualitätspreis, dem Ludwig-Erhard-Preis, belohnt.

Trotz verschiedener Gewänder verbindet alle drei Modelle eine wichtige Gemeinsamkeit: Sie betrachten Qualität als integrierten und unverzichtbaren Bestandteil eines jeden Unternehmens und sehen die Verpflichtung zur Erfüllung von Kundenanforderungen als oberste Priorität an – wie bereits die alten Babylonier.

Fazit: Man kann davon ausgehen, dass Qualität so lange nachgefragt werden wird, wie es Menschen gibt, die sich als Kunden auf der Suche nach der Erfüllung ihrer Wünsche und Anforderungen befinden – beruflich wie privat. Wohl weil Qualität seit jeher als etwas Positives erachtet wird, was zum persönlichen Erfolg und Wohlbefinden beiträgt.

■ 1.3 Die vier Grundsätze für Qualität

„Qualität definiert sich durch Beständigkeit, Verlässlichkeit und Vertrauen. Beständigkeit bedeutet hierbei gleichbleibende Qualität über einen langen Zeitraum. Verlässlichkeit bedeutet für den angegebenen Zweck und die Bedürfnisse über einen angemessenen Zeitraum einsetzbar. Vertrauen heißt, dass es einen Ansprechpartner gibt, der bei Problemen oder Fragen zur Seite steht.“

Eva Ludwig (Standesbeamtin)

Um den Grundstein für Qualität in einem Unternehmen zu legen, wenden wir uns nun zunächst dem Qualitätsbegriff als solchen zu.

Auf die Frage „Was ist Qualität?“ wird jeder Mensch eine mehr oder weniger konkrete und auf ihn zutreffende Aussage anbieten können. Die Antworten können sich allerdings zum Teil stark voneinander unterscheiden. „Qualität ist Schnelligkeit, Zuverlässigkeit, Ordnung, Richtigkeit, Harmonie, klare Kommunikation, rot, grün, blau, laut, leise ...“

Diese Unterschiedlichkeit liegt daran, dass Qualität für jeden Menschen eine individuelle Bedeutung hat. Denn jeder legt bei seiner persönlichen Qualitätsdefinition unterschiedliche Anforderungen und Bedürfnisse zugrunde. Somit ist zwar jede Aussage zur Definition von Qualität prinzipiell richtig, jedoch noch nicht allgemein verbindlich.

Um mit dem Qualitätsbegriff erfolgreich arbeiten zu können, ist es jedoch entscheidend, unter allen unternehmerischen Interessenpartnern wie Mitarbeitern, Führungskräften, Kunden, Lieferanten, Inhabern, Aktionären etc. ein allgemeingültiges Verständnis für Qualität zu schaffen. Damit entsteht die so wichtige Basis zur einheitlichen Kommunikation. Es entsteht eine gemeinsame Qualitätssprache. Als Ergebnis werden sich im Allgemeinen weniger Missverständnisse, Abweichungen und daraus resultierende Fehler einstellen und alle kennen das gemeinsam anzustrebende Ziel.

Zur systematischen Einführung einer gemeinsamen Qualitätssprache können unterschiedliche Konzepte mit ihren jeweiligen Grundsätzen herangezogen werden. Umfassendere Methoden sind *Total Quality Management (TQM)*, *Six Sigma*, *Kaizen*, *Lean Management* oder eine Kombination dieser oder anderer Ansätze. Letztendlich ist es nicht so entscheidend, für welchen Ansatz Sie sich entscheiden. Umso wichtiger ist es, dass alle Interessenpartner das gleiche Verständnis von Qualität haben.

Die Herausforderung dabei ist, eine für *Ihr* Unternehmen praktikable und verständliche Qualitätssprache zu finden. Und da jede Herangehensweise individuelle Vorteile und Nachteile birgt, gilt es hier sorgfältig abzuwägen, denn es gibt bis auf die Erfüllung der Minimalanforderung der ISO 9001 kein Standardrezept. Allerdings gibt es bestimmte Auswahlkriterien, die man als Entscheidungshilfe zugrunde legen kann und sollte.

Zum einen sollten Sie beachten, dass die Qualitätssprache und deren Anwendung dem Zweck und den gegebenen Anforderungen Ihres Unternehmens oder Vorhabens dienen und auch dem individuellen Stil entsprechen. Die Norm lässt hierfür ausreichend Spielraum.

Qualitätssprache

Die Qualitätssprache, für die Sie sich entscheiden, sollte für alle Mitarbeiter und Interessenpartner einfach und verständlich sein!

Schaffen Sie ein gemeinsames Verständnis von Qualität.

Zum anderen sollte die Qualitätssprache, für die Sie sich entscheiden, keiner unnötigen Komplexität unterliegen. Die Sprache und ihre neuen Begrifflichkeiten sollten für jeden leicht erlernbar und verständlich sein, sodass sich niemand dadurch außerordentlich „belastet" fühlt. Denn schließlich soll sich jeder Mitarbeiter weiterhin auf das Wesentliche, also auf die Inhalte seiner täglichen Arbeit konzentrieren können, statt sich mühevoll mit komplizierten neuen Rahmenbedingungen des täglichen Arbeitens auseinandersetzen zu müssen.

Qualität lässt sich am besten mit der Etablierung von *einfachen* Grundsätzen realisieren. Damit fallen Sie als Qualitätsverantwortlicher auch nicht gleich mit der Tür ins Haus, was nebenbei auch die emotionale Akzeptanz Ihres QMS-Einführungsprojekts unterstützen wird. Ziel ist es, die Menschen im Unternehmen wirklich abzuholen und sie zum Teil einer neuen Qualitätskultur zu machen, in der richtiges Arbeiten und richtige Ergebnisse im Vordergrund stehen. Dies fordert Akzeptanz, die Sie durch die KISS-Regel fördern können.

KISS-Regel: „Keep It Simple Stupid."

So viel (Komplexität) wie nötig, so wenig wie möglich.

In diesem Buch entscheiden wir uns als Fundament Ihres neuen Qualitätshauses für die Qualitätssprache angelehnt an die bereits erwähnten **vier Grundsätze für Qualität** nach Philip B. Crosby. Auf dieser Qualitätssprache werden wir dann in den Folgekapiteln mit diversen Qualitätsmethoden und Werkzeugen aufbauen.

Sie bauen ein „Qualitätshaus"!

Je stabiler der Keller und das Fundament Ihres „Qualitätshauses" durch ein gemeinsames Qualitätsverständnis, desto höher werden Sie bedenkenlos bauen können.

1.3.1 Grundsatz 1 – Die Definition für Qualität

Um die Qualität unserer täglichen Arbeit und deren Ergebnisse richtig beurteilen zu können, ist es notwendig, Qualität so zu definieren, dass Interpretationsspielräume gegen null gesetzt werden. Unsere einheitliche Qualitätssprache beginnt somit mit der einfachen, jedoch alles andere als banalen Frage „Was ist Qualität?".

Die Antwort darauf entspricht dem ersten Grundsatz für Qualität. Dieser lautet:

 Grundsatz 1 – Die DEFINITION

Qualität ist das Übereinstimmen von Produkten und/oder Dienstleistungen mit den vereinbarten Anforderungen.

Alle Produkte, Dienstleistungen oder Prozesse, die mit den Anforderungen von Kunden oder Kundengruppen übereinstimmen, werden demnach von ebensolchen als Qualitätsprodukte, Qualitätsdienstleistungen oder Qualitätsprozesse bezeichnet. Diese werden wohlwollend betrachtet, denn sie erzeugen Zufriedenheit.

Das gilt für unternehmensinterne Kunden, wie das Management, Kollegen und Mitarbeiter, wie auch für externe Kunden, also Käufer und Empfänger unserer Produkte und Dienstleistungen.

Diese neutrale Definition von Qualität ist für die meisten Menschen verständlich, d. h., entweder erfüllt ein Produkt, eine Dienstleistung oder ein Arbeitsprozess die gestellten Anforderungen oder nicht.

Legen wir diese Definition ab jetzt zugrunde, ist es trotz weiterhin bestehender subjektiver Anforderungen des Einzelnen keine Ansichtssache mehr, wie Qualität definiert ist und wann sie vorliegt. Demnach besteht Übereinstimmung in der Qualitätsbetrachtung und -kommunikation und es ist möglich, verschiedene (Qualitäts-)Anforderungen objektiv darzustellen und vor allen Dingen zu messen. Die Möglichkeit zur Qualitätsmessung ist eine der wichtigsten, wenn nicht die wichtigste Grundlage zur Steigerung des unternehmerischen Erfolges. Denn durch die Messung erkennt man, an welchen Stellen die Anforderungen erfüllt werden und wo noch Verbesserungspotenzial besteht, welches gehoben werden kann.

1.3.2 Grundsatz 2 – Das System, das Qualität bewirkt

Es in der Regel angenehmer und einfacher, Fehler zu vermeiden, als später die Scherben wegzuräumen (stellen Sie sich zur Veranschaulichung ein großes Glas saure Gurken vor, welches Ihnen eben in einem gut besuchten Supermarkt entglitten sein könnte …). Vorbeugung ist für alle Menschen, gleich welchen Vorhabens, gleichermaßen gut geeignet und vorteilsbringend, da auf diese Weise Unliebsames vermieden wird. Diese Erkenntnis führt uns zu einem simplen, aber effektiven Grundsatz – dem zweiten Grundsatz für Qualität.

 Grundsatz 2 – Das SYSTEM
Das System, das Qualität bewirkt, heißt Vorbeugung.

Vereinfacht könnte man auch sagen: „Vorbeugen ist besser als heilen, denn es steht in einem hervorragenden Preis-Leistungs-Verhältnis!" Das messbare Verhältnis zwischen vorbeugen und heilen beginnt in der Regel bei mindestens eins zu zehn.

So gut wie jeder putzt sich regelmäßig die Zähne, da bekannt ist, dass Zähneputzen Zahnkrankheiten (Karies, Parodontose etc.) und damit einhergehenden Schmerzen vorbeugt. Wir betreiben Zahnprophylaxe und versuchen damit unangenehme Auswirkungen zu verhindern.

Die Aufwendungen zur Prophylaxe (Zahnbürste, Zahnpasta, Zahnseide etc.) sind der Einsatz, den wir leisten, um mit den Anforderungen, die an die Zahnpflege gestellt werden, übereinzustimmen. Wenn wir von dieser vorbeugenden Anforderung abweichen, liegt das Risiko auf der Hand, zu einem früher oder später eintretenden Zeitpunkt mit Schmerzen und unnötigen Kosten für vermeidbare Zahnarztbesuche und möglichen

Zahnersatz zu bezahlen. Das Verhältnis: ca. zehn Euro im Jahr für Zahnbürste & Co. in Verbindung mit einem kleinen täglichen Zeitaufwand im Vergleich zu Heilkosten in Höhe von bis zu mehreren Tausend Euro, dem zusätzlichen Zeitaufwand und möglicher Angst vor Schmerzen.

Die vorbeugenden Aufwendungen wie Zahnbürste & Co. bezeichnet man in der Qualitätssprache als den *Preis der Übereinstimmung (PdÜ)*. Er bezeichnet eine vergleichsweise kleine Investition, die man tätigt, um Fehlern/Abweichungen vorzubeugen.

Schmerzen und Kosten für vermeidbare Zahnarztbesuche bezeichnet man im Gegenzug als den *Preis der Abweichung (PdA)*. Er schlägt in der Regel gewichtig zu Buche, wenn ein Fehler/eine Abweichung eintritt. Anstelle des PdA werden manchmal auch Begriffe wie Fehlerkosten oder fälschlicherweise Qualitätskosten verwendet. Denn Qualitätskosten entsprächen dem PdÜ.

Preis der Übereinstimmung: vorbeugende Aufwendungen.

Preis der Abweichung: entstandene Kosten, wenn ein Fehler/eine Abweichung eintritt.

Bezogen auf die tägliche Arbeit, welche sich normalerweise aus verschiedenen Tätigkeiten (= Arbeits- oder Prozessabläufen) zusammensetzt, sieht das so aus: Jeder Arbeitsablauf birgt einen gewissen Aufwand an Zeit, Material etc., wodurch in jedem Fall gewisse Kosten entstehen. Diese bezeichnet man als fehlerneutrale Kosten. Je effizienter ein Arbeitsablauf gestaltet wird, desto niedriger sind die fehlerneutralen Kosten (Bild 1.1).

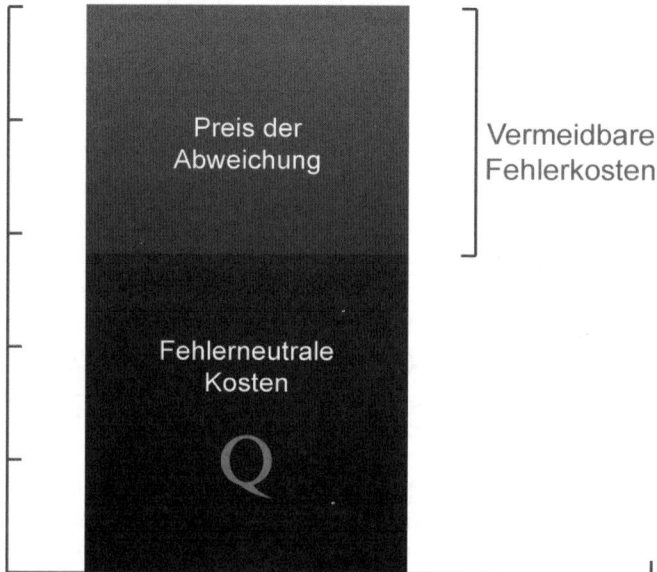

Bild 1.1 Prozess *ohne* Einsatz des PdÜ

Um nun zu vermeiden, dass während der Durchführung Fehler passieren, welche dem PdA entsprechen würden, investiert man zuzüglich zu den fehlerneutralen Kosten in den PdÜ (Bild 1.2). Eine Investition in den PdÜ könnte im Rahmen des Beispiels der sauren Gurken sein, dass die Servicekraft des Supermarktes beim Einräumen dünne Gummihandschuhe trägt, um ein Abrutschen zu vermeiden. PdÜ: Gummihandschuhe für ein paar Cent. Möglicher PdA: Reinigungszeit und Kosten für ein zerbrochenes Gurkenglas. Dazu kommt noch die Gefahr, dass ein Kunde in der verteilten Gurkenflüssigkeit ausrutschen könnte, hinfällt, sich verletzt (siehe auch das Eisbergprinzip im Grundsatz 4).

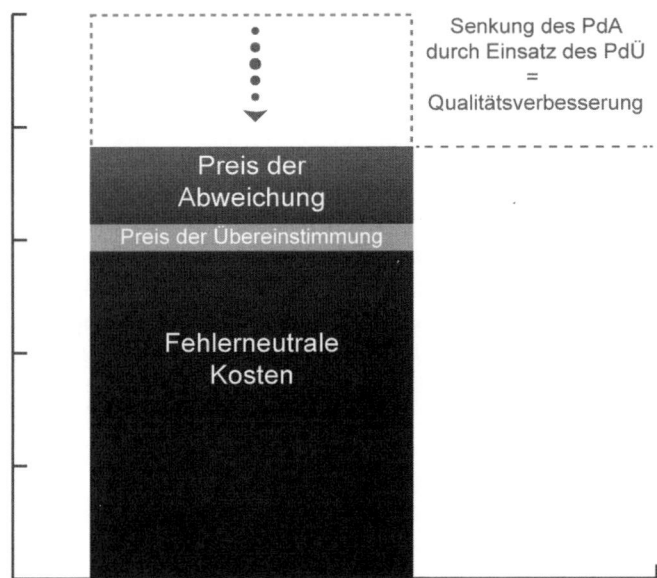

Bild 1.2 Prozessablauf *mit* Einsatz des PdÜ

Der Begriff des „Preises" sollte nicht nur monetär verstanden werden. Es handelt sich beim PdÜ grundsätzlich um investierten Aufwand für unnötige, vermeidbare Handlungen oder Nacharbeiten.

 Die Investition in den PdÜ zahlt sich aus!

Die Investition in den PdÜ (Zahnbürste & Co.) ist in der Regel um ein Vielfaches niedriger als der vermeidbare PdA (Schmerzen, Zahnersatz etc.).

Ihre Kunden werden die von Ihnen getätigte Investition in den PdÜ und die daraus resultierende Fehlerfreiheit in Produkten und Dienstleistungen honorieren, und Sie erhöhen dabei Ihren Gewinn durch Vermeidung/Senkung unnötiger Investitionen.

Der **Preis der Abweichung** beinhaltet also alle kostspieligen **vermeidbaren** Maßnahmen, die es zu ergreifen gilt, wenn das Kind dabei ist, in den Brunnen zu fallen, oder bereits darin liegt.

Der PdA ist leider oftmals nicht genau in Heller und Cent zu beziffern. Beispiele hierfür sind:

- Konsequenzen durch Verteilung falscher Informationen durch eine unkorrekte E-Mail.
- Kosten/Aufwand für nachträgliche Vervollständigung einer unvollständigen Lieferung.
- Erleiden einer Autopanne durch unzureichende Inspektionsarbeiten, Warten auf den Pannendienst, Folgeschäden etc.
- Nachbesserung eines fehlerhaften Produkts nach Kundenreklamation.
- Im Falle einer Serienfertigung kämen hinzu: Fehlerhafte Produkte dieser Serie rückverfolgen/orten, in Quarantäne nehmen (Sperrlager), gegebenenfalls vernichten, mögliches Produkt-Redesign, Umstellung des Produktionsprozesses etc. Bei sicherheitsrelevanten Produkten stehen unter Umständen sogar großflächige Rückholaktionen an.

Der **Preis der Übereinstimmung** entspricht vergleichsweise kleinen Aufwendungen, die zu tätigen sind, um den PdA zu vermeiden:

- Eine E-Mail vor dem Absenden sorgfältig Korrektur zu lesen, um keine ungewollten Fehlinformationen zu kommunizieren.
- Eine bestellte Lieferung vor dem Versand auf Vollständigkeit zu überprüfen.
- Ein Fahrzeug zur regelmäßigen Inspektion zu bringen, um größere Schäden (durch oftmals kleine Ursachen) zu vermeiden.
- Ein Produkt vor der Übergabe an den Kunden abschließend zu vermessen und auf Fehlerfreiheit zu prüfen (Warenausgangskontrolle).

Der PdÜ wird also eingesetzt, um den PdA zu verhindern, der sowohl aktiv als auch passiv auftreten kann.

Ein *aktiver* PdA (= zu tätigende, meist unfreiwillige Investition) entspräche einer Kaufpreisrückerstattung an einen Kunden oder dem Zeitaufwand für eine ungeplante Reparatur während der Garantiezeit eines Gerätes. Hierbei müssten Ressourcen (Zeit, Geld etc.) aktiv aufgewendet (ausgegeben) werden.

Ein *passiver* PdA (= entgangener Ertrag) hingegen können beispielsweise die Folgen einer Imageschädigung oder das mögliche Ausbleiben eines potenziellen Zuflusses einer Ressource durch eine Fehlentscheidung (z. B. Einnahmeverlust durch rückgängigen Produktverkauf) sein.

Die Firma IBM hatte einmal die Chance, das Betriebssystem MS-DOS von Microsoft für 75 000 Dollar zu kaufen (PdÜ), und hat sich dagegen entschieden. Was Microsoft aus dem Betriebssystem gemacht hat, ging als „Windows" in die zeitgenössische Geschichte ein. Der entgangene Ertrag (= passiver PdA), der sich in mehrstelliger Milliardenhöhe bewegt, lässt sich nicht rückgängig machen. Auch nicht durch eine nachträgliche Investition in den PdÜ.

Der PdÜ ist ein wirksames Mittel zur nachhaltigen Vorbeugung von Abweichungen. Durch den Einsatz des PdÜ kann der unliebsame und kostspielige PdA vermieden werden – aktiv wie passiv.

Nachhaltiges Vorbeugen und der gezielte Einsatz des PdÜ führen zu Produkten und Dienstleistungen, die mit den Erwartungen bzw. Anforderungen Ihrer Kunden übereinstimmen. Das fördert und bestätigt Ihren Ruf als Qualitätsunternehmen.

1.3.3 Grundsatz 3 – Der Leistungsstandard für Qualität

Läufer oder Rennfahrer orientieren sich an einer Linie oder Flagge, um zu erkennen, wann sie am Ziel ihrer Bemühungen sind, Fußballer beispielsweise an einem Schlusspfiff. Ab dem Moment eines festgeschriebenen Signals ist allen klar, dass jetzt die Leistung (Geschwindigkeit, Ehrgeiz, Kampfgeist) reduziert werden darf und eine Ruhepause folgt.

Woher weiß man nun im unternehmerischen Umfeld, wann es „gut genug ist" und wann die Leistungserbringung an einem Arbeitsprozess heruntergefahren oder gestoppt werden kann, ohne dass eine Abweichung und damit ein Fehler riskiert wird?

Um das zu erkennen und zeitgleich messbar zu machen, setzt man einen sogenannten *Leistungsstandard* zugrunde. Je einfacher dieser *Leistungsstandard* formuliert ist, desto leichter wird er verstanden und umgesetzt. Ein *Leistungsstandard* zeigt an, wann man am Ziel ist und/oder die erforderliche Qualität erreicht ist.

 GRUNDSATZ 3 – DER LEISTUNGSSTANDARD
Der Leistungsstandard für Qualität heißt *null Fehler*.

Vielleicht denken Sie jetzt: „Null Fehler? Wir Menschen machen doch alle mal Fehler! Und Unternehmen bestehen doch aus Menschen!" Damit haben Sie recht, und Fehler können sogar nützlich sein, um daraus Rückschlüsse zu ziehen und die unternehmerische Weiterentwicklung zu fördern. Wenn Fehler jedoch im „Ausführungsmodus" oder in einer Livesituation passieren, können daraus schwerwiegende Folgen entstehen.

Ein Läufer stolpert kurz vor dem Ziel, einem Formel-1-Piloten unterläuft ein Fahrfehler, ein Stürmer schießt daneben … und das vielleicht gerade im Endspiel. Wer solch eine

Situation einmal erlebt hat, und wenn es nur vor dem Fernseher war, kennt dieses Gefühl des Verlustes …

Besonders also wenn es um etwas geht und gerade wenn es am schwierigsten ist, sind null Fehler gefragt. Warum? Weil hier der PdA im Falle einer Abweichung die größte Auswirkung hätte. Ein kleiner Fehler kann in Bruchteilen einer Sekunde aus möglichen ruhmreichen Gewinnern enttäuschte Verlierer machen. An der Niederlage der brasilianischen Fußballmannschaft im Endspiel der WM 1950 gegen Uruguay, bei der der glücklose Torwart **einen** Ball nicht gehalten hat – allerdings eben im brisantesten Moment, den man sich vorstellen kann –, lässt sich der PdA eindrucksvoll erkennen. Manche Schriftsteller schrieben vom „tosendsten Schweigen in der Geschichte des Fußballs". Die Situation ist emotional so stark entglitten, dass der Trainer in Frauenkleidern aus dem Stadion flüchten musste, drei Menschen in Maracanã an einem Herzinfarkt starben, es zu tödlichen Ausschreitungen kam, zwei Personen sich das Leben nahmen und der Torwart noch heute – über 60 Jahre später – von seinem Vaterland als Unglücksrabe geächtet wird.

Ein anderes Beispiel für eine Null-Fehler-Anforderung ist die Arbeit von Berufstauchern. Sie haben eine begrenzte Luftmenge dabei, müssen in ihre Gesamttauchzeit auch die Phase des Ab- und Aufstiegs einberechnen, um den Tauchgang schadlos zu überstehen, teilweise mehrmals am Tag. Sie haben sich daher ein Prinzip auferlegt, welches lautet: „Plan your dive and dive your plan!" Allgemein könnte man sagen: „Plane deine Arbeit und arbeite wie geplant." Leistungsstandard: keine Abweichung – null Fehler.

Wie bei Berufstauchern kann bei allen überdurchschnittlich gefährlichen Berufen (Testpiloten, Dachdeckern, Freileitungsmonteuren, Hochseilartisten, Berufssoldaten etc.) die Erstellung und Einhaltung von Regeln (PdÜ) zwischen Leben und Tod (PdA) entscheiden.

An diesen Beispielen erkennt man, dass sogar ein Zustand eintreten kann, bei dem die Fehlerausprägung (PdA) so extrem ist, dass sie auch durch nachträgliche Maßnahmen (PdÜ) nicht mehr behoben werden kann.

Daher gilt es, einen Leistungsstandard zu definieren, der **frühzeitig, unmissverständlich und in jedem Fall** sicherstellt, dass die Anforderungen an Arbeitsabläufe (Prozesse), Produkte oder Dienstleistungen **vorbeugend** erfüllt werden.

Dieser Leistungsstandard *null Fehler* ergibt sich aus den Anforderungen des Kunden, der genau das erwartet, was er bestellt hat oder grundsätzlich voraussetzt. Er wird kein Verständnis dafür haben, wenn es Abweichungen von der ursprünglich vereinbarten oder erwarteten Qualität, der Menge, den Kosten oder dem Liefertermin gibt. Damit ist der Leistungsstandard *null Fehler* für uns nicht verhandelbar – zumindest nicht ohne mögliche Konsequenzen.

Folgende Vorgehensweise hat sich bewährt, um Anforderungen einzuhalten und dem Null-Fehler-Prinzip gerecht zu werden:

1. Gehen Sie bei Ihren Maßgaben immer vom „SAK" (= **s**chlimmsten **a**nzunehmenden **K**unden = anspruchsvollsten Kunden) aus, den Sie sich vorstellen können.

2. Prüfen Sie vor einer Leistungsvereinbarung/Auftragszusage, was Sie wirklich zu leisten vermögen.

3. Kalkulieren Sie einen Puffer für unvorhersehbare Ereignisse ein (z. B. zwei von zehn für einen Auftrag eingeplanten Produktionsmitarbeitern fallen unvorhergesehen aus).

4. Vereinbaren Sie etwas weniger, als Sie glauben, erfüllen zu können.

Falls alles nach Plan läuft, haben Sie zwei Möglichkeiten:

- Sie sind in der Lage, die Vereinbarung stressfrei zu erfüllen, und liefern das Zugesagte – also Qualität.
- Sie legen das „Plus", das Sie aufgrund Ihres Puffers mehr geschafft haben, oben drauf und übererfüllen die Vereinbarung sogar, indem Sie beispielsweise eher liefern als zugesagt.

Je nach Kundensicht hätten Sie dann vielleicht sogar ein zusätzliches Steinchen im Brett. Jedoch Vorsicht: Eine **einmalige** Übererfüllung schafft neue Maßstäbe und Erwartungshaltungen!

Mit *null Fehlern* ist gemeint, jenes zu tun, was man versprochen hat, bzw. das zu liefern oder zu leisten, was vereinbart wurde oder was der Kunde erwartet.

Null Fehler klingt zwar nach wie vor anspruchsvoll, ist aber eine Frage der Definition (Grundsatz 1). Diese Erkenntnis ermöglicht es Ihnen, **alles** zu vereinbaren, worauf sich der Kunde oder Ihr Gegenüber einlässt, auch wenn das erste Bild des *Null-Fehler-Prinzips* zunächst etwas zu anspruchsvoll erschienen sein mag.

Ein paar Zahlen

Wenn man von einem ehrgeizig anmutenden Erfüllungsgrad von 99,9 % ausgehen würde, entspräche das einer Fehlerquote von 0,1 %, was banal – ja fast schon akzeptabel klingt. Die Auswirkungen wären jedoch wie folgt:

- 8,6 Stunden pro Jahr und Haushalt ohne Strom
- 80 Fehler pro verkauftem Pkw
- 400 nicht einwandfreie chirurgische Eingriffe pro Woche

- 10 000 verlorene Postsendungen pro Tag
- 10 000 falsche Medikamentenrezepte im Jahr
- Eine unsichere Landung pro Tag auf dem Flughafen in Frankfurt am Main
- Vier aussetzende Herzschläge stündlich bei jedem Menschen
- …

1.3.4 Grundsatz 4 – Der Maßstab für Qualität

Manche Fehler fördern den Lern- und Entwicklungsprozess. Doch es gibt auch Fehler, die keinen positiven Aspekt beinhalten, also „falsch" sind. Beispielsweise solche, die im Ausführungsmodus passieren. Man erkennt sie daran, dass sie zum Zeitpunkt der Erkenntnis ein unmittelbares und unmissverständliches Unbehagen erzeugen.

Jeder hat vermutlich schon einmal einen „falschen Fehler" erlebt – inklusive entsprechender Konsequenzen. Und Konsequenzen sind das, was Fehler dieser Art gemein haben. Es handelt sich schlicht um Abweichungen von dem, was geplant, erlaubt, gewünscht, vorausgesetzt oder erwartet wurde.

Grundsatz 4 – Der MASSSTAB
Der Maßstab für Qualität ist der Preis der Abweichung.

Die Konsequenzen aus Fehlern ergeben den Preis der Abweichung. Er ist somit der Maßstab, der Qualität messbar macht. Je niedriger der PdA, desto höher der Erfüllungsgrad, bis hin zu unserem Ziel: PdA = 0 = *null Fehler*.

Sowohl die Struktur als auch die Ausprägung des PdA kann mit einem Eisberg verglichen werden, denn er kann genauso heimtückisch und schlecht einschätzbar sein.

Ein Eisberg befindet sich zu etwa 5 % über der Wasseroberfläche. Der größte Anteil, also ca. 95 %, verbirgt sich unter Wasser, und wenn man nicht genau hinsieht, läuft man Gefahr, zu kollidieren.

Am Beispiel des Untergangs der Titanic lässt sich festmachen, wie eine vergleichsweise kleine Unaufmerksamkeit oder Fehlentscheidung (= keine rechtzeitige Kursänderung, was einem kleinen PdÜ entsprochen hätte) zu einem PdA katastrophalen Ausmaßes führte, der die Welt heute noch beschäftigt. Spätere Untersuchungen haben ergeben, dass auch weitere Abweichungen wie die Anzahl der Rettungsboote, die Unerfahrenheit der Besatzung, die Rumpfkonstruktion oder die schlechte metallische Beschaffenheit der Schiffsnieten ursächlich für den Untergang sein könnten.

Doch all diese Erkenntnisse können den Tod von ca. 1500 Passagieren nicht rückgängig machen, genauso wie das Ausmaß des Vorfalles vorher nicht kalkulierbar war. Im Gegenteil ging man davon aus, dass so etwas nie passieren könnte – ein großer Fehler.

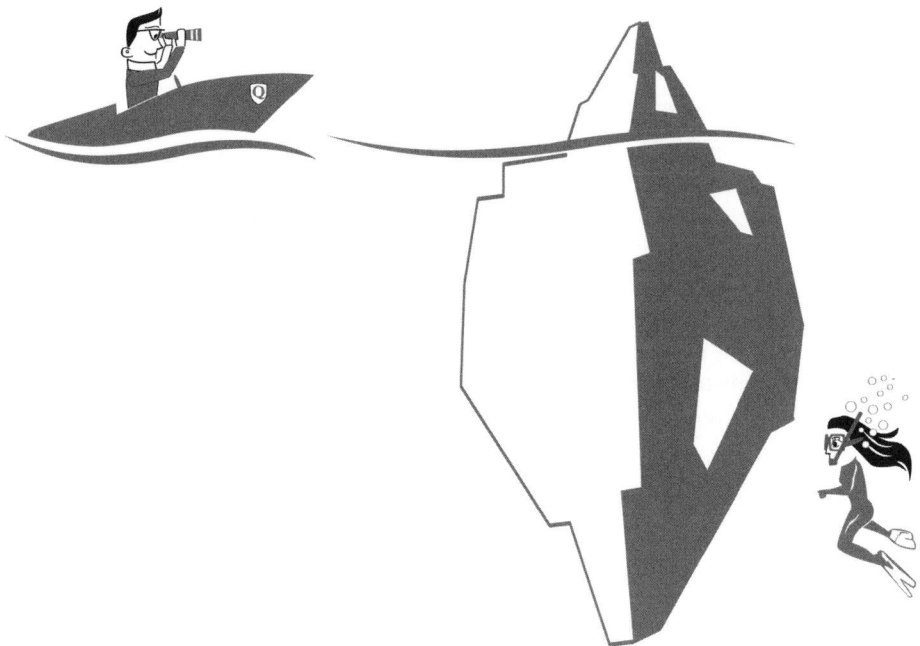

Ein Grund mehr, in den PdÜ zu investieren, um unternehmerische Kollisionen gleich welcher Art zu vermeiden.

 Der Eisberg PdA

Der PdA ist in seinem Ausmaß meist nur begrenzt vorhersehbar. Weder bezüglich möglicher auftretender Kosten noch bezüglich des Zeitpunktes oder Zeitraums des Auftretens. Das macht ihn so gefährlich.

Der PdA kann auch zu einem unerwünschten Dominoeffekt führen:

Ein Beispiel

Ein Kunde kauft ein Produkt, welches nach einigen Tagen einen Defekt aufweist. Er bringt es zurück und bekommt im Rahmen der Garantie oder Gewährleistung den Kaufpreis erstattet. Er wird somit schadlos gestellt.

So weit, so gut. Allerdings entspricht dieser Teil des PdA lediglich den sichtbaren 5 % des Eisbergs. Die verbleibenden 95 % könnten sich wie folgt darstellen:

Der Kunde beschließt, künftig bei einem Mitbewerber einzukaufen, weil er glaubt, dort diesen Defekt zu vermeiden (= einmal Verdienstausfall = passiver PdA). Der Kunde erzählt abends seinen Freunden am Stammtisch von seiner Unzufriedenheit mit dem Produkt (= negativer Multiplikatoreffekt = die Freunde des Kunden kaufen möglicherweise künftig auch beim Mitbewerber = passiver PdA). Einer der Freunde ist im örtlichen Fußballverein und gibt diese Informationen beim nächsten Training weiter (= weitere negative Multiplikation = unberechenbarer, passiver PdA). Jemand entscheidet sich, die sozialen Medien oder einschlägige Internetportale mit einer entsprechenden Warnung vor Ihren Produkten zu versorgen …

Das ganze Ausmaß des Dominoeffekts ist also schwer bis gar nicht quantifizierbar. Ein Dagegenwirken ist auch fast unmöglich, wenn der Ball bereits am Rollen ist. Am wenigsten durch das betroffene Unternehmen selbst.

Der sicherste Weg, um einen PdA zu vermeiden, ist, in den PdÜ zu investieren, um das Auftreten eines Fehlers **vorbeugend und komplett** zu verhindern!

Wenn der PdA im Unternehmen trotzdem mal auftritt, ist er der Maßstab für Qualität. Multipliziert man nach dem Eisbergprinzip den sichtbaren Teil des PdA, also die 5 % oberhalb der Wasseroberfläche, mit dem Faktor 20, erhält man einen Näherungswert des gesamten (möglichen) Schadensausmaßes. Er ist der Maßstab für Qualität.

Die vier Grundsätze für Qualität

Definition = Übereinstimmung mit den vereinbarten Anforderungen

System = Vorbeugung

Leistungsstandard = null Fehler

Maßstab = Preis der Abweichung

■ 1.4 Das Qualitätsmanagementsystem

„Qualität entspricht einem messbaren Zustand, welcher der höchstmöglichen Zufriedenheit des Kunden entspricht. Der Erfolg durch Qualität äußert sich auch in der erreichbaren Balance zwischen Berufs- und Privatleben."

Len Xu (Senior Quality Manager, Philips, China)

Bei einem Qualitätsmanagementsystem handelt es sich bezeichnungsgemäß um ein *System*, welches die Aufgabe hat, das *Management* der *Qualität* im Unternehmen zu übernehmen bzw. zu ermöglichen:

Management

Management als Funktion

Tätigkeiten, die von Führungskräften in allen Bereichen der Unternehmung (Personalwirtschaft, Beschaffung, Absatz, Verwaltung, Finanzierung etc.) in Erfüllung ihrer Führungsaufgabe (Führung) zu erbringen sind. Häufig wird hier zwischen Plan, Realisierung und Kontrolle differenziert:

- Zur Planung zählen die Problem- und Aufgabendefinition, die Zielsetzung, die Alternativenplanung und die Entscheidung.
- Die Realisierung umfasst die Organisation, die Information, die Kommunikation, die Motivation der Mitarbeiter und deren Koordination.
- Die Kontrolle besteht aus Rückmeldung und Soll-Ist-Vergleich für die weitere Planung und Steuerung. In der Fachliteratur finden sich vielfältige ähnlich strukturierte Phasenabfolgen.

(Quelle: Hadeler, Winter, Arentzen 2001)

Gemäß der Begriffsdefinition kann Management sowohl leitende Funktionen in Unternehmen bezeichnen als auch Aufgaben wie Planung, Organisation, Führung und Kommunikation umfassen.

System

Systembegriff

Menge von geordneten Elementen mit Eigenschaften, die durch Relationen verknüpft sind. Die Menge der Relationen zwischen den Elementen eines Systems ist seine Struktur. Unter Element versteht man einen Bestandteil eines Systems, der innerhalb dieser Gesamtheit nicht weiter zerlegt werden kann. Die Ordnung bzw. die Struktur der Elemente eines Systems ist im Sinn der Systemtheorie seine Organisation. Die Begriffe der Organisation und der Struktur sind also identisch.

(Quelle: Hadeler, Winter, Arentzen 2001)

Ein System in unserem Sinne ist vereinfacht gesagt eine Organisation (Struktur), innerhalb derer verschiedene Menschen unterschiedliche Tätigkeiten ausführen. Ziel ist es, so zu interagieren, dass mit möglichst wenig Aufwand die richtigen Ergebnisse erzeugt werden.

Das bestehende System, welches wir in diesem Buch als Basis der QMS-Einführung zugrunde legen, ist das System *Unternehmen*. Das Unternehmen mit seiner Vision, Strategie, Struktur, seinen Mitarbeitern, Prozessen sowie Produkten und Dienstleistungen.

Losgelöst betrachtet handelt es sich bei unserem QMS um ein zweites System, welches mit dem bestehenden System *Unternehmen* integrativ verschmolzen wird. Das birgt einige Herausforderungen, aber ebenso viele Erfolgsfaktoren.

Die Integration eines QMS in ein Unternehmen entspricht einer Maßnahme der systematischen Organisationsentwicklung. Als Richtlinie hierfür legen wir in diesem Buch die Qualitätsnorm DIN EN ISO 9001:2008 zugrunde.

■ 1.5 Wie funktioniert ein QMS?

Ein QMS ist eine Art Kompass. Es schafft Orientierung und Transparenz auf dem Weg zum unternehmerischen Ziel. Strukturell betrachtet kann ein QMS mit einem Haus verglichen werden (der Kompass weist den Weg durch die Gänge), welches man in Stockwerke und Räume aufteilen, individuell gestalten und möblieren kann. Weil Qualitätsmanagementsysteme schon mehrfach erbaut, erprobt und verbessert wurden, entsprechen sie quasi einem Fertig- oder Ausbauhaus, welches noch ausreichend Spielraum für individuelle Wünsche und Bedürfnisse bietet. Man spart bei der Einführung dieses bewährten Standardhauses im Vergleich zu einem individuellen Bauvorhaben Zeit und Geld.

Der operative Aufwand eines einzuführenden QMS hängt neben einer möglichen Anpassung von Strategie, Struktur und Fähigkeiten der Menschen im Unternehmen stark von Anzahl und Umfang der Prozessabläufe ab, die es zu definieren und in die Praxis zu überführen gilt. Prozessabläufe stehen ihrerseits in direkter Abhängigkeit zur Komplexität der Produkte und Dienstleistungen.

Der Qualitätsmanagementbeauftragte (QMB) eines deutschen Unternehmens der Windindustrie sagte einmal: *„Wir werden das Geld (= Einsparungen) mit der Schubkarre aus dieser Firma hinausfahren, sobald wir nach erfolgreicher QMS-Einführung damit beginnen können, die bestehenden Verbesserungspotenziale systematisch auszuschöpfen."*

Und genau hierfür gibt es ein entscheiden-
des Kriterium – die Mitwirkung der Mitarbeiter. Daher sollte die Belegschaft bereits
vor Beginn der Maßnahmen zur QMS-Einführung, also bereits vor einer systematischen Bestandsaufnahme, ins Boot geholt,
noch besser eingebunden, werden. Das
schafft Akzeptanz durch Beteiligung. Ein
fruchtbarer „Nebeneffekt" ist, dass durch
die Mitarbeiter im Unternehmen in den
meisten Fällen noch weitere Verbesserungspotenziale entdeckt werden, an die
man selbst nicht gedacht hat und die im Rahmen der QMS-Einführung genutzt werden
können.

Wurde die Grundstruktur Ihres Qualitätshauses einmal errichtet und von allen Mitarbeitern verstanden, fällt es nicht mehr schwer, sie mit den erforderlichen Inhalten zu
füllen. Sie kann später auch problemlos und kontinuierlich erweitert werden.

■ 1.6 Was ist eine Norm?

Das Wesen einer Norm entspricht einer Guideline, die während der Einführung eines
Managementsystems und auch im späteren Tagesgeschäft Orientierung gibt. Eine Norm
basiert auf Erfahrungsstandards, welche sich in der Regel über einige Jahre oder gar
Jahrzehnte bewährt und weiterentwickelt haben (Stichwort: Best Practice).

Zur Veranschaulichung kann man das System einer Norm mit einer Autobahn vergleichen. Die Fahrbahn ist gut befestigt, und auf beiden Seiten gibt es Leitplanken zur Orientierung. Sie verhindern, dass man vom definierten Weg abkommt. Ob man nun langsamer oder schneller, tags oder nachts, rechts oder links fährt, obliegt jedem selbst. Man
hat innerhalb eines bestimmten Rahmens und einer vordefinierten Richtung ausreichend Spielraum, um seinen individuellen Fahrstil zu etablieren. Die Fahrtrichtung
führt von einem bestehenden Ausgangspunkt zu einem definierten Ziel. Auf dem Weg
zum Ziel gilt es, einerseits gewisse Regeln wie Geschwindigkeitsbegrenzungen, Über-
holverbote etc. zu beachten. Andererseits findet man auf seinem Weg zum Ziel Orientie-
rungshilfen und unterstützende Einrichtungen wie Wegweiser, Beschilderungen, Tank-
stellen und Rastplätze vor.

Durch dieses in der Regel genormte System wird vorbeugend sichergestellt, dass alle
Verkehrsteilnehmer so sicher und fehlerfrei wie möglich am gewünschten Ziel ankom-
men.

Dieses Bild der Autobahn kann auf ein Unternehmen übertragen werden. Die Einführung eines Managementsystems entlang einer Norm entspräche hierbei dem Auto-
bahnbau mit allen zugehörigen Einrichtungen und Rahmenbedingungen. Durch eine

darauffolgende Zertifizierung lässt sich dann sicherstellen, dass sich die jeweiligen Komponenten des Systems auch an den dafür vorgesehenen Stellen befinden, um den Mitarbeitern während der Ausübung ihrer Tätigkeit (vgl. Fahren auf der Autobahn) Orientierung zu bieten.

1.6.1 DIN EN ISO 9001 und Co.

Zur QMS-Einführung legen wir in diesem Buch die international anerkannte Qualitätsnorm DIN EN ISO 9001:2008-12 zugrunde – kurz die ISO 9001 in ihrer zum Publikationszeitpunkt dieses Buches aktuellen Fassung. Diese wird standardmäßig in den Sprachen Deutsch, Englisch und Französisch ausgeliefert.

Die Bezeichnungen stehen für:

▪ Deutsches Institut für Normung (DIN),

▪ Europäische Norm (EN),

▪ International Organization for Standardization (ISO),

▪ durch das Normenkomitee definierte Nummer (9001),

▪ Herausgabejahr (2008),

▪ Ausgabemonat (12).

Die ISO 9001 gilt als erfolgreichste Norm der Internationalen Organisation für Normung (ISO). Sie existiert bereits seit dem Jahre 1987 und wurde seither mehrfach angepasst und verbessert.

Früher bestand die ISO 9001 aus 20 Elementen mit einem teils angestaubten Image. Es wurde oft kritisiert, dass sie aufgrund ihrer wenig dynamischen Struktur nicht auf alle Bedürfnisse und Unternehmungen anwendbar sei.

Die Herstellung eines Vollkornbrotes unter Berücksichtigung der genauen Mixtur von Zutaten, Backart, -zeit und -temperatur ist ein umfangreicher Prozess. Gemessen an der Produktion eines Pkw, welcher aus mehr als 10 000 Einzelteilen und noch viel mehr Teilprozessen besteht, wirkt ein Vollkornbrot in der Tat weniger aufwendig und komplex.

Doch die grundlegenden Prozessabläufe sind tatsächlich identisch. Vorne und hinten steht jeweils ein Kunde, der zunächst definiert, was er möchte, und abschließend ein Ergebnis enthält – dazwischen wird gearbeitet.

Um diese Gemeinsamkeit über alle Produkte und Dienstleistungen hinweg zu berücksichtigen und der berechtigten Kritik an der alten Version gerecht zu werden, wurde die ISO 9001 im Jahr 2000 grundlegend überarbeitet und prozessorientiert gestaltet. Die Prozessorientierung schaffte die geforderte Flexibilität.

Die ISO 9001 präsentiert sich heute mit einem eigenen *Modell eines prozessorientierten Qualitätsmanagementsystems*, welches für Unternehmen aller Branchen, Größen und Standorte weltweit ein geeignetes Fundament darstellt (Bild 1.3). Die ISO 9001 legt die Minimalforderungen an ein Qualitätsmanagementsystem dar.

Bild 1.3 Modell eines prozessorientierten Qualitätsmanagementsystems der DIN EN ISO 9001:2008-12, Seite 8

Beispiel: Eine Anforderung der ISO 9001 unter Kapitel 7.1 lautet: *„Die Organisation muss die Prozesse planen und entwickeln, die für die Produktrealisierung erforderlich sind."* Hier wird zwar gefordert, dass Arbeitsabläufe definiert werden sollen, es gibt aber keinen Hinweis dazu, **wie** oder in welchem Umfang. Denn das Wie hängt immer vom individuellen Produkt oder der Dienstleistung ab. Bei einem Friseur wäre ein Standardprozess „Herstellen eines Haarschnittes". Doch lediglich eine Standardvariante anzubieten, würde vermutlich sehr schnell zu einem Verlust der Kundschaft führen. Vielmehr gibt die ISO 9001 Orientierung, die es dem Friseur ermöglicht, entsprechend zu variieren, um sowohl den Friseuraufenthalt als auch die Zeit danach zu einem positiven Erlebnis für den Kunden zu machen.

In Deutschland wurden bisher mehr als 50 000 kleine, mittlere und große Unternehmen gemäß den Anforderungen der ISO 9001 zertifiziert. Weltweit sind es über eine Million Unternehmen in mehr als 170 Ländern.

Die ISO 9001 besteht aus folgenden Inhalten:

- 0. Einleitung
- 1. Anwendungsbereich
- 2. Normative Verweisungen
- 3. Begriffe
- 4. Qualitätsmanagementsystem
- 5. Verantwortung der Leitung
- 6. Management von Ressourcen
- 7. Produktrealisierung
- 8. Messung, Analyse und Verbesserung

Der Bereich der praktischen Anforderungen, die es während einer QMS-Einführung abzudecken gilt, erstreckt sich von Kapitel 4 bis 8. Innerhalb des Umsetzungskapitels dieses Buches finden Sie entsprechende Verweise, um während Ihres QMS-Einführungsprojekts mitverfolgen zu können, welche Normanforderungen Sie gerade bedienen.

Im Herbst 2015 wird eine Nachfolgeversion der ISO 9001 publiziert. Gemäß der üblichen Bezeichnung kann man davon ausgehen, dass sie ISO 9001:2015 heißen wird. Hierzu ein Ausblick anhand von Auszügen einer Veröffentlichung auf der Internetseite der Deutschen Gesellschaft zur Zertifizierung von Managementsystemen (DQS).

„Die internationale Norm für Qualitätsmanagement ISO 9001 wird seit dem vergangenen Jahr überarbeitet und soll im Herbst 2015 die Version aus 2008 ablösen. Qualitätsmanagement nach ISO 9001 ist weltweit ein ‚Leuchtturm‘ für viele Organisationen quer durch alle Branchen. Nach sieben Jahre ISO 9001:2008 stehen deshalb einige Fragen im Raum: Was wird ‚die Neue‘ bringen? Wird sie grundlegende Veränderungen auslösen? Müssen wir mit einem Quantensprung ähnlich der Entwicklung von 1994 zu 2000 rechnen?

Diskutiert wird derzeit der Entwurf unter dem Arbeitstitel ISO/CD 9001:2013. Der ist mittlerweile zwar öffentlich – was daraus aber tatsächlich wird, ist in vielen Details noch offen.

Fest steht, dass ISO 9001:2015 einer neuen Struktur folgt, der sogenannten High Level Structure. Beschrieben wird dieser Aufbau im Anhang 1 zum Appendix SL der aktuellen ISO-Direktiven (4. Auflage 2013). Mit der High Level Structure verfolgt ISO das Ziel, identische Strukturen für Managementsysteme zu schaffen und den einheitlichen Gebrauch von Kerntexten, Begriffen und Definitionen sicherzustellen. Der Nutzen leuchtet ein: Eine verbindliche Struktur für alle neuen Zertifizierungsgrundlagen für Managementsysteme sowie solche, die eine Revision durchlaufen, erleichtert Anwendern das Verständnis einer Norm und bringt mehr Effizienz in die Arbeit mit integrierten Managementsystemen. Auswirkungen auf Ihre Entscheidung, wie Sie Ihr QM-System organisieren, hat die neue Struktur nicht. Die High Level Structure bieten wir Ihnen unter ‚Dokumente und Links‘ zum Download an.

> *Inhaltlich scheint sich ISO 9001:2015 mehr an Markterfordernissen zu orientieren. Dann würden Kunden und Anwender neben Produkten und Prozessen stärker in den Fokus rücken. Für diese Annahme spricht auch eines der in 2012 formulierten Ziele, die mit der Revision erreicht werden sollen, nämlich die Berücksichtigung der zunehmend komplexen, herausfordernden und dynamischen Umfelder, in denen Organisationen tätig sind. Und so überrascht es nicht, dass die internationale ‚Community' derzeit darüber diskutiert, wie stark risikoorientierte Ansätze Einzug finden werden oder ob sich Dienstleister in der Norm deutlicher wiederfinden als bisher.*
>
> *Eines steht fest: Aus den Diskussionen lassen sich Trends ableiten, die ganz unabhängig von einer Revision die Ausgestaltung von Managementsystemen und Prozessen prägen werden. Stichworte sind Excellence, Risikomanagement, Change Management oder etwa Wissensmanagement."*
>
> Quelle: DQS – de.dqs-ul.de, Zugriff: 15.08.2013

Die DQS informiert darüber hinaus, dass voraussichtlich ab dem zweiten Halbjahr 2014 entsprechende Kooperationsveranstaltungen dazu stattfinden. Auch andere renommierte Zertifizierungsunternehmen in ganz Europa wie die schweizerische SQS, der DNV GL, Bureau Veritas, der TÜV, die Dekra oder die Quality Austria halten entsprechende Informationen für Sie bereit.

1.6.2 Die Normenfamilie

Die Qualitätsnorm ISO EN 9001:2008 ist ein Teil einer umfangreichen Normenfamilie. Dazu gehört auch die ISO 9004. Sie ist ein Leitfaden zur Weiterentwicklung des QMS, also eine Art Selbstbewertungsnorm, nach der nicht direkt zertifiziert werden kann. Jedoch kann man die Weiterentwicklung dieser Norm anhand des EFQM Excellence Model vorantreiben und damit an der Ludwig-Erhard-Initiative teilnehmen und den höchsten deutschen Qualitätspreis gewinnen.

Die zugehörige ISO 19011 ist jene Norm der 9000er-Familie, welche die Auditprinzipien festlegt, also anleitet, nach welchen Vorgehensweisen ein QMS zu prüfen ist. Die ISO 9000 definiert die Grundlagen und Begriffe der Qualitätsmanagementsysteme.

1.6.3 Nachbarn der ISO 9001

Blicken wir etwas über den Tellerrand der ISO 9001, so sehen wir – neben einer Fülle anderer Werke – zwei weitere Normen, die der Qualitätsnorm ISO 9001 in ihrer flächendeckenden Ausprägung ähneln. Es handelt sich um die ISO 14001 und die OHSAS 18001.

Die ISO 14001 ist die internationale Norm für Umweltmanagementsysteme, welche sich anbietet, wenn die Unternehmensphilosophie vorsieht, sich systematisch am Umweltbewusstsein messen zu lassen.

Die OHSAS 18001 ist die dritte Norm im Bunde der „big three" und legt den internationalen Standard für Gesundheit und Arbeitssicherheit dar.

Bei der Kombination bzw. Integration mehrerer Normen in einem System, also beispielsweise von Qualität, Umwelt sowie Gesundheit und Arbeitssicherheit, spricht man von einem Integrierten Managementsystem (IMS), welches sich im Vergleich zu einzelnen Einführungsprojekten ressourcenschonender realisieren lässt.

Ein zertifiziertes IMS verleiht einem Unternehmen nach außen hin ein hohes Ansehen, ein gesteigertes Maß an Grundvertrauen und Professionalitätszuspruch seitens externer Interessenpartner.

 IMS – mehrere auf einen Streich

Führt man mehrere Systeme (z. B. Qualität, Umweltschutz und Gesundheit und Arbeitssicherheit) zusammen, spricht man von einem *Integrierten Managementsystem (IMS)*. Bereits während der Einführungsphase, aber im späteren Tagesgeschäft, lassen sich durch ein IMS im Vergleich zu Einzelsystemen Ressourcen effizient bündeln. Es bietet sich daher an, eine entsprechende Entscheidung bereits vor QMS-Projektstart zu treffen.

Neben den Systemen für Qualität, Umweltschutz, Arbeitssicherheit und Gesundheit gibt es auch Systeme für effizientes Energiemanagement, zur Wahrung der Informationssicherheit und viele andere. Eine vollständige Übersicht inklusive Bestellmöglichkeit aller gängigen DIN-Normen finden Sie auf der Internetseite des Beuth Verlages (www.beuth.de).

 Was Sie wissen sollten

- Der Qualitätsgedanke beschäftigt die Menschheit wohl seit Anbeginn. Unsere Wünsche und Erwartungen schaffen die Maßstäbe dazu.
- Unternehmen, die ein Qualitätsmanagementsystem eingeführt haben, sind erfolgreicher als Unternehmen ohne ein solches System. Die Investition zahlt sich aus!
- Die vier Grundsätze für Qualität lauten:
  - Die **Definition** für Qualität ist die Übereinstimmung von Anforderungen zwischen Kunden und Lieferanten.
  - Das **System**, das Qualität bewirkt, heißt Vorbeugung.
  - Der **Leistungsstandard** für Qualität ist null Fehler.
  - Der **Maßstab** für Qualität ist der Preis der Abweichung.
- Ein Qualitätsmanagementsystem ist ein System, das den Qualitätsanspruch in einem Unternehmen verankert und Qualität erlebbar macht. Es schafft Orientierung, gibt Struktur und umfasst das gesamte Unternehmen. Zwei zentrale Ziele können hierbei festgemacht werden, konsequente Kundenorientierung und Prozessoptimierung.
- Viele Unternehmen müssen sich aufgrund von Kundenanforderungen oder gesetzlichen Anforderungen zertifizieren lassen. Eine Zertifizierung weist mittels eines Audits (Überprüfung) nach, dass ein bestimmtes System nach bestimmten Vorgaben etabliert wurde. So verlangen beispielsweise Automobilhersteller von ihren Zulieferern eine Zertifizierung nach ISO 16949 – einer Fortführung der ISO 9001. In Krankenhäusern wird die Umsetzung eines Qualitätsmanagementsystems sogar gesetzlich gefordert.
- Die wichtigste Zertifizierungsgrundlage im Qualitätsmanagementbereich ist die ISO 9001.

Literatur

Crosby, P.B.: *Cutting the cost of quality: The defect prevention workbook for managers.* Boston 1967

Crosby, P.B.: *Qualitätsmanagement.* Wien 2000

Crosby, P.B.: *Quality is free.* New York 1979

Guggenbühl, G.; Huber, H.C.: *Quellen zur Geschichte des Altertums.* Zürich 1964

Hadeler, T.; Winter, E.; Arentzen, U.: *Gabler Wirtschaftslexikon. Die ganze Welt der Wirtschaft.* Wiesbaden 2001

Liker, J. K.: *The Toyota Way*. New York 2004

Pfeifer, T.; Schmitt, R.: *Masing Handbuch Qualitätsmanagement*. München 2007

DIN EN ISO 9001:2008: *Qualitätsmanagementsysteme – Anforderungen*. Ausgabe 2008 – 12. Berlin 2014

Schell, J.: *The Art of Game Design*. Burlington 2008

2 Quality Coaching

„Qualität ist der ständige, aus unserer Umgebung auf uns einwirkende Reiz, die Welt zu erschaffen, in der wir leben. Dementsprechend basiert Qualität auf dem Kampf zwischen Statik, dem Beibehalten bestehender Strukturen, und Dynamik, dem Entwickeln neuer Strukturen. Damit ist Qualität auch die persönliche Verpflichtung eines Menschen, sein Denken und Handeln dafür einzusetzen, in seinem Umfeld als höherwertig empfundene Evolutionsstufen herbeizuführen."

Prof. Dr. Christian Kunze (Director of Studies, Norwegian Centre of Expertise – NCE, Smart Energy Markets Halden, Norwegen)

Als *Beauftragter der obersten Leitung* kommen drei wesentliche Herausforderungen auf einen Qualitäts- und Prozessmanager zu:

- umfassende Qualitätsverantwortung,
- ein Projekt zu planen, durchzuführen und erfolgreich abzuschließen,
- Vorbildfunktion in Bezug auf Qualität und Orientierungsgabe wahrzunehmen.

Den ersten beiden Herausforderungen werden Sie durch einen soliden Fundus an Fachkompetenz, guter Vorbereitung und ein wenig Organisationstalent gerecht. Letztere erfordert überzeugende Führungskompetenz sowie Fingerspitzengefühl im Zusammenhang mit Veränderungen.

Um Sie auf Ihre bevorstehenden Aufgaben solide vorzubereiten, beschäftigen wir uns ab diesem Kapitel 2 bis einschließlich Kapitel 5 mit den einschlägigen Begrifflichkeiten, Methoden, Werkzeugen und Know-how, welches Ihnen als Qualitäts- und Prozessmanager zur Verfügung steht und Ihnen bei richtiger Anwendung das Attribut „erfolgreich" verleihen wird.

Wir werden uns dabei auch einige mögliche Stolperfallen ansehen, die während der Arbeit mit Qualität immer wieder auftauchen und die es zu meistern gilt.

Darüber hinaus werden wir uns mit einigen speziellen Anforderungen auseinandersetzen, die mit der *Art der Umsetzung* – also mit dem bereits erwähnten *Wie* – zu tun haben und in vielen Fällen der eigentliche Schlüssel zum Erfolg sind. Denn das *Wie* öffnet die Türen, damit das *Was* hindurchgehen kann.

■ 2.1 Das MEMO-Prinzip

„Qualität bedeutet, fest an das Leben zu glauben und das Beet seines Glückes zu bereiten. Damit ist man auf Chancen, die das Leben regelmäßig bereithält, vorbereitet und kann sie bewusst wahrnehmen. Wer genau hinsieht, wird sie auch erkennen."

Sir Ernest Betson (Pastor und Lehrer, Gründer der Unity Presbyterian Primary School, Belize, früher Britisch-Honduras)

Eine QMS-Einführung erfordert das richtige Verständnis zur integrativen Handhabung zweier Systeme, des Systems *Qualitätsmanagement* und des Systems *Unternehmen*. Mit dem Qualitätsmanagementsystem haben wir uns bereits in einem vorangegangenen Kapitel befasst. Sehen wir uns nun das System Unternehmen an, indem wir das MEMO-Prinzip unterstützend hinzuziehen, welches folgende Aussage zugrunde legt:

Der kleinste gemeinsame Nenner, der zeitgleich die größtmögliche Auswirkung auf ein Unternehmen hat, ist der Mensch.

MEMO steht für das **ME**nschliche **MO**dell. Das gleichnamige Prinzip steht stellvertretend für eine optimale Konstitution (= Anordnung und Zusammenspiel) der wesentlichen Komponenten eines Unternehmens, verglichen mit dem menschlichen Körper.

Somit lässt sich sowohl das Zusammenspiel der vier tragenden Säulen eines Unternehmens – Strategie, Struktur, Mitarbeiter und Prozesse – veranschaulichen, als auch das Zusammenspiel von Unternehmen und Mitarbeitern. Mit der Qualität dieses Zusammenspiels steht und fällt der Erfolg eines Unternehmens, Projekts oder professionellen Vorhabens.

Der Mensch als Grundlage

Die Grundstruktur eines Menschen wird durch sein **Skelett** vorgegeben, welches klei-ner, größer, breiter oder schmaler sein kann. Dem Skelett sind **Muskeln** in adäquater Weise zugeordnet. Sie verleihen dem Menschen die Fähigkeit, das Skelett in Bewegung zu versetzen. Sie tun dies aber erst, wenn das **Gehirn** die notwendigen Steuerungsinfor-mationen liefert, also den Muskeln mitteilt, wann welche Teile des Skeletts **wie** aktiviert werden sollen. Das gewünschte Ergebnis ist: Der Mensch wird in **Bewegung** versetzt, was unserer grundlegenden (Über-)Lebensstrategie entspricht.

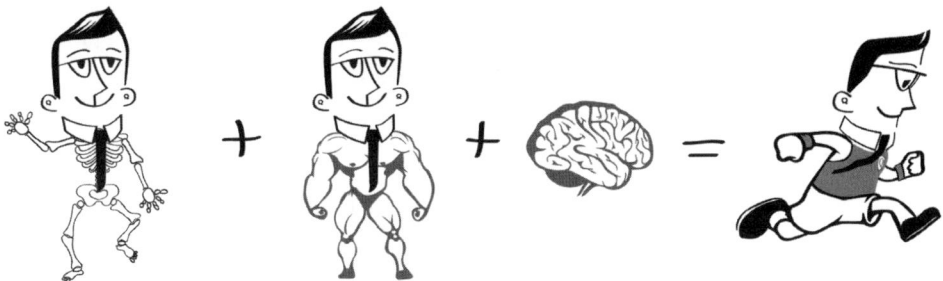

Das Unternehmen

Wie der Mensch verfügt auch ein Unternehmen über eine **Struktur** (= Organisations-struktur, Organigramm). Die Fähigkeit eines Unternehmens findet sich in den **Mit-arbeitern,** von deren Vitalität, Wissen und Motivation die Qualität jeglicher unterneh-merischen Aktivität ausgeht. Entsprechende Handlungsinformationen werden neben zielgerichteter Führung durch **Prozessabläufe** bereitgestellt. Das schafft Orientierung und Koordination. Die Mitarbeiter eines Unternehmens arbeiten also innerhalb ihrer organisatorischen Zuordnung anhand definierter Prozesse und aktivieren damit die Gesamtstruktur. Das Ergebnis: **Bewegung** und Wachstum, was der grundlegenden Stra-tegie eines jeden Unternehmens entspricht.

Zusammenführung von Mensch und Unternehmen

Da sowohl der Mensch als auch ein Unternehmen als komplexes, abgeschlossenes Sys-tem betrachtet werden kann, liegt der Versuch nahe, das Zusammenspiel beider Sys-teme übereinanderzulegen. Tun wir das, stellen wir fest, dass die grundlegenden Kons-titutionen ziemlich deckungsgleich erscheinen. Beide verfügen über eine Struktur, individuelle Fähigkeiten und Orientierungsgabe, womit eine gewünschte Strategie in die Tat umgesetzt wird. Doch nur wenn die Unternehmensstrategie mit der (Lebens-)Strategie der Mitarbeiter innerhalb des unternehmerischen Umfelds im Gleichgewicht ist, wird die maximale Leistungsfähigkeit des Gesamtsystems erreicht. Es herrscht Resonanz und Übereinstimmung. Es herrscht Qualität. Diese Balance zwischen Mensch und Unternehmen kontinuierlich aufrechtzuerhalten, schafft die Grundlage für dauer-haften Erfolg (Bild 2.1).

MEMO-Prinzip®	Mensch		Unternehmen	
Strategie		Bewegung		Strategie
Struktur		Skelett		Struktur
Fähigkeit		Muskeln		Menschen
Orientierung		Gehirn		Prozesse

Bild 2.1 Das MEMO-Prinzip zur Zusammenführung der Konstitution von Mensch und Unternehmen

Das MEMO-Prinzip in der Anwendung

Spricht oder bewegt sich ein Mensch nun signifikant außerhalb der medizinischen oder gesellschaftlichen Norm, bezeichnet man diesen Umstand gemeinhin als geistige oder körperliche Störung oder Behinderung. Diese Störung kann vorübergehend oder anhaltend sein. Der gleiche Umstand betrifft ein Unternehmen, wenn es in Bezug auf seine Strategie, Struktur, Mitarbeiter oder Prozesse merkwürdig, unkoordiniert ineffizient oder fehlerhaft agiert. Das Unternehmen wirkt gestört und dadurch an seiner optimalen Leistungsfähigkeit gehindert.

Störungen innerhalb eines Unternehmens können in den meisten Fällen restlos behoben werden, wenn man ihnen ernsthaft und auf die richtige Weise begegnet. Unternehmerische Störungen müssen allerdings entweder zeitnah behoben werden, oder das Unternehmen „stirbt" über kurz oder lang. Denn es gibt in der Regel keine Möglichkeit auf eine lebenslange Pflege aufgrund verminderter Leistungsfähigkeit. Das liegt daran, dass das Wesen des Unternehmertums in der Regel weniger sozialen als gewinnbringenden Absichten unterliegt. Das gilt auch für Non-Profit-Organisationen, welche am Ende eines Geschäftsjahres zwar keine Überschüsse vorweisen dürfen, jedoch genug erwirtschaften müssen, um zu (über)leben.

Demnach lautet die sinnvollste Option im unternehmerischen Umfeld im Zusammenhang mit sich anbahnenden oder bereits vorliegenden Störungen: „umgehende Beseitigung von Schieflagen durch geeignete Maßnahmen".

 Vermitteln Sie die Gründe und den Nutzen für die Einführung eines QMS. Sorgen Sie für ein gemeinsames Verständnis von Strategie, Struktur, Fähigkeit und Prozessabläufen. Binden Sie alle Mitarbeiter aktiv ein. Geben Sie Orientierung, indem Sie Mitarbeiter über den Unternehmensstand auf dem Laufenden halten, aber auch Erwartungshaltungen klar kommunizieren. Seien Sie dabei offen, ehrlich und authentisch.

Um mögliche Defizite, Abweichungen oder Fehler im Unternehmen zu identifizieren, ist ein Qualitätsmanagementsystem (hier gemäß ISO 9001) ein solider Vergleichsmaßstab, denn die Norm ist nichts anderes als ein Abbild von Anforderungen einer optimalen Unternehmenskonstitution (Minimalanforderungen) bezogen auf Strategie, Struktur, Mitarbeiterbefähigung und Prozessabläufen. Die jeweils bestehende Konstitution (Ist-Zustand) eines Unternehmens wird anhand einer Bestandsaufnahme im Detail ermittelt und anhand geeigneter Maßnahmen durch eine gesunde angepasste Konstitution (Soll-Zustand) ersetzt.

Im Zuge dessen werden bei Bedarf auch die erforderlichen Rahmenbedingungen angepasst, innerhalb derer die Mitarbeiter (= Befähiger) das unternehmerische Umfeld mehr und mehr zu „leben" beginnen. Auch menschliche Schieflagen können so durch ehrlichen und transparenten Umgang beseitigt werden. Es erfolgt eine integrative Zusammenführung von menschlichen und unternehmerischen Anforderungen, in deren Zusammenspiel Abweichungen, Fehler und Behinderungen gezielt und dauerhaft ausgesondert (= geheilt) werden.

Das Ergebnis: ein funktionsfähiges Unternehmen, mit einer gesunden Basis für nachhaltigen Erfolg und zufriedene Mitarbeiter und Kunden.

 Basis eines QMS

Das MEMO-Prinzip ermöglicht ein einfaches Verständnis der optimalen Konstitution von Mensch und Unternehmen und liefert die Basis zur Einführung oder Optimierung eines Managementsystems zur Qualitätssteigerung. Für den nachhaltigen Erfolg ist es unabdingbar, dass ausnahmslos **alle** Menschen und Instanzen innerhalb eines Unternehmens das erforderliche Zusammenspiel verstehen, auch jene, die bisher frei von betriebswirtschaftlichen Ansätzen waren, oder jene, die akademische Erklärungen für wenig liebenswert halten.

Es gilt an einem Strick zu ziehen – von der Reinigungskraft bis zur obersten Leitung!

Das wird erreicht, indem jedem Einzelnen seine persönliche Rolle, Bedeutung und Position im Unternehmen verdeutlicht wird. Verständnis erzeugt die so wichtige persönliche Verpflichtung zu einem gemeinsamen Vorhaben.

Daher gilt: Je einfacher und transparenter Sie den Mitarbeitern das erforderliche Bild zeichnen, desto größer wird die Akzeptanz und Integrationsbereitschaft sein, wenn es darum geht, ein QMS einzuführen. Verwenden Sie das MEMO-Prinzip zur Erklärung dessen, was für Sie möglicherweise selbstverständlich erscheint.

Im Rahmen einer QMS-Einführung sind einige Mitarbeiterschulungen abzuhalten. Bauen Sie das MEMO-Prinzip einfach in eine der Trainingseinheiten
ein, um ein einheitliches unternehmerisches Verständnis zu erzeugen.

Für Sie als Qualitäts- und Prozessmanager ist es neben Ihrem vorhandenen professionellen Verständnis entscheidend, ein tiefes Bewusstsein dafür zu entwickeln, wie die
vier unternehmerischen Stellschrauben Strategie, Struktur, Mitarbeiter/Führung und
Prozesse miteinander verzahnt sind und welche Auswirkung manch kleine Veränderung an einer der Komponenten auf die anderen haben kann.

Hier einige Beispiele:

- Je praxistauglicher die definierten *Prozesse* sind, desto konkreter wird die Einhaltung
  durch die *Mitarbeiter* sein.

- Je transparenter die *Struktur* des Unternehmens ist, desto effizienter und gewinnbringender können die *Mitarbeiter* agieren.

- Je motivierter die *Mitarbeiter* sind, desto genauer werden *Prozesse* innerhalb der definierten *Struktur* ausgeführt.

- Je besser die *Strategie* ist, desto präziser wird sie von Mitarbeitern getragen und
  anhand der definierten *Prozesse* umgesetzt.

Spielen Sie im Kopf verschiedene dieser Szenarien durch und entscheiden Sie dann, an
welchen Stellhebeln Sie arbeiten möchten. Es zahlt sich aus!

■ 2.2 Aufbau- oder Ablauforganisation?

Im Rahmen einer umfassenden
Bestandsaufnahme, die ein Qualitäts-
und Prozessmanager als einen der
ersten Schritte des QMS-Einführungsprojekts durchführt, könnten sich folgende Beobachtungen ergeben:

- Es gibt unternehmens- und abtei-
  lungsübergreifende Prozessabläufe,
  die sich in ihrem gesamten Verlauf
  über mehrere Abteilungen und Bereiche erstrecken.

- Es gibt Prozessverantwortliche, deren Interesse darin besteht, den jeweiligen Prozessdurchlauf (z. B. eines bestimmten Produktes) durch alle beteiligten Abteilungen hin-
  durch (Entwicklung → Einkauf → Produktion → Vertrieb) effizient und effektiv zu
  gestalten.

- Es gibt Prozessabläufe, die innerhalb einzelner Abteilungen beginnen und enden, sich also „ohne äußere Beteiligung" steuern lassen.

- Es gibt Abteilungsleiter, die an Abteilungszielen gemessen werden.

Sie erkennen vermutlich schon, dass aufgrund der vorliegenden Sachverhalte mögliche Interessenkonflikte zwischen Abteilungsleitern und Prozessverantwortlichen entstehen könnten oder bereits bestehen, da sich Prozessstrukturen mit Abteilungsstrukturen kreuzen.

Diese Kreuzung entspricht einer bestimmten – meist beabsichtigten – Organisationsstruktur, die in der Praxis häufig anzutreffen ist – manchmal ist sie „natürlich gewachsen". Unabhängig von der individuellen Entstehungsgeschichte lässt sich aber sagen, dass sich diese Art der Hybridorganisation auf dem Vormarsch befindet. Sie vereint Strukturen einer Aufbauorganisation (starke Orientierung am Organigramm und an den Abteilungen) mit den Strukturen einer Ablauforganisation (starke Orientierung an Produkten und Prozessabläufen).

Man spricht bei dieser gekreuzten Strukturform von einer *Matrixorganisation* (Bild 2.2). Sie ist in modernen Unternehmen häufig vorzufinden, da sie einige Vorteile in sich vereint.

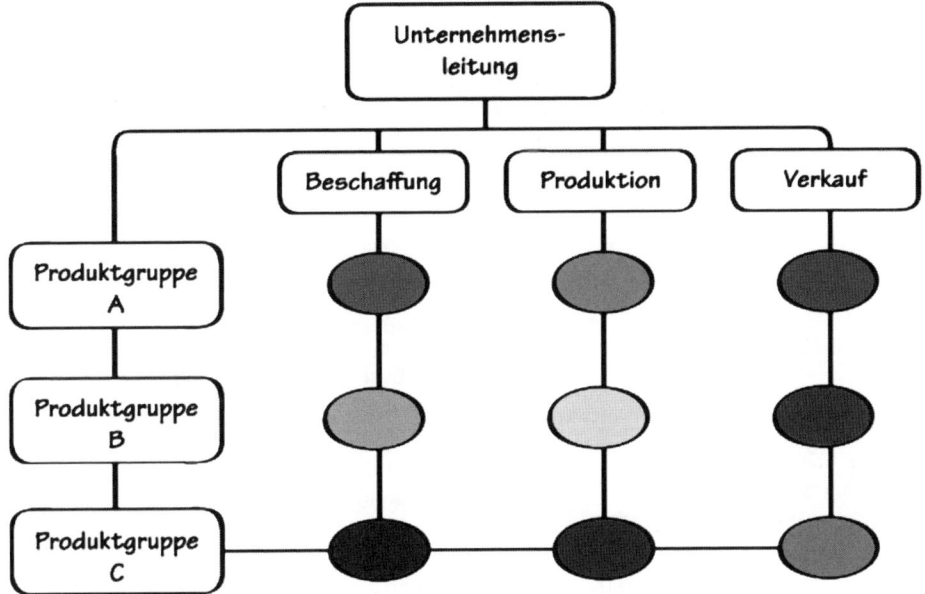

Bild 2.2 Matrixorganisation

Eine Matrixorganisation hält aber nicht nur positive Selbstverständlichkeiten, sondern auch einige ernst zu nehmende Herausforderungen bereit. Denn wenn es um den Einsatz von Ressourcen (Mitarbeiter, Budget etc.) geht, kollidieren hier oftmals unterschiedliche Interessenlagen. Es besteht beispielsweise Konfliktpotenzial zwischen traditionellen Hierarchie-Fans und dem gegnerischen Lager der Prozessanhänger.

Erhalten die Abteilungen eines Unternehmens bewusst eine höhere Gewichtung, spricht man von einer *aufbauorientierten* Matrixorganisation (schwache Matrix; Bild 2.3). Wird den Prozessen und Prozessverantwortlichen mehr Gewicht zuteil, handelt es sich um eine *ablauforientierte* Matrixorganisation (starke Matrix; Bild 2.4).

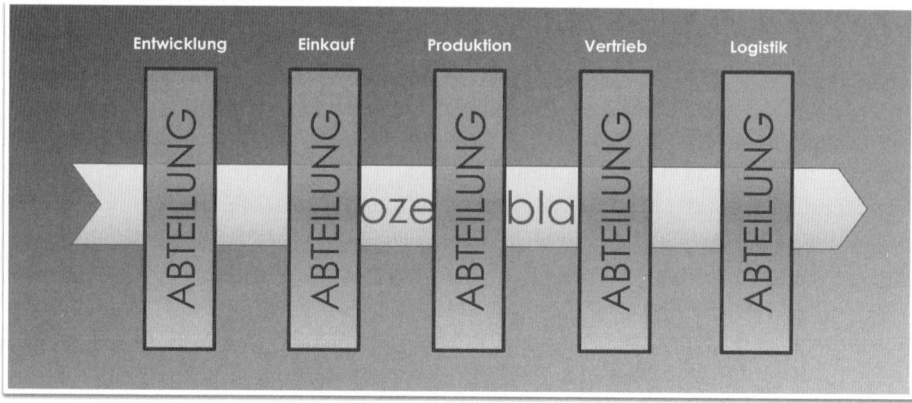

Bild 2.3 Aufbauorientierte Matrixorganisation (schwache Matrix)

Bild 2.4 Ablauforientierte Matrixorganisation (starke Matrix)

Das Festmachen der Eigenschaften „stark" und „schwach" an der Prozesssicht und nicht an der Hierarchie einer Organisation deutet bereits darauf hin, dass die prozessuale Ausrichtung auf der Beliebtheitsskala offensichtlich etwas höher rangiert als die hierarchische. Der Vormarsch der prozessualen Arbeitsweisen liegt daran, dass die moderne Art des unternehmerischen Handelns mehr und mehr in ein Arbeiten in hierarchiefreieren Netzwerkstrukturen übergeht, welches oft von Homeoffices, Workstations (= Arbeitsstationen) oder Work Hubs (= Knotenpunkte des Arbeitens) aus erfolgt.

In Bild 2.5 sind die Vor- und Nachteile einer Matrixorganisation gegenübergestellt.

Matrixorganisation

Vorteile	Nachteile
Direktere Kommunikationswege	Starkes Konfliktpotenzial
Verbesserung der Entscheidungsqualität	Längere Entscheidungsfindung
Stärkere Spezialisierung	Entscheidungsunsicherheit durch Mehrfachunterstellung
Gemeinsamer Problemlösungsprozess	Schwierige Leistungseinschätzung

Bild 2.5 Vor- und Nachteile einer Matrixorganisation

 Verschaffen Sie sich zu Beginn einer QMS-Einführung einen Überblick über die bestehende sowie über die künftig gewünschte Strukturform. Um im späteren Projektverlauf sowohl zwischenmenschliche Konflikte als auch strukturelle Nacharbeiten zu vermeiden, sollten Verantwortlichkeiten und Kompetenzen im Rahmen der QMS-Projektvorbereitung vorbeugend geklärt und bindend festgelegt werden. Damit schaffen Sie einen ersten wichtigen Teil einer stabilen Unternehmensbasis.

■ 2.3 Prozessmanagement

„Klassisch betrachtet, bedeutet Qualität die Erfüllung vorher definierter Anforderungen. Qualität heute ist jedoch mehr, nämlich das proaktive Entwickeln und Anbieten von Begeisterungsmerkmalen."

Artur Müller (Qualitätsmanager Honeywell, Bonn)

Unter Prozessmanagement versteht man das Gestalten, Dokumentieren, Durchführen und Verbessern von Arbeitsabläufen. Damit stellt diese Disziplin einen zentralen Bestandteil des Qualitätsmanagements dar.

Eine für ihr exzellentes Prozessmanagement bekannte Institution ist die Formel 1. Disziplin, Konsequenz und Leidenschaft entscheiden hier oftmals über die Tausendstelsekunde zwischen Gewinn und Verlust. Die Grundlage hierfür ist eine konsequente Weiterentwicklung von Strategie, Strukturen und detaillierten Fähigkeiten der Mitarbeiter vor dem Hintergrund gewünschter Prozessabläufe auf höchstmöglichem Niveau. Nichtzuletzt aufgrund dieser kompromisslosen Ausrichtung avancierte die ehemalige Nischensportart zu einem der weltweit größten Medienspektakel mit einem jährlichen Umsatzvolumen von über vier Milliarden Dollar. 400 Millionen Dollar des Gesamtumsatzes stammen von namhaften Sponsoren, die sich darum reißen, ihre Logos auf Autos und Ausrüstung platzieren zu dürfen.

 BBC World veröffentlichte im Jahre 2007 unter dem Namen „Formula for Success", eine achtteilige Dokumentationsreihe, welche die Erfolgsgeschichte der Formel 1 erzählt. Hierzu gibt es das begleitende englischsprachige Buch *Performance at the Limit. Business Lessons from Formula 1 Motor Racing*, welches in einer aktualisierten Auflage von 2013 erhältlich ist (Pasternak, West, Jenkins 2013).

2.3.1 Prozesskette

Die einfachste Verbindung von Prozessen erfolgt in einer Kette. Eine Prozesskette ist eine Abfolge von einzelnen Prozessen (Tätigkeiten), Prozessschritten oder Teilprozessen innerhalb einer Prozessebene. Jeder Prozess oder Teilprozess benötigt mindestens eine Eingabe (Input) und erzeugt mindestens ein Ergebnis (Output). Der Output des vorhergehenden Prozesses oder Teilprozesses ist dabei der Input des nächsten Prozesses oder Teilprozesses. Jeder Prozessschritt ist ein eigener in sich geschlossener Prozess. Vor jedem Input steht ein interner oder externer Lieferant, nach jedem Output ein interner oder externer Kunde (Bild 2.6). Eine typische Prozesskette, die man in fast jedem Unternehmen in dieser Form vorfindet, ist die Abfolge der in Bild 2.7 dargestellten Hauptprozesse. Den dargestellten Gesamtprozess bezeichnet man als *unternehmerisches Handeln.*

Bild 2.6 Prozesskette: Der Lieferant (L) liefert einen Input für den Kunden (K)

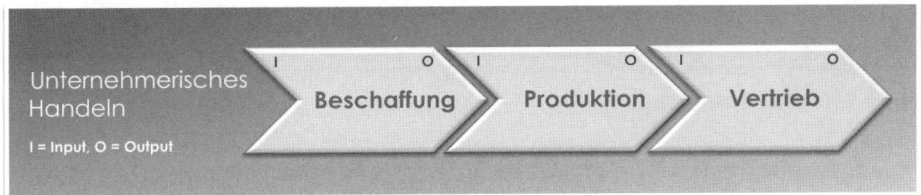

Bild 2.7 Prozesskette – unternehmerisches Handeln

2.3.2 Prozessarten

Im Qualitätsmanagement unterscheidet man drei verschiedene Prozessarten (Bild 2.8). Diese sind Managementprozesse, Kernprozesse und Supportprozesse. Am Beispiel eines Formel-1-Rennstalls präsentiert sich das Zusammenspiel der drei wie folgt:

- Managementprozess: Führung und Kommunikation durch die Rennleitung.
- Kernprozess: Fahrzeugentwicklung und Leistung des Rennfahrers.
- Supportprozess: Arbeit des Teams in der Boxengasse.

Bild 2.8 Die drei Prozessarten

Managementprozesse (auch Führungsprozesse oder Leitungsprozesse)

Managementprozesse haben weisenden Charakter. Sie geben dem Unternehmen Orientierung und wirken sich indirekt, aber entscheidend auf alle operativen Tätigkeiten aus (Kernprozesse und Supportprozesse). Die richtige Definition und Ausführung von Führungsprozessen bildet die Grundlage für nachhaltigen Erfolg eines Unternehmens. Beispiele hierfür sind: Führung & Organisation, Controlling, Qualitätsmanagement und strategische Planung.

Kernprozesse (auch wertschöpfende Prozesse)

Innerhalb der Kernprozesse wird vereinfacht gesagt das Geld verdient. Es handelt sich um Prozesse, die direkten Anteil an der Erzeugung von Produkten und Dienstleistungen eines Unternehmens haben. Man sagt, sie tragen zur Wertschöpfung bei. Beispiele hierfür sind: Produktentwicklung, Einkauf, Logistik, Produktion und Vertrieb.

Supportprozesse (auch Unterstützungsprozesse)

Supportprozesse haben keinen direkten Einfluss auf die Wertschöpfung eines Unternehmens, aber ohne sie wäre es so gut wie unmöglich, Produkte und Dienstleistungen zu produzieren und nachzuhalten. Beispiele für diese Prozesse sind: Finanzen, Informations- und Telekommunikationstechnik, Personalmanagement oder Rechtswesen und Service.

2.3.3 Prozessebenen

Umfangreichere Hauptprozesse lassen sich zur detaillierteren Darstellung und Transparenz in Teilprozesse oder Unterprozesse unterteilen. Das kann durch das Herunterbrechen auf verschiedene Ebenen erfolgen (Bild 2.9).

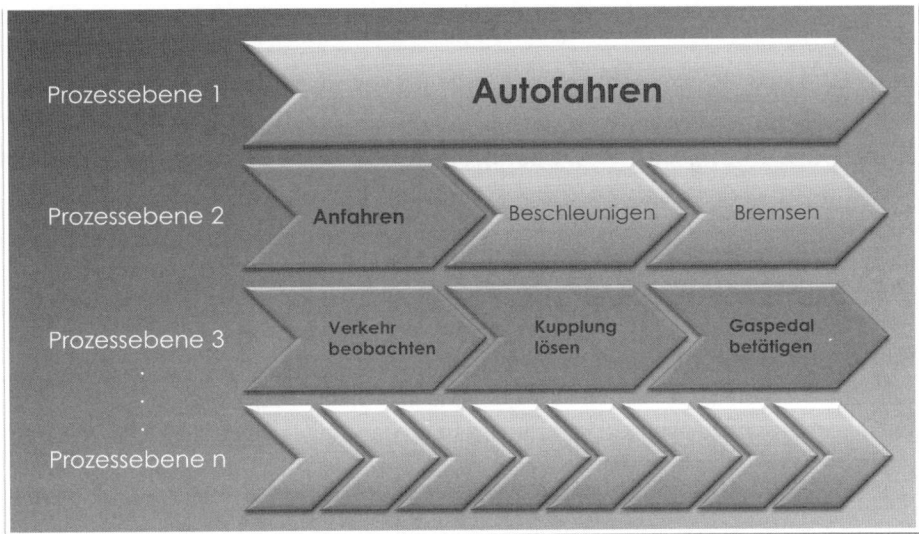

Bild 2.9 Prozessschaubild anhand des Beispiels „Autofahren"

Der Kernprozess *Autofahren* auf der Prozessebene 1 (Hauptprozess) lässt sich auf die Prozessebene 2 herunterbrechen und in seine Bestandteile (Teilprozesse) *Anfahren*, *Beschleunigen* und *Bremsen* unterteilen. Der erste Teilprozess der Prozessebene 2 *Anfahren* wird wiederum auf der Prozessebene 3 in seine Bestandteile (Teilprozesse) *Verkehr beobachten, Kupplung lösen, Gaspedal betätigen* zerlegt. Jeder der Teilprozesse auf den nächsten Prozessebenen kann gemäß dem gezeigten Muster fortlaufend und beliebig oft unterteilt werden.

Diese Unterteilung sollte nur so oft erfolgen, wie es nötig ist, um die Prozesslandschaft transparent zu gestalten, und sollte nicht zum Selbstzweck werden. Man sollte sich immer fragen, welcher Detaillierungsgrad wirklich benötigt wird. Der Maßstab hierfür ist: Die Interessengruppe des Prozesses, also die Mitarbeiter, die den Prozess durchführen, sollten Ablauf und Funktion anhand der Darstellung eindeutig erkennen und fehlerfrei wie effizient ausführen können. Vermeiden Sie Prozessbürokratie!

> **Vermeidung von Prozessbürokratie**
>
> Verzetteln Sie sich nicht bei der Unterteilung von Prozessen, denn Prozessdesign ist kein Selbstzweck! Es gilt: So viel wie nötig, so wenig wie möglich.
>
> Ziehen Sie die Interessengruppen und Prozesseigner zur Gestaltung hinzu!

2.3.4 Darstellung von Prozessabläufen

Prozessabläufe können unterschiedlich visualisiert werden. Die beiden grafischen Darstellungsformen, die innerhalb von QM-Systemen am häufigsten zum Einsatz kommen, sind das *Swimlane-Diagramm (Arbeitsablaufplan)* und das *Flussdiagramm.*

Swimlane-Diagramm

Wie sich ein Swimlane-Diagramm (Schwimmbahn-Diagramm) darstellt, erkennt man schon fast an seinem Namen, denn es gleicht einem von oben betrachteten Schwimmbecken mit mehreren Bahnen (Bild 2.10).

Sales & Billingprozess für digitale Medien (Flow)

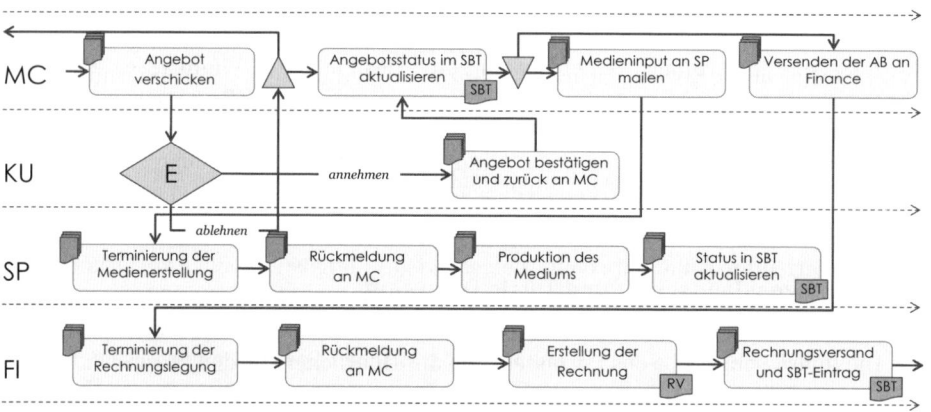

MC = Media Consultant, KU = Kunde, SP = Mediensatz & -produktion, FI = Finance, E = Entscheidung, SBT = Sales & Billing Tool

Bild 2.10 Auszug aus einer Swimlane-Darstellung

Für eine Swimlane-Darstellung steht Ihnen elektronisch eine Vorlage zur Verfügung (QM-Tool 1 – Swimlane).

Beschreibung

Swimlane-Diagramme können sowohl vertikal als auch horizontal dargestellt werden, was letztendlich eine Frage des persönlichen Geschmacks ist. Jede der Bahnen steht für eine Abteilung oder eine Bearbeitungsinstanz, die der Prozess auf seinem Weg durchläuft. Die einzelnen Prozessschritte werden in Kästchen dargestellt und kurz und knackig beschrieben. Die Pfeilverbindungen bezeichnen die Reihenfolge der Abarbeitung.

Über zusätzliche Symbole kann auf mitgeltende Dokumente, Formulare oder Arbeitsmittel (z. B. Softwaretools) hingewiesen werden.

Anwendung

Swimlane-Diagramme werden eingesetzt, wenn die Zuständigkeiten eines Arbeitsablaufs besonders hervorgehoben werden sollen. Die einzelnen Prozessschritte werden hier im sachlogischen und zeitlichen Ablauf dargestellt. Ein Vorteil dabei ist, dass auch parallel verlaufende Prozessschritte gut visualisiert werden können.

Flussdiagramm

Beschreibung

In einem Flussdiagramm (Ablaufdiagramm) wird der genaue Arbeitsablauf anhand eines Hauptstrangs – meist von oben nach unten – dargestellt. Alternative Abläufe werden anhand von kleineren Nebensträngen realisiert. Hierbei werden in der Regel genormte Symbole verwendet, wovon jedes eine bestimmte Bedeutung hat (Bild 2.11).

Für eine Flussdiagramm-Darstellung steht Ihnen elektronisch eine Vorlage zur Verfügung (QM-Tool 2 – Flussdiagramm).

Anwendung

Flussdiagramme werden gerne zur Visualisierung von wiederkehrenden Abläufen eingesetzt. Ein Vorteil besteht darin, dass Prozesswiederholungen sofort ersichtlich werden. Die Reihenfolge der einzelnen Arbeitsschritte wird unmissverständlich dargestellt und lässt keinen Spielraum zu.

Flussdiagramme können jedoch schnell unübersichtlich werden, da die Gefahr von Endlosschleifen besteht.

Prozesslandschaft und Turtle-Diagramm

Das Gesamtbild aller Prozesse nennt man im Allgemeinen *Prozesslandschaft*. Sie lässt sich z. B. anhand der grafischen Gestaltung und Zusammenführung der einzelnen Haupt- und Teilprozesse erzeugen.

Ein QM-Werkzeug hierfür nennt sich *Turtle-Diagramm*. Sie finden es in Ihrem QM-Werkzeugschrank. Damit lassen sich über die einzelnen Prozessschritte hinaus auch die für einen reibungslosen Prozessdurchlauf erforderlichen Rahmenbedingungen visuell darstellen, analysieren und verbessern.

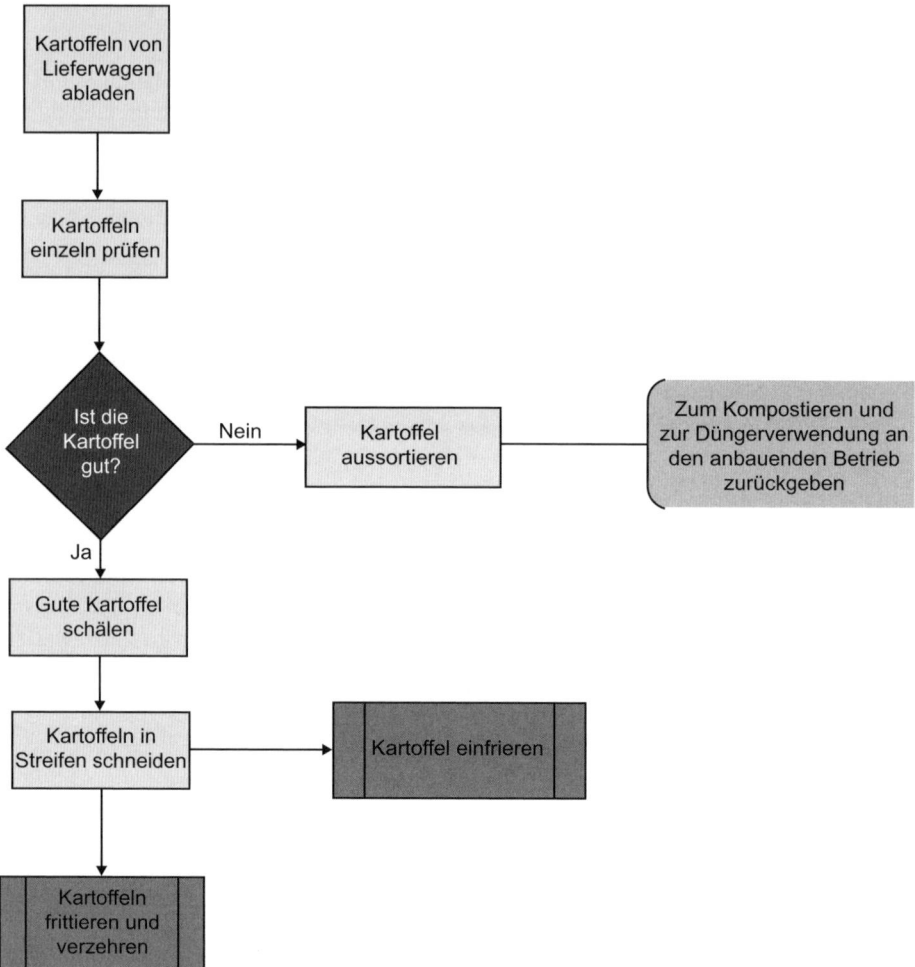

Bild 2.11 Flussdiagramm – Verarbeitung von Kartoffeln

Nach der Erstanalyse und Verbesserung von Prozessen im Rahmen einer QMS-Einführung sollte ein Medium zur Prozessabbildung gefunden werden, mit dem Prozesse digital verwaltet sowie auch im späteren Verlauf schnell angepasst werden können. Im Kapitel „Softwarelösungen zur Systemabbildung > ViFlow – Prozessmodellierung mit Komfort" wird eine Software beschrieben, die diesen Zweck unterstützt.

2.4 Effizienz versus Effektivität

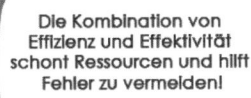

Die Kombination von Effizienz und Effektivität schont Ressourcen und hilft Fehler zu vermeiden!

Während der Umsetzung von Qualitätsprojekten und der Etablierung oder Anpassung von Prozessen tauchen öfter Aussagen wie *„effiziente Abläufe und Arbeitsweisen"* oder *„effektive und wirksame Ergebnisse"* auf. Effizienz und Effektivität sind Begriffe von zentraler Bedeutung und sollten daher auch verstanden werden. Daher wird im Folgenden anhand des Prozesses **Produktion einer Rettungsweste** der Unterschied zwischen Effizienz und Effektivität erklärt.

Szenario 1

Eine Rettungsweste wird unter dem Einsatz bester Materialien und Ausstattungsmerkmale produziert. Die abschließende Funktionsprüfung ergibt keine Mängel. Die Produktionszeit betrug drei Tage.

Ergebnis: Die Rettungsweste ist fehlerfrei, in ihrer Funktion damit uneingeschränkt wirksam = *effektiv*. Der Produktionsablauf war jedoch nicht ressourcenschonend = *ineffizient*, weshalb sich der Stückpreis auf ca. 800 Euro beläuft. Die Rettungsweste ist somit zu teuer und lässt sich nicht verkaufen.

Szenario 2

Eine Rettungsweste wird unter Beachtung von optimalen Prozessdurchlaufzeiten, Vermeidung von Wartezeiten und kaum Materialausschuss ressourcenschonend produziert. Die Produktionszeit betrug lediglich drei Stunden. Als Material kam schnell aushärtender Beton zum Einsatz.

Ergebnis: Aufgrund des optimalen Produktionsablaufs wurde die Rettungsweste sehr *effizient* hergestellt. Sie wäre für einen Preis von 29 Euro zu haben. Da sie jedoch im Wesentlichen aus Beton besteht, ist sie nicht funktionsfähig, also zu 100 % unwirksam = *ineffektiv*. Die Rettungsweste lässt sich nicht verkaufen.

Effektiv zu arbeiten bedeutet, *die richtigen Dinge zu tun* (Ergebnisfokus) und damit richtige Ergebnisse zu erzielen.

Effizient zu arbeiten bedeutet, *die Dinge richtig zu tun* (Prozessfokus) und dabei Ressourcen zu schonen. Qualitätsmanagement bedeutet, Effektivität und Effizienz zu vereinen.

Was Sie wissen sollten

Das Zusammenspiel von Strategie, Struktur, Mitarbeiter und Prozessen entscheidet über Erfolg und Misserfolg eines jeden Vorhabens. Das MEMO-Prinzip veranschaulicht das Zusammenspiel dieser vier Elemente. Alle Beteiligten sollten dieses Zusammenspiel verstehen und dazu beitragen, es zu optimieren. Voraussetzung hierfür ist, dass jeder seine Rolle, Bedeutung und Position im Unternehmen kennt, den Sinn der QMS-Einführung versteht und sich diesem gemeinsamen Vorhaben gegenüber verpflichtet fühlt.

Während einer QMS-Einführung trifft man auf unterschiedliche Organisationsformen. Eine Aufbauorganisation orientiert sich am Organigramm und an den Abteilungen. Eine Ablauforganisation orientiert sich an Produkten und Prozessabläufen. Zumeist überkreuzen sich Prozessstrukturen mit Abteilungsstrukturen. Man spricht bei dieser gekreuzten Strukturform von einer Matrixorganisation. Aufgrund der unterschiedlichen Strukturen und Abteilungsgrenzen kann es hier zu Konflikten und Schnittstellenproblemen kommen. Die Verantwortlichkeiten und Kompetenzen sollten daher geklärt und bindend festgelegt werden.

Unter Prozessmanagement versteht man das Identifizieren, Gestalten, Dokumentieren, Implementieren, Steuern und Verbessern von Prozessen. Prozessoptimierung ist im Rahmen des QMS elementar. Abgebildet werden die Prozesse in einer Prozesslandschaft, hier werden alle Haupt- und Teilprozesse zusammengefügt. Als Werkzeug bietet sich das Turtle-Diagramm an, welches in Ihrem QM-Werkzeugschrank zur Anwendung bereitsteht.

Abläufe sollten möglichst effektiv und effizient sein: Das bedeutet, die richtigen Dinge auch richtig zu tun, um ressourcenschonend optimale Ergebnisse zu erzielen.

Literatur

Mohn, R.: *Menschlichkeit gewinnt. Eine Strategie für Fortschritt und Führungsfähigkeit. Ein Bericht an den Club of Rome.* München 2001

Pasternak, K.; West, R.; Jenkins, M.: *Performance at the Limit. Business Lessons from Formula 1 Motor Racing.* Cambridge 2013

3 Das Einmaleins des Projektmanagements anwenden

„Es gibt verschiedene Blickwinkel auf Qualität, entsprechend der Rolle, in der man sich befindet – Unternehmer, Vater, Ehemann, Freund … Qualität bildet jedoch auch einen gemeinsamen Nenner für alle Lebenslagen. Qualität bedeutet, offen für Neuerungen zu sein, sich kontinuierlich zu reflektieren und die Wertschätzung bereits für die fundamentalsten Dinge des Lebens aufzubringen.“

Luis Vallina (Procurement Manager, Maersk Container Industry, Chile)

In Ihrer Rolle als QMS-Projektleiter haben Sie die Chance, gleich von Anfang an überzeugend und mit gutem Beispiel voranzugehen.

Starten Sie zur QMS-Einführung ein offizielles Projekt nach den grundlegenden Regeln der Kunst. Damit schaffen Sie den Rahmen, um die QMS-Einführung für alle Beteiligte zum Erfolg zu machen.

Projektmanagement bedeutet, ein Vorhaben richtig zu organisieren und während der Durchführung sinnvoll zu steuern, um ein vorab definiertes Ergebnis zum gewünschten Zeitpunkt zu erzielen.

Je professioneller Sie als Projektleiter agieren, desto höher wird Ihre Akzeptanz als späterer Qualitätsverantwortlicher der Linienorganisation sein – bei Vorgesetzten, Kollegen und Mitarbeitern (siehe auch Kapitel „Veränderungen meistern").

Für das Managen von Projekten gibt es diverse nationale und internationale Standards und Normenwerke, welche die entsprechende Handhabe beschreiben, wie z. B. die DIN 69901 oder die ISO 21500.

Ein Blick in jene Werke lohnt sich, jedoch wird niemand von Ihnen erwarten, sich zum ausgemachten Projektexperten zu entwickeln. Vielmehr macht es Sinn, sich mit den praktischen Spielregeln, Begrifflichkeiten und Werkzeugen vertraut zu machen, die Sie direkt einsetzen können – dem „Einmaleins des Projektmanagements". Und genau das sehen wir uns jetzt an!

■ 3.1 Projektdefinition

 Ein Projekt ist

eine *einmalige, komplexe, zeitlich befristete, organisationsübergreifende* Aufgabe mit einer *messbaren Zielsetzung*, für deren Abwicklung vordefinierte und damit *begrenzte Ressourcen* (Geld, Personal etc.) zur Verfügung stehen.

Bei einem Projekt handelt es sich oftmals um eine zusätzliche Aufgabe außerhalb der Reihe, die häufig parallel zum Tagesgeschäft abgewickelt werden muss. Das kann auch auf die QMS-Einführung zutreffen. Um sicherzustellen, dass das Projekt trotzdem zum Erfolg wird, gilt es, die Weichen von Beginn an richtig zu stellen und dabei auch die erforderlichen Ressourcen zu berücksichtigen. Hierfür sollte eine geeignete Projektorganisation etabliert werden.

3.2 Projektorganisation

Neben der bestehenden Organisationsstruktur (Linienorganisation) eines Unternehmens, wird für ein Projekt eine eigene zeitlich befristete Projektorganisation gebildet und mit entsprechenden Ressourcen bestückt. Innerhalb dieser Organisation werden verschiedene Aufgaben und Verantwortlichkeiten verteilt – die Projektrollen.

Achten Sie dabei darauf, nicht mit Kanonen auf Spatzen zu schießen, d. h., nicht alle Projektfunktionen müssen durch je einen Mitarbeiter besetzt werden. Es können auch mehrere Funktionen und Projektrollen in einer Person gebündelt werden. Wichtig ist dabei, dass die Funktionen in jedem Fall wahrgenommen und je nach Unternehmensgröße und Notwendigkeit maßvoll eingesetzt werden.

Wie so oft gilt auch hier: Die Projektorganisation sollte so klein wie möglich und so groß wie nötig sein.

 Bei dem Projekt „QMS-Einführung" können auch mehrere Funktionen und Projektrollen durch eine Person besetzt werden. Die unterschiedlichen Funktionen sollten aber unbedingt wahrgenommen werden. Nehmen Sie die Organisation des Projekts jedoch nicht auf die leichte Schulter.

3.3 Projektrollen

Die wichtigsten Rollen im Projekt sind

- Sponsor/Auftraggeber,
- Lenkungsgremium,
- Projektleiter,
- Projektcontroller und
- Projektmitarbeiter

sowie nach Bedarf

- Fachspezialisten und
- Projektcoach/Berater.

Achten Sie darauf, dass bei der Projektrollenvergabe keine Interessenskonflikte entstehen!

In großen Unternehmen, in welchen ein höherer Spezialisierungsgrad vorliegt, werden diese unterschiedlichen Projektrollen in der Regel mit verschiedenen Mitarbeitern besetzt. Bei kleineren Unternehmen ist es sinnvoll, dass ein und dieselbe Person bei entsprechender Eignung auch zwei oder mehrere Rollen übernimmt. Bei der Besetzung ist jedoch Aufmerksamkeit und Feingefühl geboten, sodass keine Interessenkonflikte entstehen.

3.3.1 Auftraggeber des Projekts

Der Auftraggeber zur Einführung Ihres QMS ist in der Regel die oberste Instanz des Unternehmens, also der Vorstand, die Geschäftsführung, der Inhaber etc. Der Auftraggeber stellt die erforderlichen Mittel und Ressourcen bereit und sollte auch den Vorsitz im Lenkungsgremium übernehmen. In dieser Rolle trifft er gemeinsam mit weiteren Interessenvertretern (falls vorhanden oder erforderlich) und mit Unterstützung und Zuarbeit des Projektleiters alle notwendigen Entscheidungen, die zur erfolgreichen Projektdurchführung notwendig sind.

Für die spätere Führung des QMS ist gemäß den Normanforderungen der ISO 9001 ein „Beauftragter der obersten Leitung" zu benennen. Dieser sollte idealerweise auch die Projektleitung der QMS-Einführung übernehmen.

3.3.2 Projektsponsor

Bei komplexeren Projekten, die insbesondere in die Projektlandschaft eines größeren Unternehmens eingebunden sind, wird zusätzlich zum Auftraggeber oft ein Projektsponsor eingesetzt, der als Fürsprecher des Projekts agiert, an kritischen Sitzungen des Lenkungsgremiums teilnimmt und den Projektleiter in schwierigen Situationen unterstützt. Der Projektsponsor entspricht auch einer neutralen Instanz, um etwaige Schlichtungsgespräche zu führen, falls es zu Konflikten kommen sollte.

3.3.3 Lenkungsgremium

Das Lenkungsgremium kommt in regelmäßigen Abständen zusammen, trifft alle erforderlichen Entscheidungen zum Projekt und unterstützt den Projektleiter in der Ressourcenbereitstellung.

Den Kopf des Gremiums bildet in der Regel der Auftraggeber als Hauptinteressenvertreter des Projekts.

Weitere Mitglieder im Lenkungsgremium können Interessenvertreter wie die Personalabteilung und der Betriebsrat (falls vorhanden) sein.

Die genaue Besetzung des Gremiums kann vom Projektleiter vorgeschlagen werden, um alle erforderlichen Entscheidungen sicherzustellen und damit den Projektfortschritt zu gewährleisten. Man sollte darauf achten, dass alle aktiv betroffenen Instanzen des Unternehmens beteiligt sind. Aber auch hier gilt: So viele wie nötig, so wenige wie möglich!

3.3.4 Projektleiter

Der Projektleiter ist die Speerspitze des Projekts und für die Projektdurchführung verantwortlich. Er führt die Projektmitarbeiter und erwirkt alle erforderlichen Entscheidungen für das Projekt. Seine Aufgaben und Kompetenzen sind unter anderem:

- die Zusammensetzung des Projektteams,
- inhaltliche Entscheidungen zu treffen,
- genehmigte Projektressourcen freizugeben und zu steuern,
- Termine, Kosten und den Projektfortschritt zu überwachen (gegebenenfalls durch Unterstützung des Projektcontrollers),
- Risiken und gegebenenfalls Konflikte zu managen,
- regelmäßige Projektsitzungen zu leiten,
- den Projektabschluss nach getaner Arbeit offiziell zu verkünden.

 Ein guter Projektleiter ist

- ein unangenehmer Projektleiter mit Akzeptanz,
- eine Führungskraft unter erschwerten Bedingungen,
- ein guter Fachkenner und Moderator!

3.3.5 Projektcontroller

Man kann den Aufgabenumfang eines Projektcontrollers in zwei Bereiche unterteilen – das Ablaufcontrolling und das Finanzcontrolling. Die Entscheidung, ob beide Teilaufgaben von einem oder mehreren Projektmitarbeitern übernommen werden sollen, sollte während des Kick-off-Meetings (erstes Treffen des Projektteams) definiert werden.

Die Aufmerksamkeit des **Ablaufcontrollers** richtet sich auf den Gesamtfortschritt und wird auch oft vom Projektleiter selbst übernommen.

Der Fokus des **Finanzcontrollers** liegt im Wesentlichen auf der finanziellen Entwicklung, also ob das Projekt gemessen am veranschlagten Budget noch im Plan liegt bzw. wie groß die Abweichungen sind und welche Maßnahmen möglicherweise getroffen werden müssen.

Diese Rolle kann in kleineren Linienorganisationen nach einer entsprechenden Einweisung auch von der Buchhaltung oder einer Team-/Projektassistenz übernommen werden.

Wichtig dabei ist, im Vorfeld konkrete und regelmäßige Zeitpunkte zur Überwachung des jeweiligen Budgetstandes und zur Kommunikation an den Projektleiter zu definieren. Diese Aktivität sollte im Rahmen der kontinuierlichen Projektsteuerung stattfinden.

3.3.6 Projektmitarbeiter

Projektmitarbeiter können alle fachlich und/oder methodisch geeigneten Mitarbeiter der Linienorganisation sein, die für bestimmte Aufgaben innerhalb des Projekts über die besten Fähigkeiten verfügen.

Bei der QMS-Einführung, könnten das beispielsweise Mitarbeiter einer jeden Abteilung sein, die zeitweise an der Entwicklung oder Verbesserung von Arbeitsabläufen mitwirken. Für Mitarbeiter eines Unternehmens kann Projektarbeit eine schöne Abwechslung zum Tagesgeschäft bedeuten, die auch zur persönlichen Weiterentwicklung beitragen kann.

Um fehlende Expertise, Erfahrungen oder Ressourcen zu beschaffen, werden nach Bedarf auch externe Mitarbeiter für die Dauer des Projekts eingesetzt.

3.3.7 Fachspezialisten

Für manch spezielle Aufgabe innerhalb des QMS-Einführungsprojekts ist es zeitweise nötig, interne oder externe Spezialisten hinzuzuziehen. Beispielsweise, wenn an der Entwicklung eines neuen komplexen Prozesses gearbeitet werden muss, der in die Prozesslandschaft integriert werden soll, und das entsprechende Know-how im Unternehmen noch aufgebaut werden muss. Auch für die konkrete Interpretation und Anwendung einer Norm oder für juristische wie patentrechtliche Belange kann es erforderlich sein, Fachspezialisten hinzuzuziehen.

Für die Einführung einer QMS-Software (siehe auch Kapitel „Softwarelösungen zur Systemabbildung") kann es sinnvoll sein, einen IT-Spezialisten einzubinden.

3.3.8 Projektcoach und Berater

Projektcoaches und Berater werden in der Regel hinzugezogen, um den optimalen methodischen Ablauf und das fachliche Know-how für das Projekt einzubringen und sicherzustellen. Sie können als Sparringspartner des Projektleiters fungieren und ihn in seinen Projektaufgaben unterstützen.

Projektcoaches und Berater werden auch hinzugezogen, wenn vor Beginn oder im Rahmen des Projekts Komplikationen zu erwarten sind, die es zu lösen gilt, aber auch um Informations- oder Überzeugungsarbeit für das Projekt zu leisten und somit den Grundstein zu legen. Projektcoaches übernehmen auch Aufgaben wie Konfliktmanagement oder interkulturelle Mediation, wenn mehrere Nationalitäten zusammentreffen und Verständigungsprobleme zu erwarten sind.

Alles in allem ist es die Aufgabe eines Projektcoaches und Beraters, den Projektleiter einerseits inhaltlich zu unterstützen, andererseits ihm den Rücken freizuhalten, um ihm die volle Konzentration auf eine reibungslose Durchführung des Projekts zu ermöglichen.

3.4 Projektkarriere

Die sogenannte Projektkarriere besteht aus vier Phasen, die ein Projekt von der Idee bis zum fertigen Ergebnis durchläuft.

3.4.1 Phase 1 – Projektvorbereitung

Die Projektvorbereitung umfasst den Zeitraum von der Idee zur QMS-Einführung bis zum fertigen Projektauftrag, in welchem alle erforderlichen Details zum Projekt beschrieben werden (Bild 3.1).

In dieser Zeit konkretisiert der Auftraggeber die Anforderungen an das Projekt und benennt den Projektleiter (in der Regel den späteren Qualitätsverantwortlichen), der gemeinsam mit dem Auftraggeber die Details zum Projektauftrag ermittelt und damit beginnt, das Projektteam zusammenzustellen.

PROJEKTVEREINBARUNG					Ihr Logo

Projektbezeichnung:					
	Name	Telefon	Fachbereich	Fax	E-Mail
Projektleiter (PL):					
Projektmitarbeiter:					
Plankosten in Tausend EUR (T€):					
Projektbeginn:					
Projektende:					
Beteiligte Bereiche:					
Lenkungsausschuss:					
Unterschriften der Beteiligten					
Freigegeben durch:	Datum	Unterschrift			
...					

Bild 3.1 Ausschnitt eines Projektauftrages (Beispiel)

Für einen Projektauftrag steht Ihnen elektronisch eine Vorlage zur Verfügung (QM-Tool 3 – Projektauftrag).

3.4.2 Phase 2 – Projektplanung

Stellen Sie während des Kick-offs ein absolut klares Rollen- und Aufgabenverständnis eines jeden Projektbeteiligten sicher!

Die Phase der Projektplanung wird mit einem offiziellen „Kick-off-Meeting" (Bild 3.2) gestartet. An diesem Meeting sollten **alle** künftigen Projektbeteiligten teilnehmen. Dort wird der Projektumfang abgestimmt, werden die Regeln und Rahmenbedingungen für die künftige Zusammenarbeit gemeinsam definiert und wird das Projektteam final bestätigt.

- Bauen Sie in Ihre Projektplanung ausreichend zeitlichen Puffer ein!
- Planen Sie den Ablauf nicht zu präzise (das Ergebnis umso mehr).
- Lassen Sie Raum für Handlungsflexibilität!
- Ein Projektplan (Bild 3.3) ist ein „lebendes Dokument" und muss während der Projektlaufzeit ständig überwacht und angepasst werden.

Einladung & Agenda – Projekt-Kick-Off

Projektname

Ort des Meetings

Datum & Zeit

Teilnehmer

Moderator

Verschickt am

Zweck

Nötige Vorbereitung

AGENDA

Uhrzeit	Verantwortlich	Tagesordnungspunkt

Mit freundlichen Grüßen

Max Mustermann

Bild 3.2 Agenda eines Kick-off-Meetings (Beispiel)

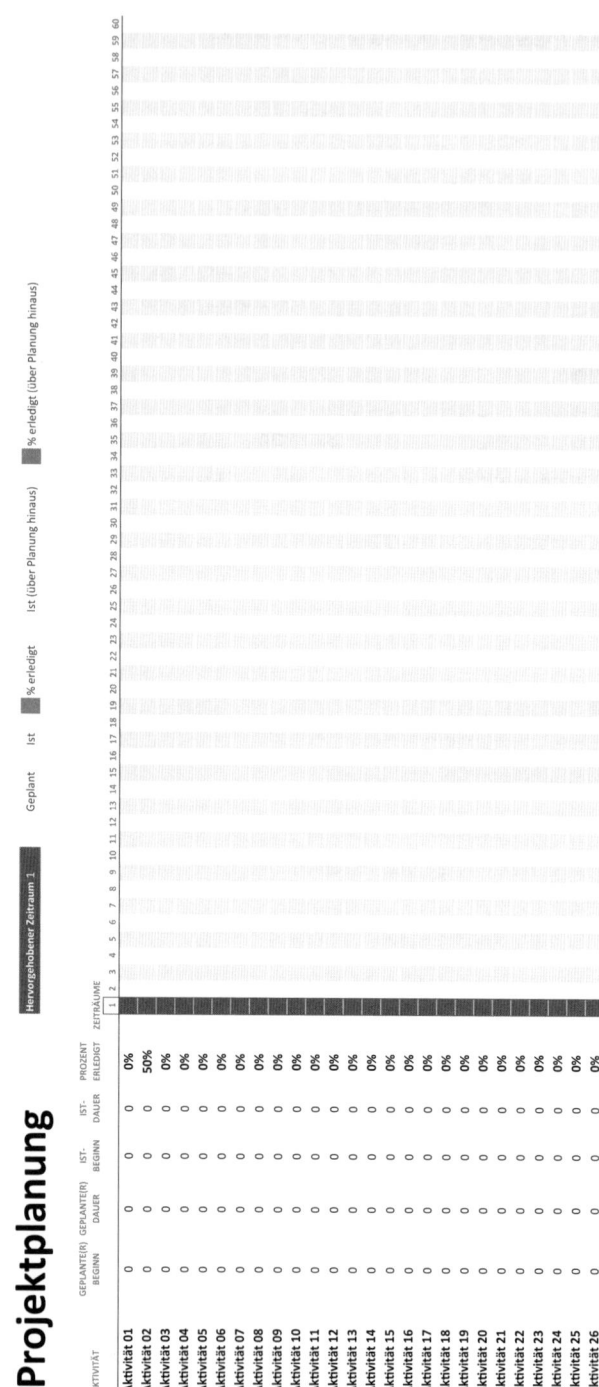

Bild 3.3 Projektplan (Beispiel)

Es stehen Ihnen Vorlagen für eine Agenda eines Kick-off-Meetings (QM-Tool 4 – Kick-off-Meeting) und für einen Projektplan elektronisch zur Verfügung (QM-Tool 5 – Projektplan).

3.4.3 Phase 3 – Projektdurchführung

Die während der Projektvorbereitung und Projektplanung definierten Maßnahmen und Aktivitäten werden nun in die Praxis überführt, und es wird mit der Umsetzung begonnen, um die vorab konkret definierten Projektergebnisse zu realisieren. Daher wird dieser arbeitsintensivste und längste Projektabschnitt auch Realisierungsphase genannt.

 Machen Sie's „SMART"!

Nutzen Sie zur Definition Ihrer Projektziele und -ergebnisse die SMART-Regel. Sie beinhaltet alle praktischen Attribute, die eine erfolgreiche Zielsetzung ausmachen:

S (specific) – spezifisch/konkret

M (measurable) – messbar

A (achievable) – erreichbar

R (realistic) – realistisch

T (timely) – zeitgerecht

Da sich dieses Buch stärker auf die Praxis konzentriert, halten wir eine weitere theoretische Erklärung zur Phase 3 des Projekts an dieser Stelle etwas kürzer, da die Projektdurchführung in dem Kapitel „Qualitätsmanagementsystem einführen" im Detail dargestellt ist.

Nichtsdestotrotz empfiehlt es sich, zu Ihrer soliden persönlichen Vorbereitung für eine erfolgreiche QMS-Einführung auch die folgenden Kapitel zu lesen, um mögliche Stolperfallen auszuräumen.

Projektcontrolling und Statusmeetings

In der Praxis laufen manche Dinge oft nicht ganz so geschmeidig ab, wie sie im Vorfeld definiert wurden. Daher empfiehlt es sich, regelmäßige Statusmeetings abzuhalten. Hierfür kommt das Projektteam zusammen und ermittelt den jeweiligen Projektstand. Sowohl vor dem zeitlichen als auch finanziellen Hintergrund. Falls Abweichungen erkannt werden, sollte auch ein Planabgleich vorgenommen und der Ist-Stand wenn nötig angepasst werden (siehe auch Kapitel „Ihr QM-Werkzeugschrank – Der PDCA-Zyklus").

Es gilt also, zum einen nach Plan zu agieren, sich zum anderen aber auch bewusst darüber zu sein, dass es sein kann, dass der Plan (Soll-Zustand) während der Umsetzung

geändert und anpasst werden muss. Bild 3.4 zeigt ein Beispiel eines Projektstatus-
berichtes.

 Projektcontrolling beinhaltet unter anderem die Elemente

- Terminplanung, Überprüfung der Einhaltung der Termine
- Meilenstein- und Arbeitspaketplanung, Überprüfen von Arbeitsfortschritt/
  Fertigstellungsgrad
- Ressourcenplanung, Ressourcenhaushalt
- Risiken- und Chanceneinschätzung

Projektstatusbericht

Projektname:
Auftraggeber: Projektleiter:

Projektstatusbericht 1			GRÜN GELB ROT
Datum			
Berichtszeitraum		Gesamtsituation	
Lieferumfang GRÜN GELB ROT	Terminplan GRÜN GELB ROT	Kostenplan GRÜN GELB ROT	
Projektergebnisse erreicht	geplanter Endzeitpunkt: erwarteter Endzeitpunkt:	Budgetierte Kosten (in €): erwartete Kosten (in €):	
Erreichte Ergebnisse			
Aufgetretene und gelöste Probleme			
Offene Punkte (die eine Entscheidung benötigen)			
Risiken und mögliche künftige Probleme			

Bild 3.4 Projektstatusbericht (Beispiel)

Für einen Projektstatusbericht steht Ihnen elektronisch eine Vorlage zur Verfügung (QM-Tool 6 – Projektstatusbericht).

Projektmarketing

„Tue Gutes und sprich darüber!", lautet hier das Motto. Unter Projektmarketing versteht man alle Maßnahmen, die ihr Projekt in Szene setzen und ihm ein verdecktes Dasein im stillen Kämmerlein ersparen. Je mehr Menschen davon wissen, was Sie tun, desto höher wird bei professioneller Durchführung die Akzeptanz für Ihr Projekt sein – und für Ihr späteres QMS!

Halten Sie die internen und externen Interessenpartner Ihres Unternehmens daher regelmäßig und systematisch auf dem Laufenden. Dies kann durch Newsletter, Rundmails, persönliche (auch informelle) Gespräche und offizielle Infomärkte erfolgen. Ein Infomarkt entspricht einer Art internem Messestand. Dabei werden die wichtigsten Projektinformationen z. B. auf Flipcharts oder Tafeln geschrieben und diese in einem Raum verteilt. Alle Interessierten werden eingeladen, sich bei einem Rundgang zu informieren. Die Projektbeteiligen stehen indes für Fragen und Antworten zur Verfügung. Wer möchte, kann während eines Infomarktes auch Getränke, Kaffee und Kuchen reichen. So entsteht eine lockere Atmosphäre, in der sich Menschen gerne länger aufhalten und ausführlicher austauschen. Motivierte Besucher von Infomärkten geben oftmals wertvolles Feedback zum Thema und steuern gewinnbringende Ideen bei, die das Projektteam in seine weitere Arbeit einfließen lassen kann.

Zielgerichtete Maßnahmen zum Projektmarketing fördern das allgemeine Verständnis für ein Projekt auch bei (noch) unbeteiligten Mitarbeitern. Zeitgleich erhöht sich die Bereitschaft, das Projekt z. B. anhand aktiver Mitarbeit oder Bereitstellung notwendiger Ressourcen zu unterstützen.

 Geben Sie dem Projekt einen aussagekräftigen Namen!

Schaffen Sie ein Identifikationsmerkmal für Ihr Projekt. Geben Sie ihm einen Namen. Eine eindeutige aussagekräftige Bezeichnung, vielleicht sogar anhand eines eigenen Logos, schafft weitere Verbindlichkeit, nicht nur innerhalb des Projektteams. Sie zeigt auf, wie wichtig Ihnen Qualität für Ihr Unternehmen ist.

Vorhaben, Maßnahmen und Projekte, die einen Namen tragen, wirken allgemein greifbarer auf Menschen und werden dadurch als näher empfunden. Beispiel: IKEA gibt seinen Möbeln Namen, statt nur Bestellnummern zuzuordnen. Das ermöglicht eine emotionale Identifikation mit „Billy" dem weißen Sperrholzregal, welches sonst nur als seelenloser Bücherträger in der Ecke stehen würde.

Mit einigen kleinen, aber feinen Aktivitäten des Projektmarketings schaffen Sie wirkungsvolle Grundlagen zur Identifikation aller Beteiligten und Betroffenen mit Ihrem QMS-Einführungsprojekt und dem späteren Qualitätsmanagementsystem.

3.4.4 Phase 4 – Projektabschluss und Review

Der Projektabschluss ist der Zeitpunkt der offiziellen Übergabe der Projektergebnisse an den Auftraggeber bzw. das Lenkungsgremium und somit an das Unternehmen.

An dieser Stelle sollten alle Projektergebnisse auch offiziell an die Linienorganisation kommuniziert werden. In unserem Fall handelt es sich dabei um ein eingeführtes und zertifiziertes QMS gemäß der ISO 9001:2008 mit allen entsprechenden Facetten.

Doch bevor gefeiert werden darf, sollte noch eine wichtige Maßnahme stattfinden – das sogenannte Projektreview (= Projektrückblick). Also ein Rückblick, der sich nicht nur auf das erreichte Ergebnis bezieht, sondern vielmehr auf die Qualität und Effizienz des zurückliegenden Projektablaufs (Bild 3.5). Dieser wird während des Reviews vom gesamten Projektteam unter der Führung des Projektleiters noch einmal unter die Lupe genommen und reflektiert. Erkannte Verbesserungspotenziale fließen unter dem Stichwort „Lessons Learned" (= Lektionen gelernt) in die künftige Projektarbeit des Unternehmens ein.

 Der *Praxisleitfaden Projektmanagement* (Drees, Lang, Schöps 2014) enthält in kompakter Form weiterführende Informationen für Projektleiter. Darüber hinaus enthält er auch viele Tools und Vorlagen zum Thema auf DVD.

Ihr LOGO

Projektreview/Projektabschluss

Projektname
Ort des Meetings
Datum & Zeit
Teilnehmer
Moderator

Verschickt am

Zweck
Nötige Vorbereitung

AGENDA

1. Projektmanagement
1.1. Zielerreichung
1.2. Einhaltung von Projektmanagementstandards
1.3. Wirtschaftlichkeit
2. Zusammenarbeit
2.1. Team
2.2. Informationsfluss/Kommunikation
2.3. Veränderungsmanagement
3. Fazit (Lessons learned)

Mit freundlichen Grüßen

Max Mustermann

Seite 1 von 3

Bild 3.5 Agenda für ein Projektreview (Beispiel)

Ihr LOGO

1. Projektmanagement
1.1. Zielerreichung
- Ist das Ziel erreicht worden?
- Ist das Ziel zum definierten Zeitpunkt erreicht worden?
- Wurde das Budget eingehalten?
- Vergleich gesteckte Ziele vs. erreichte Ergebnisse
- Waren Anforderungen und Ziele verständlich und gab es Änderungen dieser?
- Wenn ja, warum und wären sie vermeidbar gewesen?
- Würden Sie das Projekt mit der jetzigen Erfahrung noch einmal so durchführen?

1.2. Projektmanagementstandards
- Standen alle eingeplanten Ressourcen zur Verfügung?
- Wurde der Zeitplan regelmäßig angepasst?
- Gab es Meilensteine?
- Wurden Zeitplan und Meilensteine regelmäßig geprüft, auch im Hinblick auf Termineinhaltung?
- Ist die notwendige Dokumentation vollständig und termingerecht fertiggestellt worden?
- Wurde eine Projektdokumentation erstellt und regelmäßig aktualisiert?
- Ist ein Risikomanagement installiert worden und wurden die Stakeholder (Teilhaber des Projektes) regelmäßig über Risiken informiert?

1.3. Wirtschaftlichkeit
- War die ursprüngliche Ressourcenplanung realistisch?
- Wurden die Ressourcen während des gesamten Projektes wirtschaftlich eingesetzt?
- Konnte über den Ressourceneinsatz eigenverantwortlich entschieden werden?

2. Zusammenarbeit
2.1. Team
- Wurde die Projektleitung menschlich und fachlich akzeptiert?
- Gab es Konflikte im Team?
- War die Teamgröße ausreichend?
- Gab es Schwierigkeiten mit dem Auftraggeber?
- Wurden die notwendigen Ressourcen seitens des Auftraggebers bereitgestellt und stand er bei Bedarf zur Verfügung?
- Gab es Schwierigkeiten in der Zusammenarbeit?
- Hat die Geschäftsleitung das Projekt ausreichend unterstützt?
- War das notwendige Wissen der Projektteilnehmer ausreichend?
- Was war gut aus Sicht der Projektteilnehmer, was war schlecht?

2.2. Informationsfluss/Kommunikation
- Wurden regelmäßig Statusmeetings abgehalten und jeweils eine Agenda verschickt?
- Wurden Protokolle der Statusmeetings geführt und an die Teilnehmer ausgegeben?
- Wurde eine Aufgaben- und Projektliste geführt und gepflegt?
- War die Kommunikation der Projektleitung transparent?
- Sind Verpflichtungen/Zusagen nach außen mit dem Projektteam abgesprochen worden?
- Wie wurden Meinungsverschiedenheiten behandelt?
- Konnte sich jeder Projektteilnehmer mit Problemen und Schwierigkeiten problemlos zu Wort melden?
- Waren alle Projektteilnehmer stets erreichbar?
- Waren alle Projektteilnehmer, Auftraggeber, Stakeholder immer über den aktuellen Stand informiert?
- Was war gut aus Sicht der Projektteilnehmer, was war schlecht?

2.3. Veränderungsmanagement
- Wurden die vom Projektergebnis betroffenen schon vor Abschluss des Projektes über Änderungen informiert?
- Wurden von diesen betroffenen Erfahrungen und Meinungen in das Projekt mit einbezogen?
- Gab es nach Projektabschluss umfangreiche Änderungs-/ Verbesserungsvorschläge?
- Falls zutreffend, hätte man diese nicht schon vor Abschluss aufnehmen können?
- Wurde das Projektergebnis von den Betroffenen/Nutzern akzeptiert und wie vorgesehen genutzt?

Bild 3.5 Agenda für ein Projektreview (Beispiel) *(Fortsetzung)*

Ihr LOGO

3. **Fazit (Lessons learned)**

Bild 3.5 Agenda für ein Projektreview (Beispiel) *(Fortsetzung)*

Für ein Projektreview steht Ihnen elektronisch eine Vorlage zur Verfügung (QM-Tool 7 – Projektreview).

Was Sie wissen sollten

Bei der Einführung eines QMS handelt es sich um ein Projekt. Daher sollte es auch mithilfe geeigneter Projektmanagementmaßnahmen organisiert und gesteuert werden.

Die Projektorganisation sollte so klein wie möglich und so groß wie nötig sein.

Bei einem Projekt gibt es unterschiedliche Rollen (Sponsor/Auftraggeber, Lenkungsgremium, Projektleiter und Projektmitarbeiter sowie nach Bedarf Fachspezialisten und einen Projektcoach und Berater), die auch besetzt werden sollten. Bei kleineren Projekten können auch verschiedene Rollen von einer Person wahrgenommen werden.

Die sogenannte Projektkarriere besteht aus vier Phasen, die ein Projekt von der Idee bis zum fertigen Ergebnis durchläuft:

- Phase 1 – Projektvorbereitung (Ergebnis Projektauftrag)
- Phase 2 – Projektplanung (Ergebnis Projektplan)
- Phase 3 – Projektdurchführung (Controlling, Marketing, Ergebnis Erfüllung des Projektauftrags)
- Phase 4 – Projektabschluss und Review (offizielle Übergabe der Projektergebnisse an den Auftraggeber und Projektrückblick)

Literatur

Drees, J.; Lang, C.; Schöps, M.: *Praxisleitfaden Projektmanagement.* München 2010

Goldratt, E. M.: *Die kritische Kette. Das neue Konzept im Projektmanagement.* Frankfurt am Main 2002

Litke, H.-D.: *Projektmanagement.* München 2007

4 Veränderungen meistern

■ 4.1 Change Management

„Die reinste Form des Wahnsinns ist es, alles beim Alten zu belassen und zu hoffen, dass sich etwas ändert."

Albert Einstein

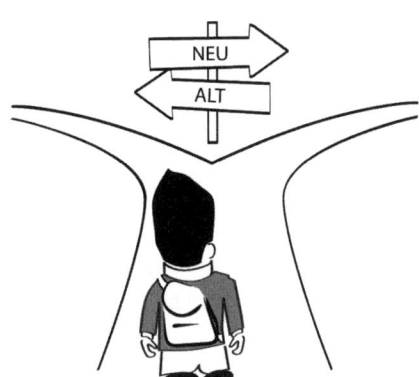

Der Umgang mit Veränderungen erfordert neben dem fachlichen Verständnis auch eine psychologische Komponente sowie ein ordentliches Stück Führungskompetenz. „Nichts ist beständiger als der Wandel", wusste schon Heraklit im Jahre 500 v. Chr. Mit diesem Argument brauchen Sie Ihren Mitarbeitern allerdings nicht zu kommen. Denn ein Projekt zur QMS-Einführung ist kein Selbstverständnis und sollte nicht nur dadurch geprägt sein, die Dinge zugunsten objektiver Verbesserungen zu verändern.

Eine wesentliche Komponente der QMS-Einführung ist, den geplanten Vorher-nachher-Transfer so zu gestalten, dass menschliche Ängste, Reibungen und Konflikte möglichst klein gehalten werden. Im Falle eines Auftretens gilt es, die Anliegen aller beteiligten Menschen ernst zu nehmen und damit konstruktiv umzugehen.

Dieses Kapitel ist den auftretenden mentalen Herausforderungen einer QMS-Einführung gewidmet.

Es liegt in der Natur des Menschen, mit sich anbahnenden Veränderungen auch ein bestimmtes Unbehagen vor dem Künftigen, dem Unbekannten zu verspüren. Daraus resultiert in vielen Fällen eine deutliche Tendenz, die Dinge lieber so belassen zu wollen, wie sie sind.

Wenn unter diesen Umständen – mal intensiver, mal weniger intensiv – in bestehende Unternehmenssituationen oder Arbeitsabläufe eingegriffen wird, lassen sich bei betrof-

Die Wirksamkeit eines QMS steht und fällt mit der Akzeptanz der Mitarbeiter!

fenen Mitarbeitern oft Verunsicherungen erkennen, die bis zum kompletten Rückzug (= Prozessstillstand, Arbeitsniederlegung) führen können.

Die besondere Herausforderung eines Qualitäts-, Prozess- und Projektmanagers besteht nun darin, die Menschen im Unternehmen an deren individuellen Positionen abzuholen und durch die Umbruchsituation zu begleiten. Erst in einem nächsten Schritt kann damit begonnen werden, über fachliche Inhalte zu sprechen und die Menschen von der Idee der geplanten Veränderung zu begeistern.

Fazit: Durch Sensibilität, Umsicht sowie aktive Beteiligung der Mitarbeiter wird eine QMS-Einführung zum gemeinsamen Erlebnis.

4.1.1 Zusammenstellung des QM-Projektteams

„Der Schlüssel zum Erfolg sind das Talent, die Intelligenz und die Loyalität Ihres Teams."

Laura D'Andrea Tyson (Dekanin, London Business School, Regierungsberaterin)

Zur erfolgreichen Durchführung von Veränderungsprojekten empfiehlt es sich auch in kleineren Unternehmen, ein Kernteam für das Projekt zusammenzustellen. Dies kann zum Teil auch aus externen Mitarbeitern, Interessenpartnern wie Kunden und Lieferanten und Beratern bestehen. Entscheidend ist eine sinnvolle Aufgabenverteilung, die eine effiziente Projektdurchführung ermöglicht.

Da ein Team nur so leistungsfähig ist wie einerseits sein schwächstes Glied, andererseits die Gesamtheit seiner Mitglieder und deren Fähigkeiten, ist es nicht damit getan, einige Mitarbeiter wahllos um einen Tisch zu scharen und die Aufgaben zu verteilen.

 Die Auswahl der Teammitglieder sollte sorgfältig und nach Möglichkeit unter Berücksichtigung folgender Faktoren erfolgen:

- Beachten Sie bei der Besetzung des Teams fachliche und methodische Vorkenntnisse potenzieller Mitglieder.
- Wenn Sie an jemandem zweifeln, besetzen Sie nicht – suchen Sie weiter!
- Übertragen Sie den besten Leuten jene Aufgaben mit den besten Chancen, nicht die mit den größten Problemen!
- Wenn Sie bereits wissen, dass eine Umbesetzung nötig ist – tun Sie es gleich!
- Spielen Sie eine aktive Rolle in der Einbindung und Einarbeitung von Teammitgliedern!

Scheuen Sie nicht davor zurück, Teammitglieder auszuwählen, deren fachliche und methodische Kompetenzen noch aufzubauen oder zu erweitern sind. Das motiviert und führt insbesondere bei jüngeren Kandidaten zu schnellen Lernerfolgen.

Achten Sie bei der Teambesetzung auch auf eine gesunde Balance zwischen Jung und Alt. Mischen Sie jüngere Mitglieder mit erfahrenen „alten Hasen". Sie werden sich unter Ihrer konstruktiven Führung nach einer Eingewöhnungsphase (siehe Kapitel „Teamwork" > Gruppenuhr) gegenseitig befruchten und gemeinsam gute Ergebnisse erzielen. Auch eine Ausgeglichenheit in Bezug auf die Geschlechter steigert aufgrund oftmals unterschiedlicher Herangehensweisen die Substanz und Dynamik des Teams. In multikulturell aufgestellten, international tätigen Unternehmen empfiehlt sich zusätzlich die Teambesetzung verschiedener Nationalitäten.

Unter Berücksichtigung dieser Gesichtspunkte lassen sich Teams mit hohem Wirkungsgrad bilden, welche bei guter Orientierungsgabe in der Lage sind, exzellente Leistungen zu erbringen. Denn auch hier gilt der Leistungsstandard *null Fehler*.

Die Grundlage für *null Fehler* ist eine effiziente und effektive Teamperformance. Die Verantwortung hierfür liegt in den Händen der Führungskraft – in Ihren Händen.

Falls Sie sich in der Thematik noch nicht ganz sicher fühlen, ziehen Sie einen Coach oder Berater hinzu. Die Leitung des Gesamtprojekts sollte dabei aber in jedem Fall bei Ihnen verbleiben.

4.1.2 Führung durch Veränderungsprozesse

„Eine großartige Führungskraft kennt den Weg, geht den Weg und zeigt den Weg für andere auf."

John C. Maxwell (Führungsikone und Pastor, Autor von über 60 Publikationen zum Thema Führung)

„Die beste Führungskraft ist die, die den Sinn dafür hat, gute Leute für eine Tätigkeit auszuwählen, und zeitgleich über genug Zurückhaltung verfügt, um sich während der Ausführung nicht einzumischen."

Theodore Roosevelt (26. Präsident der USA und jüngster Amtsinhaber aller Zeiten)

Ist das Kernteam einmal zusammengestellt, beginnt die eigentliche Führungsarbeit. Eine weithin anerkannte Definition von *exzellenter Führung* lautet:

 Exzellente Führung = Bescheidenheit + Willensstärke

Dabei handelt es sich augenscheinlich um eine einfache Aussage. In ihrer Umsetzung bedarf sie jedoch ein hohes Maß an persönlicher Achtsamkeit und kontinuierlicher Reflexion. Das gilt für Sie als Führungskraft, aber auch für jedes Teammitglied bei der Durchführung übertragener Aufgaben.

Einer der ersten Schritte eines „Managers von Veränderungen" sollte daher darin bestehen, Identifikation und Überzeugung für die anstehende Veränderung zu schaffen. Überzeugung entsteht durch den Glauben an eine Sache und der wiederum dadurch, dass jeder Einzelne den Sinn in der ihm übertragenen Handlung sieht. Machen Sie Ihren Teammitgliedern den Sinn einer QMS-Einführung und das Gewicht ihres persönlichen Beitrags klar, und sie werden Ihnen in der Sache folgen.

Ist diese Basis geschaffen, sollte im Projektteam eine übergeordnete Leitlinie für das Projekt definiert werden. Diese erzeugt Orientierung und Verbundenheit im Team. Sportmannschaften zelebrieren ihre gemeinsame Leitlinie oder ihren Leitsatz oftmals vor und während wichtiger Spiele, indem sie sich im Kreis aufstellen, sich darauf einschwören und es laut herausbrüllen.

Gemäß Bild 4.1 könnte der gemeinsame Projektleitsatz lauten: *„Wir wollen gemeinsam mit den Menschen im Unternehmen, Systeme und Prozesse verändern, um bessere Ergebnisse zu erzielen."* So hat jeder das gemeinsame Ziel vor Augen, und es kann losgehen.

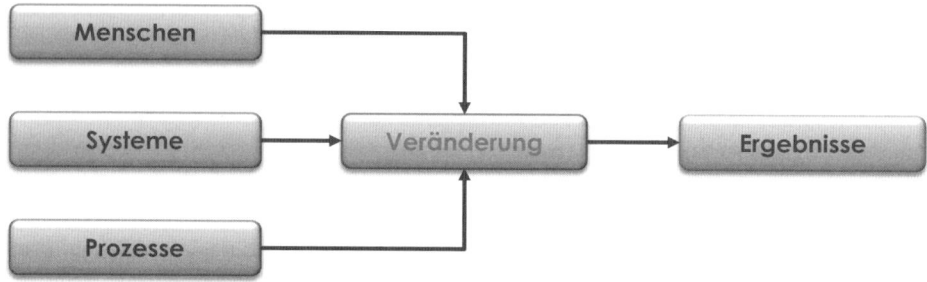

Bild 4.1 Veränderungsprinzip bei der QMS-Einführung

4.1.3 Erfolgsfaktoren guter Führung

Die folgenden elf Erfolgsfaktoren sollen Sie als gute Führungskraft bei der Zusammenhaltung und Orientierung Ihres Teams unterstützen:

1. Beginnen Sie, indem Sie das Ende vor Augen haben

Das hilft Ihnen, einen zielorientierten Plan zu erstellen, aus welchem die gewünschten Ergebnisse im Einzelnen hervorgehen werden.

2. Zeichnen Sie das „große Bild"

Stellen Sie zu jedem Zeitpunkt sicher, dass sowohl Ihr Team als auch die ganze Organisation weiß, *was* Sie vorhaben, *warum* Sie dieses Projekt durchführen und *wie* der gesamte Aufgabenumfang sowie das erklärte Ziel aussehen soll.

3. Machen Sie Ihre Verpflichtung zu Qualität für alle transparent

Glaubt man selbst an eine Sache, so strahlt man Authentizität aus. Diese wird Ihnen dabei helfen, auf Ihrem Weg die erforderliche Unterstützung zu bekommen.

4. Starten Sie mit 80 %

Warten Sie nicht, bis alles perfekt ist, sonst geraten Sie vielleicht in Verzug. Starten Sie mit den Ressourcen, die Ihnen zur Verfügung stehen. Das erzeugt Schub und lässt Ihre persönliche Freude und Verpflichtung erkennen, das Projekt erfolgreich durchführen zu wollen. Die Vervollständigung ausstehender Ressourcen wird sich auf Ihrem Weg zum Ziel nach und nach einstellen und zu einem vollständigen Ergebnis führen. Verlieren Sie die 100 % auf Ihrem Weg nie aus den Augen.

5. Seien Sie Vorbild

Es ist Ihr Verhalten als Qualitäts- und Führungsvorbild, welches das Verhalten des Teams und der ganzen Organisation beeinflussen wird. Gehen Sie mit gutem Beispiel voran und zeigen Sie auf, was Ihnen wichtig erscheint.

6. Schaffen Sie Leidenschaft für Ihre Sache

Eine der größten Herausforderungen für eine Führungskraft ist die Erzeugung von Leidenschaft. Haben Sie das geschafft, wird Ihr Vorhaben zum Selbstläufer. Seien Sie also auch hier Vorbild, und die Betroffenen werden Ihnen bzw. Ihrer Sache folgen. Der Qualitätsmanager eines erfolgreichen deutschen Mittelstandsunternehmens veröffentlichte einmal am Schwarzen Brett einen Aushang mit der Aufschrift: „Qualität ist geil!" Er erzeugte damit eine tolle Aufbruchsstimmung, und Qualität beherrschte von jenem Moment an sogar die Kantinengespräche.

7. Denken Sie langfristig und seien Sie bereit, die „Extrameile" zu gehen

Der *einfachste* Weg aus einer Problemstellung heraus führt meist wieder in selbige hinein. Seien Sie daher bereit, etwas mehr in Ihre Sache zu investieren als das Nötigste und auch mal einen Umweg zu gehen. Ihre Nachhaltigkeit wird belohnt werden.

8. Bleiben Sie fokussiert

Lassen Sie sich während der Durchführung eines Verbesserungsprojektes nicht durch interessant oder innovativ erscheinende Zusatzaufgaben vom Kernthema abbringen („Im Rahmen Ihres QMS-Projektes könnten Sie doch noch etwas anderes mitmachen …"). Somit vermeiden Sie Fehler und mögliche Ressourcenkonflikte.

9. Schaffen Sie Entscheidungsspielraum für Ihr Team

Geben Sie Ihrem Team so viel Entscheidungsspielraum wie möglich. Greifen Sie nur ein, um Orientierung zu geben. Damit bleibt Ihr Team kreativ und kraftvoll.

10. Reflektieren Sie

Überprüfen Sie regelmäßig Ihre Haltung und die getroffenen Entscheidungen. Bleiben Sie dabei locker und ehrlich zu sich selbst. Falls Sie Veränderungspotenziale entdecken, setzen Sie sie um. Für einen modernen Qualitäts- und Prozessmanager ist Veränderung der Normalzustand. Oder wie auch Michael Mary in seinem Buch *Change-Management* schrieb: „Die Veränderung ist die einzige Konstante."

11. Sprechen Sie Emotionen an

Emotionen zu wecken schafft Bindung, Nähe und echte Verpflichtung für das gemeinsame Projekt. (Empfehlung: Ein eindrucksvolles Beispiel ist die Ansprache des Schauspielers Al Pacino als Baseballcoach in *An jedem verdammten Sonntag (Any Given Sunday)* (zu finden auf YouTube).

4.1.4 Das Tal der Tränen

Auf ihrem Weg zum QMS werden von Veränderungen betroffene Mitarbeiter in der Regel durch verschiedene Phasen und Gemütszustände gehen, bis sich eine vollständige Integration in die neuen Situationen eingestellt hat. Veränderungsprozesse zeigen ein vergleichbares Verlaufsmuster, welches auch ein „Tal der Tränen" enthält.

Berücksichtigen Sie während eines Veränderungsprozesses die teils erhebliche Reduktion der Leistungsfähigkeit betroffener Menschen, Systeme oder Prozesse (Bild 4.2).

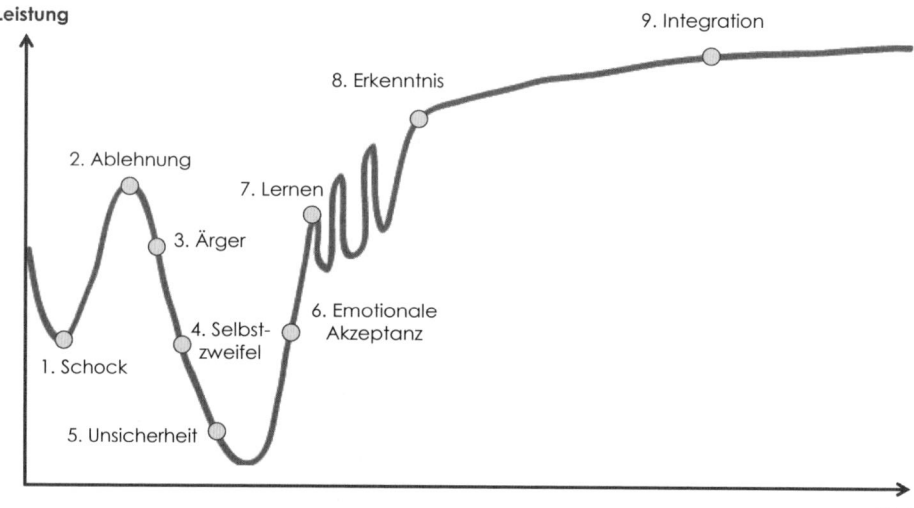

Bild 4.2 Phasenmodell eines Veränderungsprozesses

Verlaufsbeschreibung

1. *Schock:* Sobald eine Veränderung kommuniziert wird, stellt sich eine Art Schock-starre ein. Die Leistungsfähigkeit beginnt zu sinken.

2. *Ablehnung:* Nach einer kurzen Erholungsphase erfolgt eine ablehnende Tendenz ge-genüber den geplanten Neuerungen. Man versucht, Veränderungen zu ignorieren, und hält sich am üblichen Tagesgeschäft fest.

3. *Ärger:* Es stellt sich ein gewisser Ärger darüber ein, dass eine Veränderung initiiert wurde. „Wir haben das schon immer so gemacht, und bisher ging es auch!"

4. *Selbstzweifel:* Man beginnt langsam, über die geplante Veränderung und ihre Auswir-kungen nachzudenken. Selbstzweifel stellen sich ein. „Was wird geschehen, wenn ich nicht mitmache oder mit dem neuen Zustand nicht zurechtkomme?"

5. *Unsicherheit:* Die Selbstzweifel entwickeln sich zur allgemeinen Unsicherheit. „Wie wird die neue Situation wohl aussehen? Vielleicht ist später gar kein Platz mehr für mich und meine Fähigkeiten?"

6. *Emotionale Akzeptanz:* Es stellt sich die Erkenntnis ein, dass es keinen anderen Weg zu geben scheint als den, sich mit der geplanten Veränderung konstruktiv auseinan-derzusetzen. „Vielleicht ist es besser, gleich mitzumachen und mitzugestalten, als später vor vollendete Tatsachen gestellt zu werden."

7. *Lernen:* Man befasst sich mit den Neuerungen; die Lernphase stellt sich ein. Inner-halb dieser Phase durchläuft man erneut kleine Höhen und Tiefen, was einen Lern-prozess grundsätzlich kennzeichnet.

8. *Erkenntnis:* Nach einer gewissen Zeit erkennt man, dass die neue Situation nun tat-sächlich Nutzen stiftet. Der Leistungsstand hat sich im Vergleich zur Ausgangsposi-tion wieder deutlich erhöht.

9. *Integration:* Neuerungen werden nun nicht mehr als solche erachtet. Sie gehören bereits zum alltäglichen Bild. Denk- und Handlungsweisen sind vollständig integ-riert.

■ 4.2 Teamwork

„Qualität kann nur in einem gesunden Betrieb mit mitdenkenden und qualifizierten Mitarbeitern entstehen. Qualität äußert sich in Produkten und Dienstleistungen, woran sich der Kunde erfreuen und ohne Reue sagen kann: „Das ist mir das Geld wert – nachhaltig!"

Uwe Röder (Dachdeckermeister, Dresden)

Ein Projekt zur QMS-Einführung und auch die Weiterführung eines QMS ist nicht die Arbeit eines Einzelnen oder eines kleinen Kernteams. Es ist die Angelegenheit aller Mitarbeiter eines Unternehmens. Dabei werden Teams gebildet, um fachliche, psychologische, praktische, mentale oder emotionale Fähigkeiten zugunsten eines optimalen Ergebnisses zu vereinen.

Die Arbeit im Team hat viele Vorteile im Gepäck, hält aber auch einige Herausforderungen und Barrieren bereit (Tabelle 4.1).

Tabelle 4.1 Teamwork – Vorteile und mögliche Barrieren

Teamwork	
Vorteile	**Mögliche Barrieren**
Abteilungsübergreifende, direkte Kommunikation	Gefahr unklarer Zielsetzung
Zusammenführung unterschiedlicher Kenntnisse	Längere Entscheidungsfindung
Höhere Problemlösungskompetenz	Dominanz oder Zurückhaltung einzelner Teammitglieder
Verringerung von Betriebsblindheit	Zu große Gruppe

Wie bei der Anwendung von Methoden und Tools aus Ihrem QM-Werkzeugkasten gilt auch beim Teamwork: Je besser die zur Verfügung stehenden methodischen Werkzeuge verstanden und angewandt werden, desto solider die Teamperformance und die zu erwartenden Ergebnisse.

Doch zunächst gilt es, einen gruppendynamischen Prozess zu durchlaufen. Denn die Zusammenstellung einer Gruppe von Menschen entspricht nicht gleich von Anfang an dem Wesen eines Teams.

4.2.1 Die Gruppenuhr

Die *Gruppenuhr* – auch *Teamuhr nach Tuckman* – beschreibt den sogenannten Teambuilding-Prozess, der durchschritten wird, bevor eine neu zusammengestellte Gruppe von Menschen damit beginnt, effizient zu arbeiten.

Wenn Teammitglieder ausscheiden oder hinzukommen, beginnt dieser Prozess von Neuem, bis jeder wieder seinen neuen Platz in der Gruppe gefunden hat.

Teambuilding spielt sich nicht auf der Sachebene ab, sondern auf der Beziehungsebene:

- Beziehungsebene = Förderung einer konstruktiven Gruppenatmosphäre.
- Sachebene = Ergebnisorientierung und Zielerreichung.

Bevor im Team eine klare Bereitschaft entsteht, auf der Sachebene konstruktiv zu arbeiten, ist zunächst die Beziehungsebene zu durchlaufen (Bild 4.3). Dabei lassen sich verschiedene Phasen beobachten.

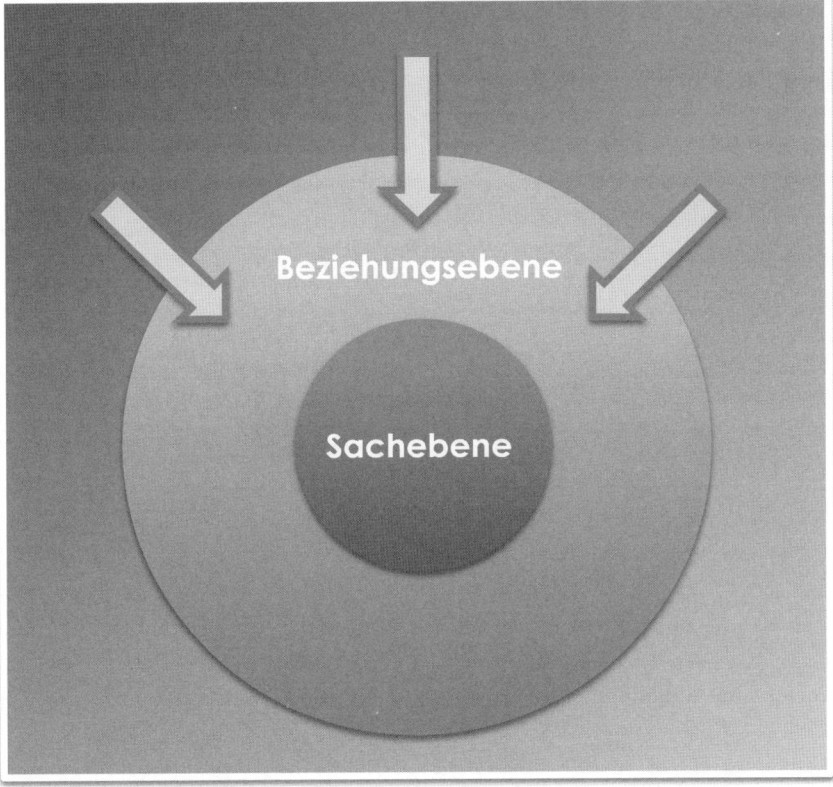

Bild 4.3 Modell der Sach- und Beziehungsebene

Erst wenn die Beziehungsebene erfolgreich durchschritten ist, stellen sich
konstruktive Gespräche auf der Sachebene ein. Zuvor kann es sich so anfüh-
len, als ob „die Chemie nicht stimmt" oder Sand im Getriebe ist.

Zur Veranschaulichung dieses Prozesses, entwickelte der US-amerikanische Psychologe
Bruce Tuckman basierend auf dieser Beobachtung ein Entwicklungsmodell, welches
aus folgenden Phasen besteht:

- Findungsphase (Forming),
- Streitphase (Storming),
- Regelungsphase (Norming),
- Leistungsphase (Performing).

Später wurde eine fünfte Phase hinzugefügt, welche die Auflösung des Teams (Refor-
ming oder Adjourning) beschreibt. Wir konzentrieren uns zunächst auf die ersten vier
Phasen (Bild 4.4).

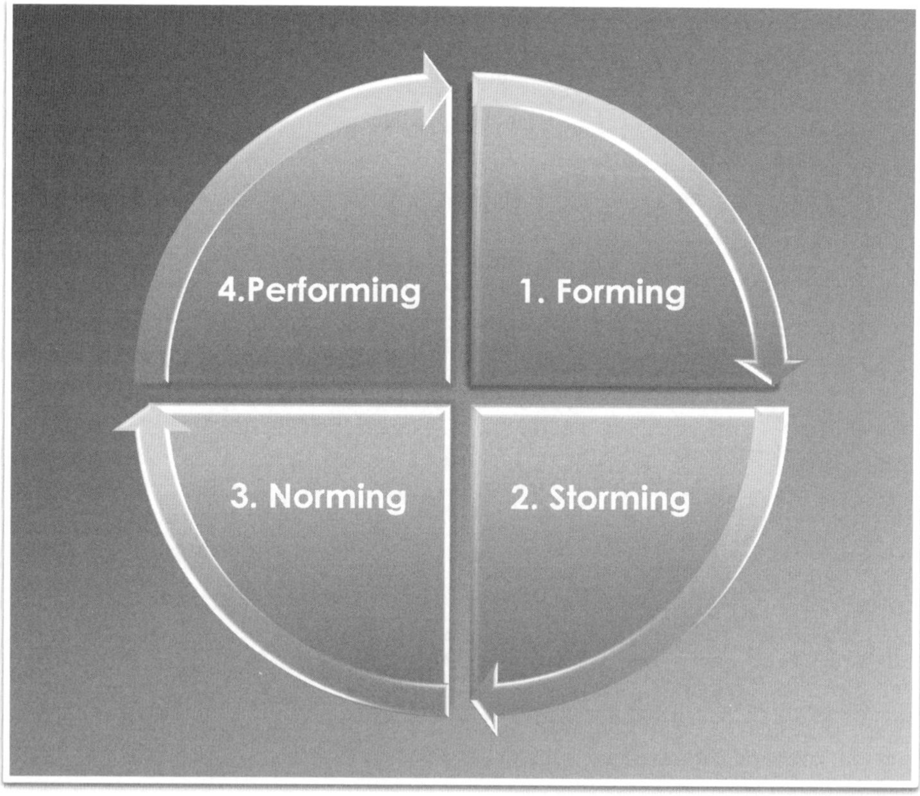

Bild 4.4 Die Gruppenuhr

Findungsphase (Forming)

Diese Einstiegsphase ist durch Unsicherheit und Konfusion geprägt. Die Teammitglieder stellen sich in dieser Phase vor und suchen nach ihrer Position im Team. Man wendet sich oft durchaus zielorientiert der Sachebene zu, um erste Aufgaben zu verteilen. Die Beziehungen unter den Mitgliedern sind aber noch unklar.

Streitphase (Storming)

In dieser Phase werden Führungsrollen beansprucht und Rangordnungen geklärt. Dabei gibt es häufig Auseinandersetzungen und Unstimmigkeiten. Es treten dabei Spannungen auf, da die Teammitglieder meist unterschiedliche Ziele durchsetzen möchten. Dennoch versucht man, sich auf der Sachebene zu organisieren. Die Teamleistung fällt dabei eher unterdurchschnittlich aus.

Regelungsphase (Norming)

In der dritten Phase beginnt die Konsolidierung, und die Teammitglieder kommen sich näher. Es werden entweder aktiv oder auch durch stillschweigende Übereinstimmung Teamregeln aufgestellt. Die Rollen im Team pendeln sich langsam ein, die Kooperationsbereitschaft der Mitglieder nimmt zu. Eine Steigerung der gegenseitigen Akzeptanz führt zu harmonischeren Beziehungen unter den Teammitgliedern. Die Arbeitseffizienz steigt.

Leistungsphase (Performing)

Die Leistung des Teams beginnt sich zu stabilisieren. Die Teammitglieder verfolgen das erklärte gemeinsame Ziel. Die Arbeitsatmosphäre ist durch gegenseitiges Vertrauen und Wertschätzung geprägt, und man geht offen und hilfsbereit miteinander um. Aufgaben werden zwischen Teammitgliedern je nach Fähigkeiten getauscht, um die gemeinsame Aufgabenstellung bestmöglich zu erfüllen.

4.2.2 Rahmenbedingungen

Auch ein konstruktiver Rahmen für Teamsitzungen sorgt dafür, dass Konflikte weitgehend vermieden werden und eine fruchtbare Interaktion zwischen den Teammitgliedern unterstützt wird.

Rahmenbedingungen definieren

- Präzise Zielsetzung
- Schriftliche Tagesordnung
- Klare Spielregeln
- Genaue Aufgabenverteilung
- Erholungspausen
- Aufgaben- und Projektliste (APL)

Präzise Zielsetzung

Eine klar formulierte Zielsetzung dient der Orientierung, Fokussierung und Messbarkeit des zu erreichenden Ergebnisses.

Schriftliche Tagesordnung

Eine schriftliche Tagesordnung steckt den Aktionsradius des Teams ab. Sie sollte im Rahmen der Einladung zu Workshops und Teammeetings verschickt werden und genaue Angaben über Zeit, Ort und Inhalt enthalten. Die Teammitglieder sollten im Vorfeld auch aufgefordert werden, die geplante Tagesordnung aktiv zu ergänzen. So fühlt sich jedes Teammitglied repräsentiert und beteiligt.

Klare Spielregeln

Es ist wie bei einem Gesellschaftsspiel: Nur wenn die Spielregeln bekannt sind und auch eingehalten werden, kann ein gemeinsames Spiel entstehen. Werden die Spielregeln im Team erarbeitet, steigen die Identifikation und das Gemeinschaftsgefühl.

Genaue Aufgabenverteilung

Vor Meetings/Workshops sollte jeder wissen, was zu tun ist. Verteilen Sie daher die Aufgaben je nach Anforderungen und Fähigkeiten auf Ihre Teammitglieder. Ein Team kann zur Erarbeitung bestimmter Ergebnisse auch in kleinere Teams unterteilt werden und so an unterschiedlichen Aufgaben arbeiten, die am Ende zusammengeführt werden. Damit steigt die Effizienz.

Erholungspausen

Manchmal reichen kleine Momente des Durchatmens. Öffnen Sie kurz Fenster und Türen, lassen Sie Sauerstoff in den Raum. Wenn es das Wetter erlaubt, spricht nichts dagegen, eine Teamsitzung im Freien abzuhalten – „walk & talk". Auch ein paar Dehnübungen und herzhafte Lacher lockern auf. Sorgen Sie für Obst und Getränke. Spielen Sie in den Pausen Musik, das schüttet Glückshormone aus. All diese Maßnahmen stärken die Konzentration für weitergehende Aufgaben.

Aufgaben- und Projektliste (APL)

Böse Zungen nennen Teamsitzungen auch mal „Keksfresserbanden". Der Begriff ist nicht ganz unberechtigt, wenn die einzig sichtbaren Ergebnisse eines Meetings die Überlaufringe der Kaffeetassen auf dem Tisch sind. Um während und nach einer Teamsitzung echte Ergebnisse zu produzieren, sollten Entscheidungen einer direkten Umsetzung zugeführt werden.

Klassische Besprechungsprotokolle sind oftmals nur Aufzeichnungen von Vereinbarungen, die finale Angaben darüber vermissen lassen, wer denn was bis wann erledigen soll, um die gemeinsame Sache voranzutreiben. Eine Aufgabenverfolgung lässt sich damit also nur bedingt oder unkomfortabel realisieren. Nutzen Sie daher die mitgelieferte To-do-Liste namens APL (= Aufgaben- und Projektliste), die Ihnen dabei hilft, getroffene Entscheidungen gleich und vor Beendigung der Teamsitzung mit entsprechenden Aktivitäten, Verantwortlichkeiten sowie Terminen zu versehen und auf die Reise zu schicken.

Eine Aufgaben- und Projektliste steht Ihnen elektronisch zur Verfügung (QM-Tool 8 – Aufgaben- und Projektliste).

Die APL ist eine einfache, aber wirkungsvolle tabellarische Liste, in der Aufgaben beschrieben, terminiert, zugewiesen, priorisiert und während der Abarbeitung mit entsprechenden Statuskennzeichen (Ampelsystem) und Kommentaren versehen werden können. Mehr ist auf Aufgabenebene zunächst nicht nötig, denn es gilt, lediglich Fakten und Verbindlichkeiten zu schaffen. Das Gesamtprojekt wird mittels übergeordneter Tools gemäß Kapitel „Das Einmaleins des Projektmanagements anwenden" gesteuert. Siehe auch Kapitel „Qualitätsmanagementsystem einführen: Der Projektplan".

4.2.3 Atmosphäre

Ein gutes Umfeld und eine gute Atmosphäre von Sitzungen animieren und motivieren Teammitglieder dazu, anderen zuzuhören und sich aktiv in die Teamarbeit einzubringen. Auch eine gute Vorbereitung verhindert, dass zu Beginn der Teamsitzungen Zeit vergeudet wird, um sich erst einmal mit den Inhalten der Tagesordnung vertraut zu machen. Dies könnte bei gut vorbereiteten Teammitgliedern Wartezeiten und Ärger erzeugen.

Während einer Teamsitzung ist die Fähigkeit des Zuhörens vielleicht die wichtigste. Zuhören gehört zu den Dingen, die wir jeden Tag tun. Nicht richtig Hinhören aber auch.

Ein guter Zuhörer ist bei Teamsitzungen bestrebt, die Inhalte der Beiträge anderer Teammitglieder zu erfassen, ohne sich von Vortragsart oder Vortragsform, Dialekten oder Sprachakzenten ablenken zu lassen. Insbesondere wenn multikulturelle Teams zusammenarbeiten und „Compiler-Sprachen" wie z. B. Englisch zur gemeinsamen Verständigung genutzt werden, ist besondere Achtsamkeit geboten. Denn es kommt mehrfach vor, dass Redewendungen der eigenen Sprache eins zu eins übersetzt und von anderen nicht verstanden werden. Aus Höflichkeit lässt man es oftmals darauf beruhen, quittiert mit einem „Ja" und einem netten Lächeln. Ein Fehler.

Um das Verständnis in allen Dialogen sicherzustellen und zu festigen, sollte die Moderationstechnik „Zuhören, Fragen, Wiederholen" angewandt werden. Dies kann nicht nur dem Zuhörer zu einem besseren Verständnis, sondern auch dem Redner zu einer klareren Aussage verhelfen.

„Hidden agendas" (= versteckte Tagesordnungen), also Tagesordnungspunkte, die sich in der Hinterhand befinden oder manipulative Absichten haben, sollten vermieden werden. Erklären Sie immer, was Sie vorhaben, und halten Sie sich daran. Damit sind Sie authentisch, erzeugen Vertrauen und erlauben konstruktive Teamarbeit.

4.2.4 Brainstorming

Verschiedene Techniken fördern die Interaktion im Team. Eine davon ist das sogenannte *Brainstorming*. Dabei handelt es sich um einen **bewertungsfreien** Gedankenaustausch, der dazu verhilft, verschiedene Ideen zu einem Thema zu erfassen und später zur Diskussion/Disposition zu stellen.

Die Mitglieder eines Teams setzen sich hierzu zusammen und vereinbaren einen festen Zeitrahmen. Jeder in der Runde sollte rundum zu Wort kommen. Wer für den Moment nichts beitragen kann, gibt das Wort an seinen Nachfolger weiter, bis niemand mehr einen neuen Beitrag leisten möchte oder kann oder die für das Brainstorming vorgesehene Zeit abgelaufen ist.

Wichtig ist während der Sitzung, jeden Vorschlag festzuhalten, egal wie merkwürdig oder absurd er zunächst erscheinen mag. Besser noch: Es sollte proaktiv eine Atmosphäre geschaffen werden, die Teammitglieder zu freiem Gedankenspiel anregt. Also „out of the box" zu denken und sich somit vom gewöhnlichen Machbarkeitsdenken zu lösen. Das erlaubt es, die verrücktesten Ideen zu äußern, die oft zu innovativen Lösungen führen. „Google Earth" soll so entstanden sein, als einige Google-Entwickler in lockerer Atmosphäre zusammensaßen (vom Konzern wurden hierfür bewusst die Rahmenbedingungen geschaffen) und einer meinte: „Lasst uns doch mal die Welt abbilden!", was zunächst zu Gelächter in der Runde führte ...

BRAINSTORMING-REGELN

- Feste Redezeit vereinbaren
- Alle Ideen festhalten
- Zu freiem Gedankenspiel anregen
- Auf Ideen der anderen aufbauen

Wer sich für weitergehende kreative Ideenfindung interessiert, sollte sich mit dem Thema „Design Thinking" auseinandersetzen. Dabei handelt es sich nicht nur um eine kreative Toolbox, sondern um eine moderne Managementphilosophie. Heiße Verfechter bezeichnen Design Thinking als das „Brainstorming des neuen Jahrtausends".

4.2.5 Konsensfindung

Wenn damit begonnen wird, die – bis dato noch wertfreien – Ergebnisse einer Brainstorming-Sitzung zu bewerten, sollte man auf einen Konsens abzielen und versuchen, Kompromisse zu vermeiden. Als Konsens wird eine neue gemeinsame Lösung verstanden. Ein Kompromiss hingegen wäre eine Mischung aus bestehenden Meinungen oder Möglichkeiten, die mit tendenziell unliebsamen Abstrichen verbunden ist. Dies erzeugt unterschwellige, aber durchaus nachhaltige Spannungen.

Ein Konsens entspräche also der (echten) übereinstimmenden Meinung aller Teammitglieder bezüglich einer Thematik oder Entscheidung, die aber nicht immer vorzufinden ist. Trotzdem sollte man es vermeiden, per Mehrheitsbeschluss abzustimmen, denn eine Idee ist nicht unbedingt die beste, nur weil fast alle dafür sind. Vielmehr sollte über gute Argumentationen und das Abwägen von Vor- und Nachteilen versucht werden, die wirklich beste Lösung zu finden (Kreativansatz). Lässt sich auf diese Weise keine Entscheidung herbeiführen, kann dem Teamleiter ein Vetorecht eingeräumt werden.

Auf diese Weise bestehen beste Chancen, dass alle Teammitglieder der Entscheidung am Ende guten Gewissens zustimmen – sie wird nach außen hin dann gemeinsam getragen.

Ist die Situation einmal festgefahren oder hat ein Teammitglied große Schwierigkeiten, einen Teambeschluss zu unterstützen, können folgende Fragen helfen:

- Was fehlt Ihnen noch dazu, um diese Entscheidung zu unterstützen?
- Welche Folgen dieser Entscheidung wurden Ihrer Meinung nach nicht bedacht?
- Wie können wir diese Grundidee weiterentwickeln, um zu einer Entscheidung zu kommen, die auch in Ihrem Sinne ist?

Gezielte Fragen regen dazu an, Vorbehalte konstruktiv zu äußern und den übrigen Teammitgliedern mögliche Gegenargumente verständlich zu machen. Dadurch kann ein gründliches Abwägen erreicht werden. Das Team wendet sich unter Umständen einer neuen besseren Lösung zu, die zuvor vielleicht noch nicht bedacht wurde.

4.2.6 Konfliktlösung

Wo wichtige Entscheidungen zu treffen sind, können sich auch Konflikte einstellen. Ein wichtiger Bestandteil guten Teamworks ist es, auch diesen konstruktiv zu begegnen, um eine weitere fruchtbare Zusammenarbeit in guter Atmosphäre sicherzustellen. Dabei entstehen auch mal „reinigende Gewitter".

Folgende Spielregeln können dabei helfen:

- **Sinn formulieren**

  Durch die Formulierung der eigentlichen Absicht einer Entscheidung fällt es leichter, sich auf ein spezielles Ziel zu konzentrieren.

- **Sitzungsregeln einhalten**

  Persönliche Auseinandersetzungen können durch Befolgen definierter Sitzungsregeln gemildert werden, z. B. durch das Einhalten vereinbarter Redezeiten.

- **Alle Beiträge anerkennen**

  Jedem Teammitglied sollte für seine Beteiligung und seine Beiträge eine entsprechende Wertschätzung entgegengebracht werden. Ganz gleich, ob sie zur Lösungsfindung beigetragen haben oder nicht.

- **Sieg ohne Verlierer anstreben**

  In Konfliktsituationen kann versucht werden, einen Kompromiss zu finden. Damit wird ein Sieg ohne Verlierer angestrebt, um eine Entscheidung herbeizuführen, die von allen Teammitgliedern zumindest gestützt wird. Bedenken Sie aber, das nachhaltige Optimum ist ein allgemeiner Konsens.

■ 4.3 Arbeitstechniken

„Qualität bedeutet, Produkte zu schaffen, die sich selbst verbessern."
Alexander Zachow (erster Schlaginstrumentenbaumeister Deutschlands, Troyan Zachow Drums, Ottobrunn)

Moderation, Präsentation und Visualisierung sind Arbeitstechniken, die während eines QMS-Einführungsprojektes verstärkt auf Sie und Ihr Projektteam zukommen und auch für die spätere Anwendung nützlich sind. Sei es

- während der Gestaltung neuer Prozesse im Rahmen des Kontinuierlichen Verbesserungsprozesses,
- zur Abstimmung allgemeiner Projektinhalte,
- zur Verbreitung von Informationen im Unternehmen oder
- zur Kommunikation mit externen Interessenpartnern wie Kunden und Lieferanten.

Durch die Anwendung interaktiver Arbeitstechniken wird die Kreativität und Interaktion gestärkt, was zu besseren Ergebnissen und Entscheidungen führt. Die Techniken sprechen mehrere Sinne gleichzeitig an und optimieren dadurch auch den Lern- und Erinnerungseffekt.

Die Erinnerungsquote von Erwachsenen sieht in etwa wie folgt aus:

- 20 % durch Hören,
- 30 % durch Sehen,
- 50 % durch Hören und Sehen,
- 70 % durch Hören, Sehen und Diskutieren,
- 90 % durch Hören, Sehen, Diskutieren und Selbstausführen,
- > 90 % durch bewusstes Erleben in interaktiver, spielerischer und multimedialer Form.

Daher wird in modernen Organisationen auch bei Mitarbeiterschulungen mehr und mehr auf starke persönliche Eindrücke und Erlebnisse gesetzt.

 „Die Marken BMW und MINI legen großen Wert darauf, ihre Mitarbeiter und Händler persönlich von einem neuen Modell zu begeistern: Hierfür bereiten wir bereits sechs Monate vor Markteinführung ein erstes Informationspaket mit Bildern, Daten, Zahlen und Fakten vor. Einige Wochen später erhalten die Mitarbeiter ein erstes Online-Training, das sie auf das neue Modell vorbereitet.

Nach der Theorie folgt die Praxis: Ein meist mehrtägiges fahraktives Product Launch Training verbindet Lernen und Erleben. Speziell ausgearbeitete Fahrübungen, manchmal auch auf einer Rennstrecke, machen die Fahrzeuge und das Fahrgefühl erlebbar. Neben Basisschulungen bieten wir auch funktionsspezifische Trainings für Großkundenverkäufer, Callcenter- oder Servicemitarbeiter an. Zur Qualitätssicherung durchlaufen BMW- und MINI-Händler nach den Trainings einen abschließenden internetbasierten Test, um den Erfolg der Schulungsmaßnahmen zu überprüfen und sicherzustellen. Mit diesem aufwendig orchestrierten Ablauf gewährleisten wir, dass die über 100 000 Mitarbeiter in den BMW- und MINI-Handelsbetrieben weltweit optimal auf unsere neuen Produkte vorbereitet sind."

Stefan Borbe (Qualification Programs and Retail HR, BMW Group)

4.3.1 Moderation

Eine Moderation im Sinne einer Gruppenarbeit ist die Orientierungsgabe während eines Gruppengesprächs. Der Moderator steuert dabei durch Fragen oder Thesen die Interaktion zwischen den Teilnehmern oder Teammitgliedern.

Bei Arbeitsgruppen ab vier bis fünf Personen sollte ein Teammitglied zum Moderator und Zeitnehmer gewählt werden. Diese Rolle kann im Laufe verschiedener Aufgaben an andere Teammitglieder weitergegeben werden.

Zweck der Moderation ist es, Übereinstimmungen oder Diskrepanzen sichtbar zu machen, Themenabweichungen zu vermeiden, Entscheidungen herbeizuführen und Handlungen einzuleiten.

Moderation verhindert, dass Themen im Sande verlaufen.

Aufgaben eines Moderators

- Zur Aktivität ermutigen,
- überaktive Teilnehmer einbremsen,
- schwächere Teilnehmer zu Äußerungen ermutigen,
- Blickkontakt zu allen Mitgliedern halten,
- den Prozess, nicht den Inhalt steuern,
- allgemeines Verständnis wiederholt sichern (Zuhören, Fragen, Wiederholen),
- keine Bewertung von Mitgliederäußerungen vornehmen (Brainstorming-Regel),
- zielführende Ideen herausstellen, damit darauf aufgebaut werden kann,
- mögliche Störungen auf Beziehungsebene schlichten,
- Aktivitäten und Handlungen einleiten.

Aufgaben der Teammitglieder

- Sich aktiv an der Diskussion beteiligen,
- andere Teammitglieder zu Wort kommen lassen,
- Beiträge unter 60 Sekunden anstreben,
- aufmerksam zuhören (dabei gedanklich keine Antworten vorformulieren),
- bei Unklarheiten so lange nachfragen, bis diese beseitigt sind,
- andere Meinungen akzeptieren,
- konstruktives Gesprächsklima unterstützen,
- keine abwertenden Killerphrasen verwenden (z. B. „Du musst noch an dir arbeiten" oder „Das wird in der Praxis nicht funktionieren").

4.3.2 Visualisierung

Sie kennen sicherlich den Ausspruch „Ein Bild sagt mehr als tausend Worte". Die Mehrheit der Menschen sind „visuelle Typen" und nehmen daher über den Eingangskanal Auge grafische Informationen sehr viel schneller auf als ein geschriebenes Wort, was es als sinnvoll erscheinen lässt, zu visualisieren (Bild 4.5).

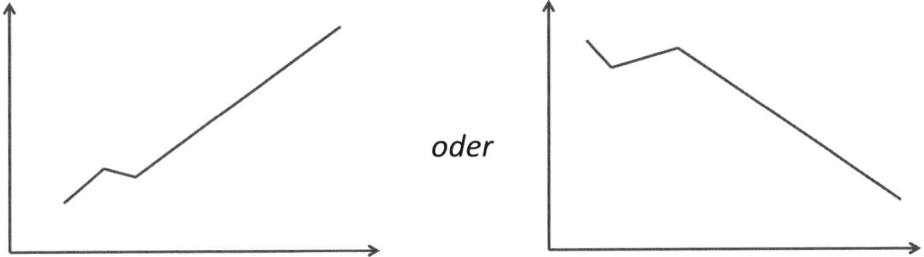

Bild 4.5 Die Bedeutung beider simplen Grafiken lässt sich umgehend aufnehmen

Durch die Visualisierung von zeitgleich mündlich vorgetragenen Themeninhalten werden mehrere Sinne gleichzeitig angesprochen (z. B. Auge und Ohr), was zum einen den Lerneffekt optimiert, zum anderen möglichen Missverständnissen vorbeugt, da sich unsere Sinne gegeneinander abgleichen. Darüber hinaus wird die Aufmerksamkeit der Empfänger auf den Visualisierungsort konzentriert.

Ein weiterer Vorteil der Visualisierung ist, dass insbesondere komplexe Sachverhalte mit optischer Unterstützung leichter zu erklären und zu erarbeiten sind.

Planung der Visualisierung

Vor der Erstellung einer Visualisierung sollte man sich über vier Punkte im Klaren sein:

- Ziel – *Welche Absicht verfolge ich?*
- Zielgruppe – *Wen möchte ich erreichen?*

- Inhalt – *Was soll dargestellt werden?*
- Medium – *Wie/womit soll es dargestellt werden?*

Definieren Sie im Vorfeld, welches Ergebnis Sie mit der späteren Präsentation von visualisierten Inhalten erreichen wollen. Halten Sie sich dabei vor Augen, für wen die Visualisierung erstellt wird.

Wenn Ihre Zielgruppe aus einem Kreis von Spezialisten besteht, welche die fachliche Materie grundsätzlich sehr gut beherrschen, können Sie mit Inhalten tiefer ins Detail gehen. Handelt es sich z. B. um eine Gruppe der obersten Leitung in einem Lenkungsgremium, sollten Inhalte kurz, knapp und präzise dargestellt werden. Viel beschäftigte Manager werden es Ihnen auch insgeheim danken, dass Sie nur so viel Zeit beanspruchen wie nötig.

Visualisierungsmittel

Die drei beliebtesten Visualisierungsmittel sind:

- Präsentationsprogramm, Notebook und Beamer,
- Flipchart,
- Kartenpinnwand.

Das Visualisierungsmedium sollte der Zielgruppe angepasst werden. Geht es etwas formeller zu, wird gerne die Notebook-Beamer-Kombination verwendet. Wollen Sie Ihr späteres Auditorium näher bei sich haben und/oder stärker in die Präsentation einbinden, verwenden Sie z. B. einen Flipchart oder eine Kartenpinnwand (Stichwort: Infomarkt).

Sie können die Anwesenden zu Beginn einer Präsentation darum bitten, aufzustehen und sich in einem Kreis um das Visualisierungsmedium zu stellen. Damit kann eine Kartenabfrage verbunden werden.

Auch eine vorbereitete Zeichnung auf einem Flipchart, die Sie während der Präsentation in Echtzeit fertigstellen, schafft Interaktion und verhindert das Aufkommen von Langeweile. Idealerweise binden Sie die Teilnehmer aktiv ein.

Mit Pinnwänden lassen sich zur Vermittlung von Informationen auch die im Kapitel „Projektmarketing" erwähnten Infomärkte veranstalten. Hierzu wird aus – mit vorbereiteten Informationen, Grafiken etc. bestückten – Pinnwänden ein Parcours gebildet und das Auditorium im „IKEA-Modus" hindurchgeführt.

Jede Station kann zu einem umfassenden Infostand mit Tischen, Stühlen, Ballons, Getränken etc. erweitert und durch ein Teammitglied besetzt werden, welches das vorbeiziehende Auditorium je nach Wunsch aktiv informiert oder lediglich offene Fragen beantwortet.

Gestaltungselemente

Als wesentliche Gestaltungselemente für Visualisierungsmedien eignen sich Grafiken, Diagramme und Text.

Grafiken und Diagramme

Verwenden Sie nur Grafiken, die schnell zu erfassen und auch aus der Ferne gut zu erkennen sind. Beispielsweise lässt sich bei einer Zeitdarstellung eine Analoguhr auch bei einem schnellen vorüberschweifenden Blick besser erfassen als die digitale Darstellung einer Uhr (Bild 4.6).

Bild 4.6 Analog ist leichter erfassbar als digital

Text

Gehen Sie mit Texten grundsätzlich sparsam um. Verwenden Sie Stichworte statt Prosa. Darüber hinaus sollte die Textgestaltung einfach und gut lesbar sein:

- Große Buchstaben, dicke Strichstärken und Schriften ohne Serifen verwenden.
- Schreiben Sie besser gerade als *kursiv*.
- Benutzen Sie einfache, kurze Sätze und geläufige Begriffe statt viele Fremdwörter.
- Schreiben Sie von links nach rechts (statt von oben nach unten).
- Setzen Sie normale und Versalschrift ein (Tabelle 4.2).

Tabelle 4.2 Vergleich normale und Versalschrift

Qualität macht glücklich!
QUALITÄT MACHT GLÜCKLICH!

Achten Sie bei Textgliederungen auch auf unterschiedliche Schriftgrößen und Abstände. Schriftgrößen sollten grundsätzlich so bemessen sein, dass sie auch die Teilnehmer in der letzten Reihe gut erkennen können. Setzen Sie dabei Buchstaben eng aneinander und lassen Sie ausreichende Zwischenräume zwischen einzelnen Wörtern.

4.3.3 Präsentation

Nach der moderierten Erarbeitung und Visualisierung von Ideen und Themeninhalten folgt in der Regel eine Präsentation vor Kollegen, Mitarbeitern oder Entscheidern. Dabei ist das Ziel, die „Message" optimal rüberzubringen. Hierfür bietet es sich an, vor jeder Präsentation einen Probelauf mit Kollegen, Teammitgliedern, Familie, Freunden oder Bekannten zu machen und ein Feedback dazu einzuholen. Sie sehen hierbei auch, wie lange Sie für die Präsentation benötigen, und können gegebenenfalls Anpassungen vornehmen.

Optisches Verhalten während der Präsentation

- Stellen Sie sich beim Vortrag seitlich zum Visualisierungsmedium, um die Projektion oder die Inhalte nicht abzudecken.
- Halten Sie Blickkontakt zu allen Teilnehmern im Auditorium.
- Entfernen Sie das Visualisierungsmedium, sobald die Inhalte erläutert wurden (Ausschalten des Beamers, Umblättern des Flipcharts, Umdrehen der Pinnwand), um die Aufmerksamkeit der Teilnehmer für neue Themen zu erleichtern.

Verbales Verhalten während der Präsentation

- Sprechen Sie deutlich.
- Modulieren Sie Ihre Stimme (zwischen langsamer und schneller, leiser und lauter) je nach Stimmung und Gewicht, die Sie dem Sachverhalt verleihen wollen.
- Machen Sie zwischendurch kurze Pausen; sie erleichtern das Zuhören.

Nonverbales Verhalten

Man sagt, dass nur 10 % aller Kommunikation über die Lippen stattfindet. Der große Rest ist das, was durch Präsenz, Körpersprache und Energie vermittelt wird.

Daher sollte man einige nonverbale Verhaltensmuster beherzigen. Je entspannter Sie während Ihres Vortrags erscheinen, desto authentischer werden die Zuschauer und Zuhörer Ihre Aussagen empfinden:

- Der Körper sollte dem Auditorium zu jedem Zeitpunkt zugewandt bleiben.
- Halten Sie Hände und Arme in einem entspannten Zustand (die Handposition in „Denkstellung" à la Angela Merkel ist erlaubt).
- Verschränken Sie nicht die Arme, das wirkt abweisend.
- Stehen Sie stabil, mit leicht geöffneten Beinen.
- Bewegen Sie sich je nach Gefühl auch einmal ruhig durch den Raum.
- Vermitteln Sie einen offenen Gesichtsausdruck.

Ablauf einer Präsentation

1. Einstieg

- Pünktlich beginnen.
- Teilnehmer begrüßen.
- Thema, Ablauf (Agenda) und Zeitrahmen erläutern.
- Zielsetzung nennen.

2. Hauptteil

- Einzelne Agendapunkte vortragen und Visualisierungen erläutern.
- In regelmäßigen Abständen das Verständnis des Auditoriums absichern („Haben Sie Fragen bis hierher?"), aber damit nicht übertreiben.

3. Abschluss

- Wesentliche Punkte noch einmal zusammenfassen.
- Zielsetzungen überprüfen.
- Mögliche Ergebnisse darlegen.
- Auf anschließende Diskussion hinweisen (falls zutreffend).

4. Diskussion

- Mit offenen Fragen zur Teilnahme ermuntern („Welche Punkte sind noch offengeblieben?").
- Im Moderationsstil führen (siehe auch Kapitel „Moderation").

5. Ausklang

- Information und Ausblick auf die nächste Veranstaltung (falls zutreffend).
- Verabschiedung des Auditoriums.

4.3.4 Kommunikation: Der Kunde und der Lieferant

„Qualität bedeutet für mich, das Produkt permanent selbst zu erleben, um es dann mit bestem Gewissen an den Kunden weiterzugeben. Die Formel für Qualität lautet Eigenüberzeugung und erlebnisgerechte Präsentation."

Leyla Alacam (Inhaberin L.A's Back Cafe, München)

In diesem Abschnitt geht es um zielgerichtete Gesprächsführung in Situationen, in denen Interessenpartner innerhalb verschiedener Geschäftsbeziehungen aufeinandertreffen.

Ist es die erklärte Absicht, die Qualität im Unternehmen zu steigern, beginnt dies mit einer transparenten Kommunikation über alle Ebenen hinweg.

Das Management eines Unternehmens kann durch die Förderung einer entsprechenden Atmosphäre und die Einrichtung entsprechender Begegnungsstätten den Anstoß zu offener Kommunikation geben. Dem Engagement der Mitarbeiter obliegt es dann, die Möglichkeiten hierfür wahrzunehmen. Ganz gleich, ob es sich dabei um die Kommunikation mit Vorgesetzten, Arbeitskollegen oder internen wie externen Lieferanten handelt.

Die gute Nachricht dabei ist; Kommunikation ist im Grunde – tiefer gehende psychologische und manipulative Faktoren an dieser Stelle ausgenommen – recht einfach, denn es gibt nur zwei Rollen zu vergeben: den Kunden und den Lieferanten. Dabei entsteht eine Kunden-Lieferanten-Beziehung – intern wie extern.

Nur, wer ist dabei der Kunde und wer der Lieferant?

Um diese Frage zu beantworten, ist es nötig, ein zusätzliches Wörtchen mit ins Spiel zu bringen, denn die eigentliche Frage lautet: „Wer ist *wann* der Kunde und wer ist *wann* der Lieferant?" Die beiden Rollen befinden sich in einem ständigen Wechselspiel. Daher ist es von entscheidender Bedeutung, sich klarzumachen, zu welchem Zeitpunkt man welche Rolle einnimmt.

Kunden-Lieferanten-Beispiel anhand eines Dialoges

Bäckermeister Bernd Brotbaum (Lieferant einer Information) zu seinem Mitarbeiter, dem Bäcker Alois Kirsch (Kunde der Information): *„Ich habe beschlossen, ein QMS nach Maßgaben der ISO 9001 einzuführen, und ich habe dich als Qualitätsmanagementbeauftragten vorgesehen, Alois. Was hältst du davon?"*

Alois Kirsch (Lieferant einer Information) zu Bernd Brotbaum (Kunde der Information): *„Wow, wie komme ich zu der Ehre? Klingt nach einer recht großen Verantwortung, aber ehrlich gesagt auch nach einer willkommenen Abwechslung zum Tagesgeschäft. Ich würde das schon gerne machen, aber ich weiß ehrlich gesagt nicht genau, wie ich da rangehen soll…?!"*

Bäckermeister Bernd Brotbaum (Lieferant der Anforderungen) an seinen Mitarbeiter, dem Bäcker Alois Kirsch (Kunde der Anforderungen): *„Alois, mach dir keinen Kopf, denn ich weiß, dass du eine gute Auffassungsgabe hast. Daher schlage ich vor, du liest dich zunächst anhand eines verständlichen Praxisleitfadens, den ich besorgen werde, in die QM-Materie ein (Anforderung 1) und wir setzen uns dann zusammen (Anforderung 2) und besprechen den aktuellen Wissensstand in ... sagen wir mal ... Montag in zwei Wochen um zehn Uhr in meinem Büro (Anforderung 3). Ich denke, damit hätten wir eine gute Grundlage geschaffen. Und für den Feinschliff, habe ich mir überlegt, stelle ich dir während der Umsetzung einen Qualitätscoach zur Seite, der dich methodisch und thematisch unterstützen wird."*

Alois Kirsch (Lieferant der Bestätigung) zu Bernd Brotbaum (Kunde der Bestätigung): *„Das klingt nach einem klasse Plan und geht damit klar Bernd. Ich lege dann gleich morgen damit los, mich schlauzumachen!"*

Man sieht anhand des Beispiels, dass die beiden Rollen des Kunden und des Lieferanten ständig wechseln. Das Beispiel (der Output) war hier „Information", die beide Seiten im Wechsel gesendet (= geliefert) und empfangen haben.

Allgemein lässt sich damit sagen:

> Der *Lieferant* ist immer der *Sender* einer Information, eines Produktes oder einer Dienstleistung.
>
> Der *Kunde* ist immer der *Empfänger* einer Information, eines Produktes oder einer Dienstleistung.

Sobald sich beide einig sind, entsteht eine Vereinbarung. Bei Alois und Bernd handelt es sich um ein (Unternehmens-)internes Kunden-Lieferanten-Verhältnis. Ein ebensolches Verhältnis besteht zwischen Mitarbeitern unseres Unternehmens und einem externen Kunden (= Empfänger von Produkten und Dienstleistungen).

Allgemein gilt: Je präziser das Zusammenspiel der Kommunikation ist, desto übereinstimmender wird sowohl die Vereinbarung als auch das zu erwartende Ergebnis sein (erster Grundsatz für Qualität).

Vier Gelegenheiten zur Kommunikation

Um das zu erreichen, bieten sich vier grundsätzliche Gelegenheiten zur vorbeugenden Kommunikation (Bild 4.7, angelehnt an das Prozessmodell *Turtle-Diagramm*):

1. Wenn mit dem Kunden seine Anforderungen an den Output besprochen werden.

2. Wenn mit den Lieferanten die Anforderungen an erforderliche Inputs besprochen werden.

3. Wenn Lieferanten das Feedback einholen, ob die Anforderungen richtig verstanden wurden.

4. Wenn Kunden um ein Feedback gebeten werden, ob deren Anforderungen richtig verstanden wurden.

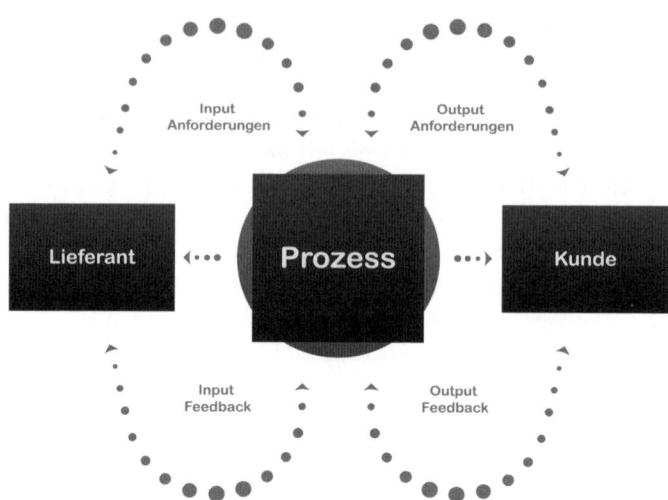

Bild 4.7 Kommunikationsmöglichkeiten zwischen Kunden und Lieferanten

Im Rahmen der teils umfangreichen Gespräche zwischen Kunden und Lieferanten kann es vorkommen, dass etwas falsch erklärt, verstanden oder gedeutet wird. Um den Austausch der *richtigen* Informationen sicherzustellen und somit Missverständnissen vorzubeugen, gibt es eine nützliche Gesprächstechnik, die die Aufnahmefähigkeit verbessert:

- Zuhören,
- Fragen,
- Wiederholen.

Zuerst hört sich der Empfänger an, was der Gesprächspartner (Sender) mitteilt. Falls erforderlich, werden Fragen gestellt, um alle Aussagen klarzustellen. Abschließend werden die wesentlichen Punkte vom Empfänger wiederholt und vom Sender bestätigt, um sicherzugehen, dass alles richtig verstanden wurde.

Positive Gesprächsatmosphäre schaffen

Eine entsprechende Atmosphäre unterstützt eine entspannte, konstruktive Gesprächsführung. Man kann diese basierend auf drei Grundhaltungen in der Beziehung zu anderen Menschen erzeugen:

- **positive Wertschätzung** (= Annehmen des vom Gegenüber Ausgedrückten, Ermutigung, Solidarität),
- **Empathie** (= Bereitschaft, sich in die Welt des anderen hineinzuversetzen und das Gefühl zu vermitteln, ihn verstehen zu wollen),
- **Authentizität** (= Echtheit in der Haltung gegenüber anderen).

Jeder von uns ist zu verschiedenen Zeitpunkten Kunde oder Lieferant. Der Wechsel erfolgt oft im Sekundentakt (z.B. während einer Unterhaltung). Nimmt jeder seine jeweilige Rolle aktiv und bewusst wahr, können Informationen und Fakten reibungsfrei und innerhalb einer vertrauensfördernden Atmosphäre ausgetauscht und vereinbart werden.

Richtige Gesprächsführung und Kommunikation ist eine komplexe Wissenschaft und einer der wesentlichsten Erfolgsfaktoren – beruflich wie privat. Eine fundierte Vertiefung der Thematik lohnt sich. Im Folgenden einige Buchempfehlungen.

 Buchempfehlungen „Gesprächsführung und Kommunikation"

Schulz von Thun, F.: *Miteinander reden: 1. Störungen und Klärungen. Allgemeine Psychologie der Kommunikation*. Berlin 2010

Rosenberg, M.B.: *Gewaltfreie Kommunikation. Eine Sprache des Lebens*. Paderborn 2010

Stone, D; Patton, B.; Heen, S.: *Difficult Conversations*. New York 2000

4.3.5 Zeitmanagement in 100 Sekunden

„Qualität ist, die Dinge mit gutem ehrlichem Gewissen und bester Vorbereitung anzugehen. Mit dem Glauben an diesen Weg sowie Geduld, Nachhaltigkeit und Fleiß ist jedes Ziel erreichbar!"

Dr. rer. nat. Vassilios Meladinis (Spezialist für Infektiologie)

 Systematisches Zeitmanagement und die richtige Integration von Projektaufgaben ins Tagesgeschäft sind die Basis für zeit- und kostensparendes (= effizientes) Arbeiten. Durch eine bewusste und stressfreie Durchführung von Aufgaben wird auch die Fehlerquote reduziert.

Mit der Fähigkeit, gut zu priorisieren, steht und fällt die Fähigkeit zur effektiven und effizienten Organisation der sich stellenden Aufgaben.

In der Regel läuft das Tagesgeschäft neben einer QMS-Einführung ungebremst weiter – für Sie, für Ihr Team und die gesamte Organisation. Sie stehen also vor der Herausforderung, sich entscheiden zu müssen, welche Aufgaben nun welche zeitlichen Positionen einnehmen sollen.

Richtig Priorisieren mit Eisenhower

Die Kunst, Wesentliches von Unwesentlichem zu unterscheiden, ist ein Erfolgsfaktor. Wer in der Lage ist, eine sinnvolle Priorisierung vorzunehmen, um die bestmögliche Abwicklung des Tagesgeschäfts zu gewährleisten, ist qualitativ ganz vorne mit dabei.

Ein Mann namens Dwight D. Eisenhower zeichnete sich durch diese Fähigkeit besonders aus. So sehr, dass sie ihm später sogar die 34. Präsidentschaft der USA einbrachte.

Eisenhower war während des Zweiten Weltkriegs Oberbefehlshaber der alliierten Streitkräfte in Europa. Er erwies sich als ausgezeichneter Koordinator, der das Zusammenspiel oft ehrgeiziger Kommandeure und unterschiedlich ausgebildeter und ausgerüsteter Einheiten durch geschickte Priorisierung ermöglichte.

Somit gab er einem einfachen wie wirkungsvollen Werkzeug seinen Namen – dem sogenannten *Eisenhower-Prinzip*, welches im modernen Zeitmanagement einen festen Platz eingenommen hat (Bild 4.8).

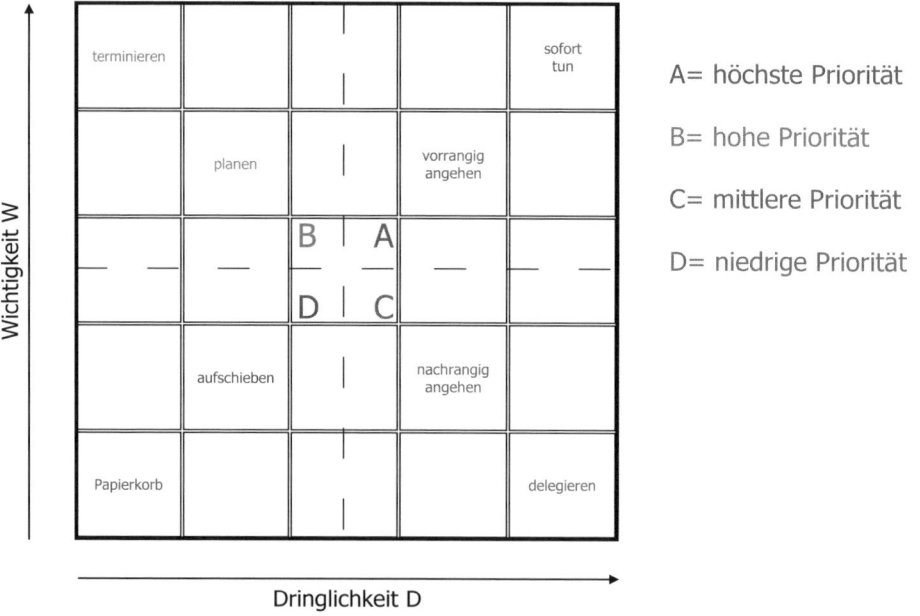

A= höchste Priorität

B= hohe Priorität

C= mittlere Priorität

D= niedrige Priorität

Bild 4.8 Priorisieren nach Eisenhower

Die Darstellung des Eisenhower-Prinzips besteht aus einem Diagramm, an dessen x-Achse die Dringlichkeit und an dessen y-Achse die Wichtigkeit angezeichnet wird. So eine Skizze können Sie auch aus freier Hand zeichnen, denn es geht lediglich um das Prinzip. Innerhalb dieses Diagramms werden nun alle Aufgaben platziert, die sich im Laufe des Tagesgeschäftes kontinuierlich ergeben und unsere zeitliche Verfügbarkeit fordern. Daraus ergibt sich eine schnelle unkomplizierte Aufgabenbewertung, um zu entscheiden, welche Aufgaben wann und vielleicht auch durch wen abgearbeitet werden sollten. Einige dürfen sogar dem Papierkorb übergeben werden, welcher dem Sektor D entspricht. Dies gilt auch für eingehende E-Mails.

Und so geht's!

1. Alle Aufgaben, die sehr dringlich und sehr wichtig sind, werden im Sektor A platziert und sofort abgearbeitet, jedoch auf jeden Fall vorrangig angegangen.

2. Aufgaben, die zwar etwas weniger dringlich, aber dennoch wichtig sind, platzieren Sie im Sektor B. Diese werden eingeplant und terminiert, um persönlich abgearbeitet zu werden – nach den aktuellen Aufgaben in Sektor A.

3. Aufgaben, deren Wichtigkeit etwas niedriger ausfällt, die jedoch durchaus dringlich sind, können Sie trotz der Dringlichkeit erst nachrangig angehen, da Sie ja im Moment mit den Aufgaben in Sektor A voll ausgelastet sind. Die Alternative besteht darin, sie nach Möglichkeit zu delegieren.

4. In diesem Sektor finden sich Aufgaben wieder, die in Bezug auf Dringlichkeit und Wichtigkeit weiter unten rangieren. Dies geht bis zur Platzierung in der „Ablage P", also im Papierkorb. Trauen Sie sich!

 Achtung Stolperfalle

In der Realität wird oftmals der Fehler gemacht, dass hochdringliche, aber eher unwichtige Aufgaben mit der Priorität B versehen werden. Lassen Sie sich nicht drängen. Ordnen Sie eine Tätigkeit zunächst richtig ein und handeln Sie dann erst.

Falls Sie im Rahmen Ihres guten Zeitmanagements sowie der sinnvollen Priorisierung und Delegation von Aufgaben, doch einmal eine Aufgabe fälschlicherweise dem Papierkorb zugeordnet haben, keine Sorge!

Wenn die Aufgabe wirklich wichtig war, kommt Sie mit Sicherheit wieder. Wenn sie zudem (durch die mittlerweile verstrichene Zeit) auch noch dringlich geworden ist, platzieren Sie sie (gedanklich) im Sektor A und arbeiten sie sofort ab.

Wenn ausgesonderte Aufgaben nicht mehr wiederkehren und Sie mit den verbleibenden Tätigkeiten gut zurechtkommen, dürften Sie alles richtig gemacht haben.

 Was Sie wissen sollten

Veränderungsprozesse durchführen erfordert Fachkompetenz, Führungskompetenz, Methodenkompetenz und ein Stück psychologische Kompetenz.

Die Führungskraft steht besonders im Fokus und sollte die Regeln guter Führung beherrschen. Sie ist die treibende Kraft, um Mitarbeiter für die Einführung eines QMS zu begeistern.

Veränderungen verursachen Ängste. Nehmen Sie diese ernst und arbeiten Sie damit.

Das QM-Projektteam sollte sorgfältig zusammengestellt werden. Teamwork ist bei Veränderungsprozessen zentral. Doch erst wenn die Beziehungsebene erfolgreich durchschritten ist, stellt sich ein konstruktives

Arbeiten auf der Sachebene ein. Schaffen Sie die Rahmenbedingungen und eine entspannte Atmosphäre, die für ein erfolgreiches Arbeiten nötig sind. Nutzen Sie bei der Lösungssuche immer wieder die Methode Brainstorming. Suchen Sie nach einem Konsens, vermeiden Sie Kompromisse und lassen Sie keinen Konflikt ungelöst.

Sie sollten auch

- die Grundregeln guter Präsentation, Visualisierung und Moderation beherrschen,

- bedenken, dass es bei der Kommunikation immer zwei unterschiedliche Rollen gibt (Kunde und Lieferant), und

- sorgsam mit Ihrer Zeit umgehen (Hilfestellung bietet das Eisenhower-Prinzip).

Literatur

Kostka, C.; Mönch, A.: *Change Management. 7 Methoden für die Gestaltung von Veränderungsprozessen.* München 2009

Maxwell, J.C.: *Be A People Person. Effective Leadership Through Effective Relationships.* Colorado Springs 2007

Mohn, R.: *Menschlichkeit gewinnt. Eine Strategie für Fortschritt und Führungsfähigkeit. Ein Bericht an den Club of Rome.* München 2001

Pasternak, K.; West, R.; Jenkins, M.: *Performance at the Limit. Business Lessons from Formula 1 Motor Racing.* Cambridge 2013

Seiwert, J. W.: *Visualisieren Präsentieren Moderieren. Der Klassiker.* Offenbach 2011

5 Ihr QM-Werkzeugschrank

„Qualität ist etwas, über dessen Zweifel ein Kunde jederzeit erhaben sein sollte. Die Voraussetzung hierfür ist, zu jedem Zeitpunkt zu wissen, was der Kunde erwartet. Dieses Bewusstsein gilt es aufzubauen und in einem Kontinuierlichen Verbesserungsprozess für immer am Leben zu erhalten. Dies gilt für alle Lebenslagen und lässt sich anhand einer Win-win-Situation erleben."

Mogens H. Olivarius (Manager für Qualität, Umwelt und Arbeitssicherheit, Bach Composite Industry, Dänemark)

„Jedem Zweck sein passendes Werkzeug!" Dieses Motto trifft auch in der Disziplin Qualitätsmanagement zu. Vielleicht sogar ganz besonders, weil es im Zusammenhang mit Qualität immer um höchste Leistungsfähigkeit und niedrigste Fehlerquoten geht. Auch in der Formel 1 kommt – je nach sich bietender Notwendigkeit, Rennstrategie und -lage – das entsprechende Werkzeug oder die passende Methode zum Einsatz mit dem Ziel, das Rennen für sich zu entscheiden.

Der Unterschied zwischen einem Formel-1-Rennen und Ihrem QMS-Vorhaben ist, dass Sie und Ihr Projektteam in erster Linie gegen sich selbst antreten. Ähnlich wie eine Boxencrew, die routinierte Abläufe immer und immer wieder hinterfragt, übt und verbessert. Die besten Tools und Techniken sind hierfür gerade gut genug, was immer gilt, wenn es darum geht, einen Leistungsstandard von *null Fehlern* zu erreichen.

Eine *QM-Methode* entspricht einer Arbeitstechnik, wohingegen ein *QM-Werkzeug* einem elementaren Hilfs- oder Arbeitsmittel gleichkommt. In der Praxis kommt es jedoch mehr auf die richtige Auswahl und Anwendung als auf die theoretische Zuordnung an.

Als Leser dieses Buches steht für Sie eine flexible Kollektion bewährter Praxistools im MS-Office-Format zum Download bereit. Sie können die entsprechenden Dateien individuell verändern und an das Corporate Design Ihres Unternehmens oder Projekts anpassen. Sie finden die Tools in Ihrem QM-Werkzeugschrank auf der buchbegleitenden Internetseite www.emilq.com/qualitaeterleben, zum Download auf der Homepage des Verlages und integriert im E-Book (ePub3-Format).

In diesem Kapitel wird die Anwendung eines jeden Werkzeugs nun Schritt für Schritt erklärt.

Die kraftvollsten Werkzeuge sind zur proaktiven (vorbeugenden) Anwendung gedacht, andere lediglich reaktiv einsetzbar. Einige davon beinhalten beide Möglichkeiten.

Bei reaktivem Einsatz von QM-Werkzeugen wird der Preis der Abweichung (PdA) fällig, weshalb dem proaktiven Einsatz der Vorzug gegeben werden sollte (Grundsatz 2: „Das System, das Qualität bewirkt, heißt Vorbeugung").

Die 8D-Methode beispielsweise entspricht einem QM-Werkzeug, welches zum Einsatz kommt, um entstandene Fehler systematisch zu bearbeiten und zu beheben. Dabei wird auch versucht, ein wiederholtes Auftreten von Fehlern dieser oder ähnlicher Art zu verhindern. Diese Methode wird auch als systematische Arbeitsgrundlage im Beschwerdemanagement eingesetzt.

Das Beschwerdemanagement besteht in einigen Unternehmen aus umfangreichen Abteilungen. Die Daseinsberechtigung der Reklamationsbearbeiter oder „Complaint Manager" basiert auf kontinuierlich entstehenden Fehlern, die administrativ bearbeitet, ausgesondert oder verbessert werden müssen, um betroffene Kunden zumindest im zweiten Anlaufversuch schadlos zu stellen. Dieses Vorgehen lässt sich auch als Institutionalisierung (= Akzeptanz) von Fehlersituationen interpretieren.

Die Kompensation (Gehälter etc.) der Mitarbeiter, die unter Einsatz der 8D-Methode und anderer reaktiver Tools tätig sind, geht auf das Konto des PdA, der einer geplanten, systematisierten und damit akzeptierten kontinuierlichen Aufrechterhaltung des gesamten PdA-Eisbergs entspricht. Sowohl der Aufwendungen für den sichtbaren Teil (= Nacharbeit etc.) als auch für den unsichtbaren Teil (= Imageschaden etc.).

Bestehende „PdA-Mitarbeiter" könnten nach einem beginnenden Paradigmenwechsel eines Unternehmens und damit einhergehender systematischer Reduktion „geplanter Fehlerakzeptanz" in alternativen Arbeitsbereichen beschäftigt werden, beispielsweise um effiziente und fehlerfreie Abläufe zu implementieren. Solche Teams tragen anhand einer zielgerichteten und überschaubaren Investition in den Preis der Übereinstimmung (PdÜ) zum nachhaltigen Erfolg eines jeden Unternehmens bei, welches eine gelebte und damit umgesetzte Verpflichtung zu Qualität als erstrebenswert erachtet. Die ISO 9001:2008 bezeichnet diese Teams auch als „Qualitätszirkel".

Ob vorbeugend oder reaktiv, es gibt für jede QM-Aufgabenstellung ein entsprechendes Werkzeug. Zur QMS-Einführung genügt es, sich auf einige spezielle QM-Werkzeuge zu konzentrieren. Nachfolgend wird eine Auswahl von besonders relevanten bzw. auch praktischen Werkzeugen vorgestellt, und zwar

- der Kontinuierliche Verbesserungsprozess,
- das Turtle-Diagramm,
- Poka Yoke,
- die FMEA,
- die 8D-Methode,
- die 5W-Technik,
- das Ishikawa-Diagramm,
- die Fehlersammelliste und
- die Pareto-Analyse.

■ 5.1 KVP – Motor des QMS

Der Kontinuierliche Verbesserungsprozess (KVP) kann als die „Mutter aller Werkzeuge" bezeichnet werden. Er bildet die methodische Grundlage und beantwortet die Frage, weshalb QM-Werkzeuge überhaupt nötig sind. Der gemeinsame Zweck aller QM-Werkzeuge ist, den KVP in die Praxis zu transferieren.

Das Wesen des KVP lässt sich am besten am Ausspruch „Wer rastet, der rostet!" festmachen oder proaktiv ausgedrückt: „Wer rast, der rostet nicht!"

Das Stichwort hier ist *Bewegung*; Bewegung als fundamentale Überlebens-, Wachstums- und Verbesserungsstrategie eines jeden Unternehmens.

Es liegt in der Natur einer Prozesslandschaft, dass einige Arbeitsabläufe öfter, andere eher selten durchgeführt werden. Manche Prozesse werden somit seltener „bewegt". In einem Medienunternehmen beispielsweise könnte eine besondere Grafiksoftware nur ab und an zum Einsatz kommen. Sie erscheint den Verantwortlichen aber dennoch vonnöten, da Kunden gelegentlich nach Leistungen fragen, die damit erbracht werden.

Wenn nun zwischen zwei Nutzungszeitpunkten dieses Programms größere Zeitabstände liegen, beginnt sowohl das Wissen darüber als auch die Fähigkeit zum flüssigen Umgang damit, langsam einzurosten. Daran ändert auch ein Training nichts, welches den Usern zum Zeitpunkt der Einführung eventuell zuteilwurde. Unterstellen wir an dieser Stelle, dass sich das Unternehmen aufgrund mangelnder Rentabilität gegen weitere regelmäßige Trainingseinheiten zur Aufrechterhaltung der Fähigkeiten entschieden hat. Um trotzdem eine möglichst effiziente und fehlerfreie Arbeit mit diesem Programm zu ermöglichen, wurden im betroffenen Unternehmen stattdessen schriftliche Prozessbeschreibungen, Verfahrensanweisungen, Arbeitsanweisungen und eine Anleitung zur Handhabung erstellt.

Szenenwechsel: Im gleichen Unternehmen arbeiten einige Vertriebsmitarbeiter, die angestammte Arbeitsabläufe mehrfach täglich durchführen. Diese Prozesse gehen vergleichsweise leicht von der Hand und fühlen sich somit aus Sicht des Prozesseigners sehr sicher an.

Welcher der beiden Prozesse erscheint Ihnen a) effizienter und b) effektiver (siehe auch Kapitel „Effizienz versus Effektivität)?" Auf Anhieb tendiert man eventuell dazu, mit dem Vertriebsprozess zu liebäugeln. Doch was, wenn er zwar routiniert, aber nicht korrekt abläuft und man eventuell versucht, über die Routine und Quantität von Kundengesprächen die schlechte Qualität der Durchführung zu kompensieren?

Mit jeder Routine stellt sich ein unerwünschter Nebeneffekt ein, der gegebenenfalls äußerst kostenintensiv sein kann – eine Reduktion der Aufmerksamkeit bei der Durchführung, etwas flapsiger auch als Betriebsblindheit bekannt. Der Prozesseigner arbeitet dabei tendenziell unbewusst. Der Prozess wird subjektiv als optimal empfunden und daher kaum noch hinterfragt. Ineffizienzen und systematische (= sich als Teil des Arbeitsablaufs etablierende) Fehler drohen so, ein Teil des Tagesgeschäfts zu werden.

An dieser Stelle kommt der Kontinuierliche Verbesserungsprozess ins Spiel. Er stellt den Motor eines jeden Qualitätsmanagementsystems dar, wird mit der QMS-Einführung ins Unternehmen integriert und hat die Aufgabe, das Bewusstsein der täglichen Arbeit aufrechtzuerhalten. Innerhalb eines gelebten QMS bewirkt er, dass **alle** etablierten und qualitätsrelevanten (andere sollte es sowieso nicht geben) Arbeitsabläufe in regelmäßiger systematischer und faktischer Form hinterfragt und bewertet werden (PDCA-Zyklus). Dabei werden Verbesserungspotenziale erkannt, die durch Umsetzung entsprechender Maßnahmen gewinnbringend ausgeschöpft werden können.

Einmal etabliert, sorgt der KVP auch dafür, dass verpflichtende Neuerungen, beispielsweise solche, die auf Gesetzesänderungen basieren, zeitnah erkannt und vorgenommen werden können. Dies schützt ein Unternehmen vor unbeabsichtigten Fehltritten mit unangenehmen Folgen.

Der KVP stellt eine Art institutionalisierte permanente Aufmerksamkeit bezüglich nötiger Veränderungen dar. Zentral im KVP ist der sogenannte PDCA-Zyklus oder Deming-Zyklus (Bild 5.1).

Die gedankliche Basis hierfür ist, dass jeder Vorgang als Prozess betrachtet wird, der verbessert werden kann. Die Vorgehensweise erfolgt in den vier Phasen Plan, Do, Check, Act – Planen, Durchführen, Prüfen (des Ergebnisses), Anpassen (falls erforderlich). Im Sinne der kontinuierlichen Verbesserung, also einer immerwährenden Verbesserung, ist der PDCA-Zyklus als fortlaufender Prozess zu interpretieren.

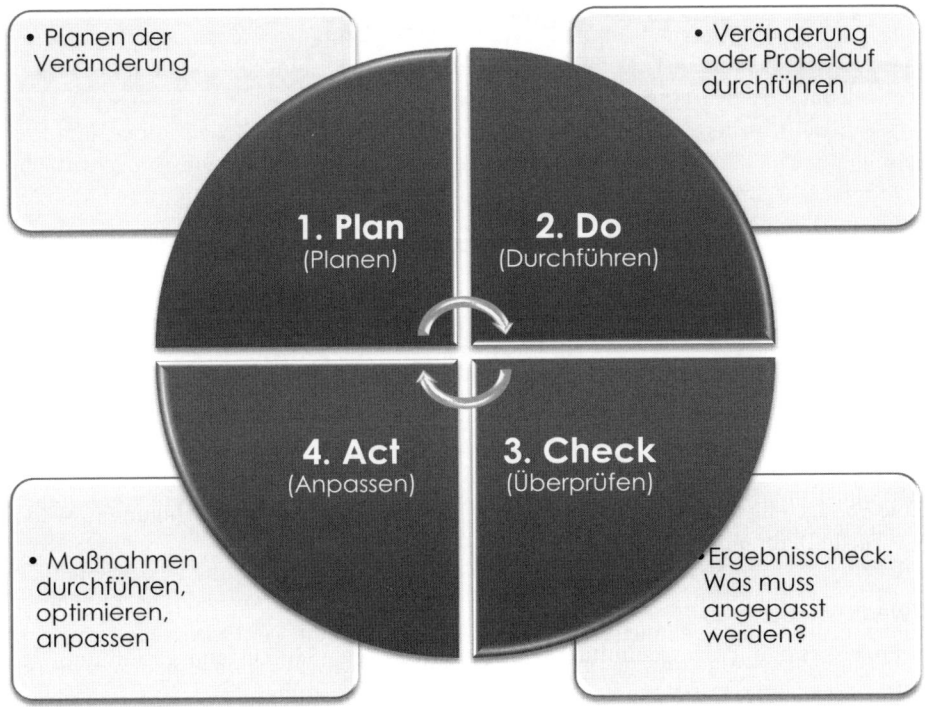

Bild 5.1 Der PDCA-Zyklus

■ 5.2 Prozessmodell Turtle-Diagramm – ein Mastertool

Ein Werkzeug, um den KVP umfassend und kontinuierlich umzusetzen ist das Prozessmodell Turtle-Diagramm (Bild 5.2).

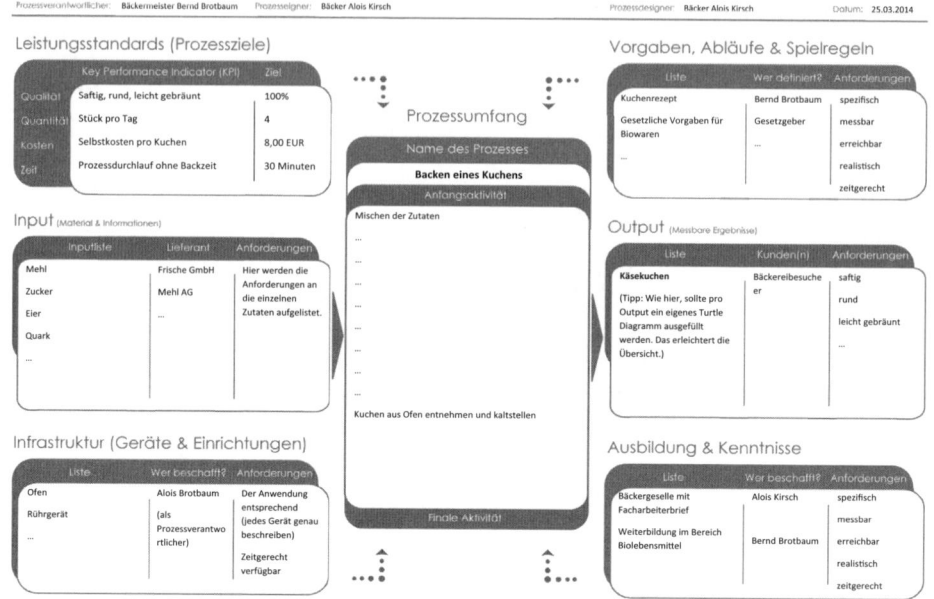

Bild 5.2 Prozessmodell Turtle-Diagramm „Backen eines Kuchens"

Eine Vorlage eines Turtle-Diagramms steht Ihnen elektronisch zur Verfügung (QM-Tool 9 – Turtle-Diagramm).

Zweck

- Prozessdesign, Prozessdefinition, Prozessentwicklung (Soll-Zustandsgestaltung),
- Prozessanalyse, Prozessverbesserung (Ist-Zustandsermittlung).

Anwendungsmodus

☑ Proaktiv (vorbeugend vor Prozessdurchführung)

☑ Verbessernd (während der Prozessdurchführung)

☑ Reaktiv (korrigierend, nach Eintreten eines Fehlers)

Eigenschaften

Das Prozessmodell Turtle-Diagramm (Schildkrötendiagramm aufgrund seiner Struktur) vereint verschiedene Eigenschaften, die sich in einem breiten Anwendungsgebiet äußern. Dieses kraftvolle Tool hatte sich zunächst in der Automobilindustrie etabliert, wo die Anforderungen an Prozesse sehr komplex sind, und wurde nach und nach auch von anderen Branchen entdeckt.

Die Besonderheiten des Turtle-Diagramms:

- Es vereint Methode (Technik) und Werkzeug (Arbeitsmittel) in einem Schema.
- Es kann sowohl proaktiv (Prozessdesign) als auch reaktiv (Prozessanalyse und -verbesserung) eingesetzt werden.
- Es berücksichtigt die Rahmenbedingungen (sogenannte *prozesssteuernde Inputs*), die gegeben sein müssen, um einen Prozessablauf überhaupt erst zu ermöglichen.
- Das Turtle-Diagramm ist kaskadierbar. Das bedeutet, man kann es beliebig oft hintereinanderreihen sowie übereinanderstapeln.

  Somit lässt sich mit diesem Werkzeug die gesamte Prozesslandschaft eines Unternehmens **inklusive der Rahmenbedingungen** abbilden. Man spricht bei dieser Methode auch von *Process Mapping* (= Erstellung einer Prozesslandschaft), wobei beim herkömmlichen Mapping die Rahmenbedingungen in der Regel nicht berücksichtigt werden.

Ein weiterer großer Vorteil ist, dass Prozesse, die mit dem Prozessmodell Turtle-Diagramm gestaltet, erstellt oder verbessert wurden, mit dem vergleichsweise neuen *Modell eines prozessorientierten Qualitätsmanagementsystems* aus der ISO 9001 im Einklang sind. Damit ist eine natürliche Integration in die Anforderungen der ISO 9001 gegeben (Bild 5.3).

Und so wird's gemacht!

Sehen wir uns eine Bäckerei an, welche künftig neben schmackhaften Broten auch Kuchenspezialitäten mit ins Angebot aufnehmen möchte. Hierfür werden wir nun den generischen (= allgemeinen) Hauptprozess „Kuchen backen" gestalten und uns anhand dieses Beispiels die einzelnen Positionen des Prozessmodells Turtle-Diagramm im Detail ansehen (Bild 5.2).

1. Allgemeine Angaben

Als Erstes ist der *Prozessverantwortliche* zu definieren und im Prozessmodell einzutragen. Das ist in unserem Beispiel der Bäckereiinhaber Herr Brotbaum selbst, seines Zeichens Bäckermeister. In jedem Fall aber ist es jene Person, die für die Bereitstellung der Rahmenbedingungen verantwortlich ist und das Budget hierfür verantwortet.

Der *Prozesseigner* ist die Person, die den Prozess direkt durchführt. Das können auch mehrere Personen sein. In der Bäckerei Brotbaum ist es der langjährige Mitarbeiter, Bäcker Alois Kirsch. Wir tragen seinen Namen ebenso in das Prozessmodell ein. Daneben auch den Namen des *Prozessdesigners* (= Erstellers) und das aktuelle *Datum*.

Dann folgt der *Name des Prozesses*. In unserem Fall „Backen eines Kuchens".

2. Output bestimmen

Als Nächstes wenden wir uns dem Bereich *Output* zu, denn der gesamte Rest der Prozessabbildung ist davon abhängig, welches Ergebnis produziert werden soll (Bild 5.4).

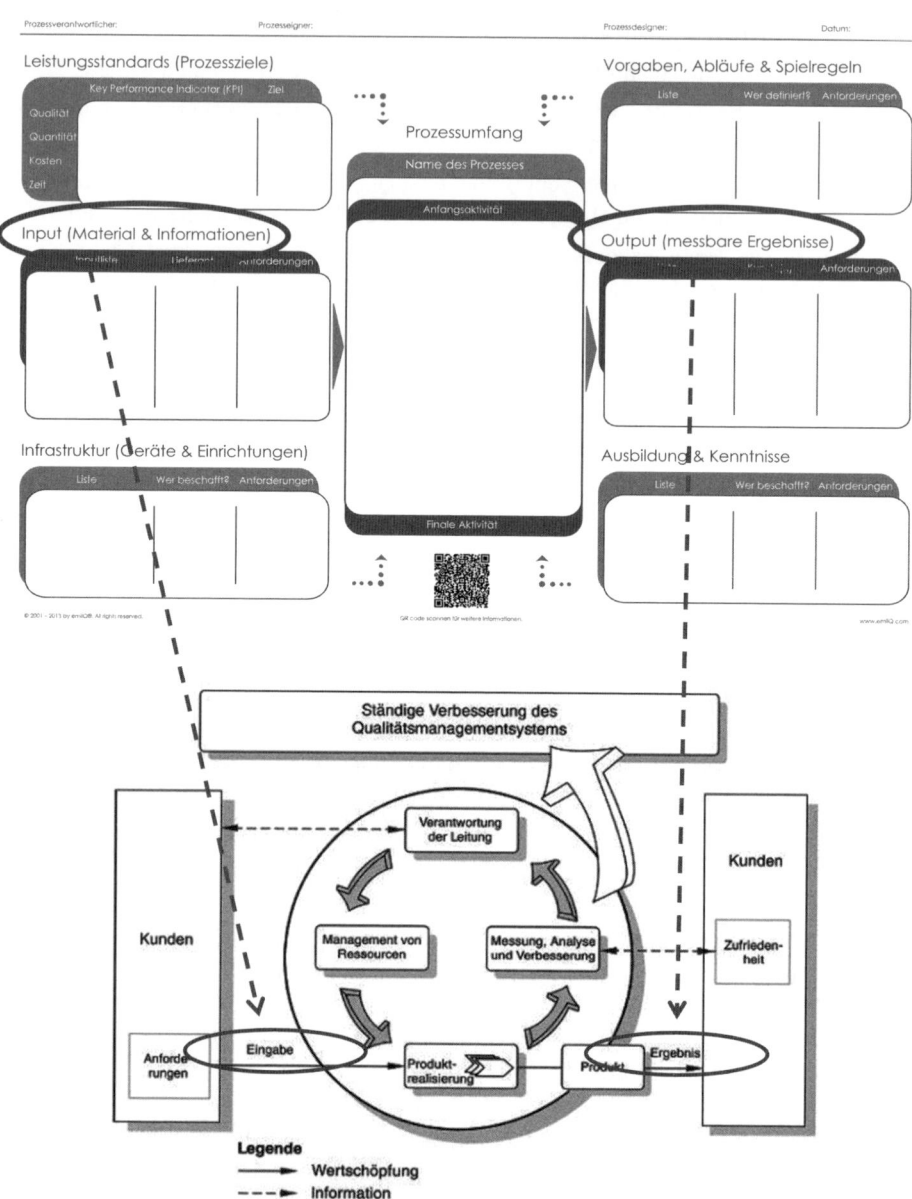

Bild 5.3 Integration des Turtle-Diagramms in das *Modell eines prozessorientierten Qualitätsmanage-mentsystems* aus der ISO 9001

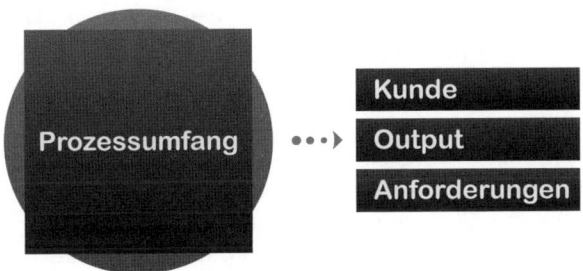

Bild 5.4 Der Prozess wird vom gewünschten Output bestimmt

In die Spalte mit der Bezeichnung *Liste* werden die gewünschten Ergebnisse eingetragen. In unserem Fall haben wir nur ein Ergebnis – einen Kuchen. Und diese Bezeichnung reicht hier auch, da wir den allgemeinen Prozess des Kuchenbackens definieren. Wenn wir den Prozess spezieller gestalten würden z. B. Backen eines Käsekuchens, wäre hier entsprechend der „Käsekuchen" einzutragen und bei der Beschreibung der Anforderungen zu berücksichtigen.

Im Feld *Anforderungen* werden die Eigenschaften eingetragen, die der Kuchen erfüllen soll, z. B. saftig, knusprig, rund (Durchmesser 30 cm), rechteckig (B 12 cm × L 30 cm × H ca. 8 cm) …

Achten Sie darauf, sich bei der Definition der Anforderungen konkret und messbar zu fassen. Das gilt auch für alle anderen Anforderungspositionen im Prozessmodell. Der Zeitaufwand hierfür lohnt sich, denn er entspricht dem Preis der Übereinstimmung. Je präziser Sie die Anforderungen definieren, desto genauer wird das spätere Ergebnis sein.

Im mittleren Feld tragen wir den/die *Kunden* des geplanten Outputs ein, in unserem Fall ist das der „Bäckereibesucher".

3. Der Prozessumfang

Sobald der Output konkret und messbar beschrieben ist, wenden Sie sich dem *Prozessumfang* zu und definieren ihn von der ersten bis zur letzten Aktivität (Bild 5.5). Alle qualitätsrelevanten Schritte (Teilprozesse) werden chronologisch aufgeführt. Die Anfangsaktivität wäre in unserem Beispiel das „Mischen der Zutaten" oder wenn Sie sich entscheiden, noch früher in den Prozess einzusteigen, das „Einkaufen der Zutaten".

Bild 5.5 Alle qualitätsrelevanten Schritte werden chronologisch aufgeführt

Eine von vielen Zwischenaktivitäten könnte sein, den Ofen auf die richtige Temperatur vorzuheizen (Temperaturangabe nicht vergessen!). Die finale Aktivität könnte sein, den Kuchen kalt zu stellen, bevor er zum Verkauf angeboten wird.

4. Input bestimmen

Da wir nun wissen, welches Ergebnis unser Prozess konkret hervorbringen soll, und auch, über welche Schritte (Teilprozesse) dieses zu realisieren ist, wenden wir uns der Inputseite zu. In der *Inputliste* werden alle Materialien und/oder Informationen eingetragen, die benötigt werden, um den definierten Output zu erzeugen, also Eier, Zucker, Mehl etc. (Bild 5.6).

Auch hier sind die *Anforderungen* zu bestimmen, diesmal aller Inputs. Und analog zur Kundenseite tragen Sie die *Lieferanten* ein, von welchen Sie den Input beziehen möchten.

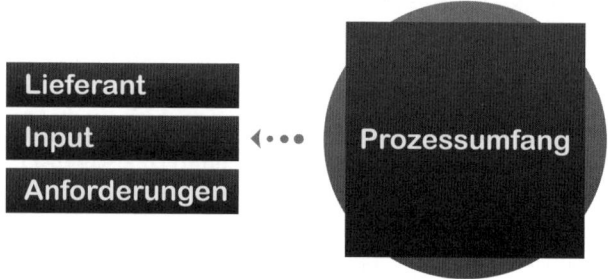

Bild 5.6 Der Input wird vom Prozessumfang bestimmt

Damit wäre der *Prozessverlauf* an sich beschrieben.

Um den Prozess real durchführen zu können, bedarf es noch der passenden Rahmenbedingungen, der sogenannten *prozesssteuernden Inputs*. Diese sind

- Leistungsstandards,
- Vorgaben, Abläufe und Spielregeln,
- Ausbildung und Kenntnisse,
- Infrastruktur.

5. Leistungsstandards

Ein *Leistungsstandard* ist eine projekt- oder unternehmensinterne Vereinbarung, die dem Prozess gewisse Vorgaben verleiht und ihn damit messbar macht. Wenn diese Vorgaben intern eingehalten werden, können sie auch marketingwirksam nach außen kommuniziert werden. Tun Sie das jedoch nur, wenn die Einhaltung absolut gesichert ist (null Fehler), anderenfalls kann der Schuss in multipler Ausprägung nach hinten losgehen (Preis der Abweichung).

Die Deutsche Telekom veröffentlichte nach dem Börsengang im Jahre 1996, damals unter der Regie von Ron Sommer, folgenden Leistungsstandard: *„Wir beantworten jede Kundenanfrage innerhalb von 24 Stunden."* Ob oder wie oft dieser Leistungsstandard eingehalten wurde, konnte jeder Telekom-Kunde individuell beurteilen.

Leistungsstandards gibt es für Qualität, Quantität, Kosten und Termine. Ein anderer geläufiger Begriff für Leistungsstandard ist *Key Performance Indicator (KPI)*. Es handelt sich dabei um einen wichtigen Leistungsindikator.

Die Festlegung von Leistungsstandards sollte in jedem Fall unter Hinzuziehung erfahrener Prozesskenner und der künftigen Prozesseigner erfolgen. Achten Sie darauf, dass alle Vorgaben spezifisch, messbar, erreichbar, realistisch, zeitgerecht und somit umsetzbar sind.

Realisierbare Vorgaben werden in aller Regel von den Prozesseignern eingehalten und verleihen dem Prozess die beabsichtigte Sicherheit und Stabilität (= Grundlagen zur Fehlerfreiheit).

6. Vorgaben, Abläufe und Spielregeln

Jedes Spiel braucht Regeln, damit verschiedene Akteure unter gleichen Vorgaben in der Lage sind, Ergebnisse in der jeweils gleichen Qualität zu erzeugen. Die Vorgaben der Bäckerei Brotbaum für den Prozess „Kuchen backen" könnten ein Rezept sein. Hinzu kämen gesetzliche Vorgaben zur Lebensmittelhygiene. Falls ein Kuchen mit Biozertifikat ausgestattet werden soll, gilt es, weitere Spielregeln zu beachten.

Das Festlegen von *Vorgaben, Abläufen und Spielregeln* ist ein Prozess an sich, der möglicherweise mehrere Versuche und Probeläufe erfordert. Irgendwann ist ein Punkt erreicht, an welchem die beste Kombination aller Einflussfaktoren gefunden wurde. Dieser Zustand nennt sich dann *Best Practice* (= beste Vorgehensweise). Der Maßstab hierfür kann der zufriedene Kunde oder eine Kundengruppe sein. Unter diesen Voraussetzungen kann das Ergebnis ab jetzt reproduziert werden.

Die Best-Practice-Erkenntnis hat darüber hinaus einen weiteren Vorteil. Sie lässt sich auf andere Prozessabläufe übertragen. Wenn also einmal für Produkt A ein Best-Practice-Standard gefunden wurde, der auf effiziente Weise zu einem fehlerfreien oder für den Kunden attraktiveren Produkt führt, lässt sich diese bewährte Vorgehensweise per „Kopieren und Einfügen"

- auf die Herstellung eines anderen artverwandten Produktes,
- bei der Herstellung eines identischen Produktes an einem anderen Produktionsstandort und
- auf die Erbringung einer Dienstleistung für einen anderen Kunden

anwenden.

Einen der umfassendsten allgemeinen Prozessstandards stellt die ISO 9001 dar.

7. Ausbildung und Kenntnisse

Hierzu sind folgende Fragen zu beantworten:

1. *Welche Ausbildung sollte ein Prozesseigner mitbringen?*

2. *Welche Kenntnisse sind darüber hinaus seitens des Prozessverantwortlichen zu vermitteln, um den Prozesseigner in die Lage zu versetzen, den Prozessdurchlauf (Input → Prozessumfang → Output) effizient und fehlerfrei zu gestalten?*

Die entsprechende Ausbildung und die nötigen Kenntnisse werden definiert und in die *Liste* eingetragen. Es ist darüber hinaus festzulegen, wer für die *Beschaffung* des Know-hows zuständig ist. Das kann in Teilen ein Mitarbeiter/Prozesseigner selbst sein (Basisausbildung, Lehre, Studium) oder der Prozessverantwortliche, der für innerbetriebliche Weiterbildung entsprechende Maßnahmen zur Verfügung stellt. Die Anforderungen an die Ausbildung und Kenntnisse werden an den Anforderungen des *Prozesses* gemessen. In unserem Beispiel stellte Bäckermeister Brotbaum Herrn Alois Kirsch, einen Bäckergesellen mit hervorragendem Ruf, ein. Dieser brachte die entsprechende Ausbildung und die nötigen Kenntnisse für den neuen Prozess „Kuchen backen" bereits mit, woraufhin beschlossen wurde, von diesem neuen Know-how im Unternehmen Gebrauch zu machen.

8. Infrastruktur

Die Infrastruktur beinhaltet alle, für den optimalen Prozessablauf benötigten, Geräte und Einrichtungen. In unserem Beispiel Backofen, Rührschüsseln, Knetmaschine etc. Hier wird auch das entsprechende Budget für **alle prozesssteuernden Inputs** verbucht. Somit ergibt sich nun am letzten Element des Prozessmodells auch die wichtige Kostenbetrachtung, die eine Bewertung erlaubt, ob die Praxiseinführung des gestalteten Prozesses überhaupt rentabel ist.

Sprengen die ermittelten Kosten den vordefinierten Rahmen, wird die Gestaltung des Prozesses und der Rahmenbedingungen so oft wiederholt und werden dabei mögliche Anpassungen vorgenommen, bis der gewünschte gewinnbringende Prozessstand erreicht ist. Der Maßstab hierfür ist die Produktivität, wenn also im späteren Prozessverlauf der Serienfertigung der Output den Aufwand für den Input übersteigt. Um wie viel, ist eine Frage der Erwartungshaltung des Prozessverantwortlichen oder der unternehmerischen Zielsetzung.

Nach erfolgter Prozessgestaltung geht der Prozess in die sogenannte *Vor- oder Nullserie*. Dort darf er sich bewähren, bevor er als neuer gewinnbringender Kernprozess in die Prozesslandschaft der Bäckerei Brotbaum implementiert wird, um die Stammkunden mit dem neuen Kuchen im Angebot zu erfreuen.

Aufgrund der breiten Einsatzmöglichkeiten des Prozessmodells Turtle-Diagramm gehört dieses Tool zur „Master Class der Qualitätswerkzeuge". Anhand seiner übersichtlichen Struktur, welche auch die benötigten Rahmenbedingungen zur Prozessdurchführung berücksichtigt, kann es auch hervorragend eingesetzt werden, um Verbesserungspotenziale in der bestehenden Prozesslandschaft aufzudecken.

Erstellen eines Turtle-Diagramms

- Allgemeine Angaben formulieren (Prozessverantwortliche, Prozesseigner, Prozessdesigners, Datum, Name des Projektes etc.)
- Output bestimmen: Welches Ergebnis soll erreicht werden?
- Prozessumfang definieren (alle qualitätsrelevanten Schritte chronologisch aufführen)
- Input bestimmen (benötigte Materialien und/oder Informationen, um definierten Output zu erzeugen)
- Leistungsstandards definieren (Vorgaben, um den Prozess messbar zu machen)
- Vorgaben und Spielregeln bestimmen
- Nötige Ausbildung und Kenntnisse erfassen
- Infrastruktur schaffen

■ 5.3 Poka Yoke

Zweck und Herkunft

Der Japaner Shigeo Shingo erfand dieses Prinzip zur Verhinderung (yoke) unglücklicher Fehler (poka) z.B. durch Fehlinterpretation eines Prozesseigners, Unaufmerksamkeit oder durch sonstige Faktoren, die einem zufälligen Fehler nahekommen. Das gilt auch für Folgefehler eines vorangegangenen Fehlers.

Anwendungsmodus

☑ Proaktiv (vorbeugend vor Prozessdurchführung)

☐ Verbessernd (während der Prozessdurchführung)

☑ Reaktiv (korrigierend, nach Eintreten eines Fehlers)

Besondere Eigenschaften

Poka Yoke ist eine einfache Fehlervermeidungsmethode mit einer 100-%-Fehlervermeidungsquote. Sie kommt bei der Produktion von Produkten zum Einsatz, aber auch bei der Bedienung der Maschinen zur Vermeidung von Verletzungen.

Und so wird's gemacht!

Es werden in der Regel mehrere Elemente installiert, deren kontrolliertes Zusammenspiel eine unbeabsichtigte oder unsachgemäße Bedienung eines Gerätes verhindert.

Der Würfel für Kleinkinder, an dessen Seiten jeweils eine andere Form ausgestanzt ist (Kreis, Quadrat, Dreieck) und jeweils nur das Hineinstecken eines entsprechenden Körpers (Kugel, Kubus, Dreikant) zulässt, ist eine Form von Poka Yoke.

Beispiele

- Sämtliche Arten von Steckern, die durch ihre Bauart eine Verpolung oder Koppelung mit falschen Gegenseiten verhindern (Kaltgerätestecker an Computern, Stecker an Netzwerk- oder ISDN-Kabeln, TAE-Stecker von Telefonen etc.).
- Akkus von elektronischen Geräten wie Handys, Digitalkameras etc. enthalten in der Regel eine Art Führungsnut, die ein falsches Einsetzen verhindert.
- Bohrmaschinen, Heckenscheren, Motorsägen oder ähnliche Geräte, deren Benutzung ein erhöhtes Verletzungsrisiko birgt, lassen sich in der Regel nur durch eine Zwei-Knopf-Kombination (oder mehr) einschalten.
- Bei moderneren Automatikfahrzeugen
    - verhindert ein Mechanismus das Abziehen des Zündschlüssels, wenn sich der Wahlhebel nicht in Stellung „P" (Park-/Ruhestellung) befindet,
    - muss zum Einlegen einer Fahrstufe die Bremse betätigt werden, um ein ungewolltes Anfahren zu verhindern.
- Bei Wassermotorrädern oder Motorbooten stellt ein (genormter) roter Stecker, den man an einer Schnur am Handgelenk trägt, den Motor ab, wenn sich der Lenkende zu weit vom Steuerstand entfernt oder über Bord geht.

Zu Poka Yoke steht Ihnen elektronisch eine Checkliste zur Verfügung (QM-Tool 10 – Poka Yoke; aus Sondermann 2013).

■ 5.4 Die FMEA

FMEA steht für *Failure Mode and Effects Analysis*, zu Deutsch *Fehlermöglichkeits- und -einflussanalyse.*

Zweck und Herkunft

Je später ein Fehler in einem Produktionsprozess entdeckt wird, desto teurer und aufwendiger ist die Behebung seiner Auswirkung. Während einer FMEA nimmt ein Team daher in einem sehr frühen Stadium einer Produkt-, Prozess- oder Systementwicklung eine systematische Erfassung *möglicher* Fehler vor. Es werden potenzielle Fehlerursachen ermittelt, um bereits im Vorfeld geeignete Maßnahmen zur Fehlervermeidung bzw. schnellen Fehlerbekämpfung zu installieren.

Erstmalig tauchte die FMEA in einer US-amerikanischen Verfahrensanweisung auf, der MIL-P-1629 – Procedures for Performing a Failure Mode, Effects and Criticality Analysis vom 9. November 1949. Später wurde das Prinzip von Ford zur Beseitigung eigener Qualitätsprobleme aufgegriffen, gemeinsam mit den Mitbewerbern GM und Chrysler weiterentwickelt und in den 1990er-Jahren auf die gesamte Automobilzulieferindustrie ausgedehnt.

Anwendungsarten

- *Design-FMEA* (auch D-FMEA, Produkt-FMEA, Entwicklungs-FMEA)

  Untersucht mögliche systematische Fehler während der Entwicklung eines Produktes.

- *Prozess-FMEA*

  Untersucht mögliche Schwachstellen in einem Prozess.

- *System-FMEA*

  Untersucht die möglichen Fehler im Zusammenspiel verschiedener Komponenten innerhalb eines Systems. Hauptaugenmerk haben hierbei die Schnittstellen zwischen Teilkomponenten, die als größtes Fehlerpotenzial gelten (80 %).

Anwendungsmodus

☑ Proaktiv (vorbeugend vor Prozessdurchführung)

☐ Verbessernd (während der Prozessdurchführung)

☐ Reaktiv (korrigierend, nach Eintreten eines Fehlers)

Besondere Eigenschaften

Innerhalb einer FMEA findet eine Gewichtung statt, die aufzeigt, welchen möglichen Fehlerfällen man sich vorbeugend widmen sollte. Je nach Komplexität des möglichen Fehlers wird dieser auf mehrere Ebenen heruntergebrochen (Bild 5.7 und Bild 5.8).

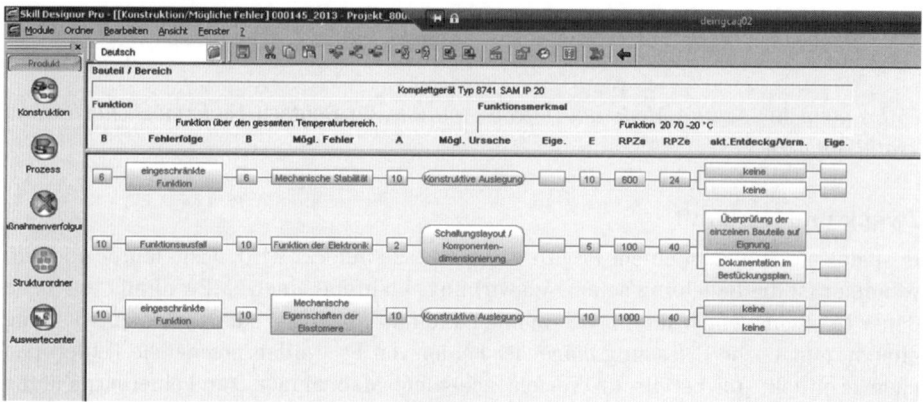

Bild 5.7 Design-FMEA, Ebene 2, Quelle: Bürkert Fluid Control Systems

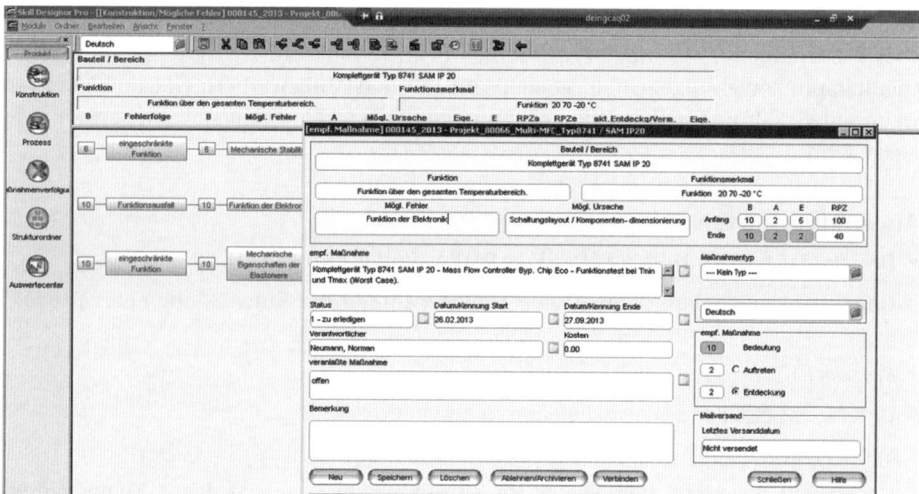

Bild 5.8 Design-FMEA, Ebene 3, Quelle: Bürkert Fluid Control Systems

Und so wird's gemacht!

1. Zunächst werden in einer Brainstorming-Sitzung (= Methode zur Ideenfindung) mögliche Fehler und deren potenzielle Ursachen ermittelt.

2. Dann werden pro möglichen Fehler drei *Einflussfaktoren* zugrunde gelegt:

   ▪ Bedeutung (B),

   ▪ Auftretenswahrscheinlichkeit (A),

   ▪ Entdeckungswahrscheinlichkeit (E).

3. Pro Fehler werden nun alle drei Einflussfaktoren auf einer Skala von 1 (gering) bis 10 (hoch) gemäß der Meinung der Teammitglieder geschätzt und bewertet.

4. Die drei Einflussfaktoren B, A und E werden miteinander multipliziert. Das Ergebnis ist die sogenannte Risikoprioritätszahl (RPZ). Die RPZ ist also das Produkt aus Feh-

lerbedeutung, Auftretenswahrscheinlichkeit und Entdeckungswahrscheinlichkeit. Je höher die RPZ, desto höher das Risiko und die Auswirkung des bewerteten Fehlers.

5. Jene Fehler mit der höchsten RPZ (zwischen 1 und 1000) werden in einen Maßnahmenkatalog übernommen und mit konkreten Abstell-, Vermeidungs- und Entdeckungsmaßnahmen versehen.

6. Nach der Abarbeitung erster Maßnahmen wird eine erneute Risikobewertung durchgeführt. Bei unzufriedenstellenden Ergebnissen werden weitere Maßnahmen ermittelt.

Zur FMEA steht Ihnen elektronisch eine Vorlage zur Verfügung (QM-Tool 11 – FMEA).

■ 5.5 Die 8D-Methode

Zweck und Herkunft

Wenn das Kind doch einmal im Brunnen gelandet ist, sollte es unter schnellem Einsatz aller Helfer herausgeholt werden, bevor es ertrinkt. In einem nächsten Schritt sollte die Situation so abgesichert werden, dass ein zweites Vorkommnis dieser Art ausgeschlossen werden kann. Das Kind entspricht im besten Falle „nur" Ihrem Produkt oder Ihrer Dienstleistung. Als Tool zur Behebung einer bereits eingetretenen unerwünschten Abweichung und zur Vorbeugung eines Wiederholungsfalls bietet sich die 8D-Methode an. Sie folgt der Logik des PDCA-Zyklus und besteht aus acht aufeinanderfolgenden Aktivitäten (Disziplinen).

Das *8D Reporting*, wie es im Original heißt, wurde in den 1970er-Jahren zunächst innerhalb des US-Verteidigungsministeriums als Bestandteil einer Militärnorm mit Namen „MIL-STD 1520 Corrective Action and Disposition System for Nonconforming Material" angewandt. Der MIL-Standard verschwand Mitte der 1990er-Jahre, was jedoch blieb, war das System der operativen Umsetzung, welches vom Unternehmen Ford weiterhin genutzt und verbreitet wurde.

Anwendungsmodus

☐ Proaktiv (vorbeugend vor Prozessdurchführung)

☐ Verbessernd (während der Prozessdurchführung)

☑ Reaktiv (korrigierend, nach Eintreten eines Fehlers)

Besonderheiten

Während der Ausführung der 8D-Methode können weitere QM-Methoden integriert werden. Die vier gängigsten sind das Brainstorming, die 5W-Technik, das Ishikawa-Diagramm sowie die Pareto-Analyse.

Und so wird's gemacht!

Bei Eintritt eines Fehlers gleich welcher Art werden acht Schritte zur systematischen Analyse, Behebung und Vermeidung losgelöst. Wenn man die Erstellung eines Projektplans hinzunimmt, wären es korrekterweise sogar neun Disziplinen:

- D0 – *Gesamtplan* zur Problemlösung *erstellen.*

- D1 – *Team zur Problemlösung zusammenstellen,* welches über Produkt-, Dienstleistungs- und Prozesskenntnis verfügt (meist abteilungs- oder prozessübergreifend).

- D2 – *Das Problem genau beschreiben.* Versuchen Sie, die Fehlersituation und Auswirkung an dieser Stelle so konkret wie möglich zu beschreiben, da nachfolgende Mitarbeiter, die mit späteren Schritten betraut werden, von dieser Information abhängig sind.

- D3 – *Sofortmaßnahmen ergreifen,* um zu vermeiden, dass der gleiche Fehler größere Ausmaße annimmt. Dazu gehört sowohl die Lokalisierung und Isolierung fehlerhafter Produkte (inklusive Lagerplätze und Transportwege) als auch, mögliche Kunden zu informieren, die möglicherweise im Besitz eines dieser Produkte sind oder sein könnten.

- D4 – *Fehlerursachen ermitteln.* Diese Disziplin ist erfahrungsgemäß die komplexeste und langwierigste, denn hier werden verschiedene Maßnahmen vereint.

  a) Zunächst werden die infrage kommenden Ursachen ermittelt, die zu diesem Fehler beigetragen haben könnten. Eine Methode hierfür ist das Brainstorming.

  b) Anschließend werden die unter a) ermittelten *möglichen* Fehlerursachen genauer betrachtet und die *tatsächlichen* Fehlerursachen herausgefiltert. Hierzu kommen Methoden wie die 5W-Technik oder das Ishikawa-Diagramm zum Einsatz.

  c) Jetzt werden die Auswirkungen und die Häufigkeit des Auftretens der tatsächlichen Fehlerursachen ermittelt, um zu erfahren, wo mit entsprechenden Abstellmaßnahmen angesetzt werden muss. Vorsicht: Es kann sein, dass eine von mehreren Ursachen, deren Zusammenspiel den Fehler ausgelöst hat, zwar sehr häufig auftritt, allerdings in ihrer Auswirkung harmlos ist. Die Quantität allein ist also nicht entscheidend. Um die „Ursachen mit der höchsten Auswirkung" anhand einer Gewichtung zu ermitteln, bietet sich eine Pareto-Analyse an.

- D5 – *Abstellmaßnahmen auswählen und auf Wirksamkeit überprüfen.* Hierbei werden auf Basis der Erkenntnisse aus Disziplin D4 die Abstellmaßnahmen versuchsweise angewandt und beobachtet, um sie zum gewünschten Erfolg führen. Gegebenenfalls müssen Maßnahmen angepasst oder verändert werden. Dies erfolgt so lange, bis keine Abweichungen mehr erkennbar sind.

- D6 – *Abstellmaßnahmen implementieren.* Erst jetzt werden die als wirksam befundenen Abstellmaßnahmen implementiert und auch wieder anhand entsprechender Beobachtungen am Prozessablauf, Produkt etc. auf nachhaltige Wirksamkeit überprüft.

- D7 – *Vorbeugende Maßnahmen etablieren.* Um den entstandenen Preis der Abweichung künftig zu vermeiden, werden innerhalb dieser Disziplin zugunsten künftiger Fehlervermeidung entsprechende Maßnahmen ergriffen (Brunnen bei Nichtbenutzung abdecken, damit die Kinder in seiner Nähe wieder gefahrlos spielen können). Statt entsprechender Zahlungen des PdA (von D0 bis D6) entspricht D7 bereits wieder einer sinnvollen Investition in den Preis der Übereinstimmung.

- D8 – *Erfolge feiern und kommunizieren.* Dem Team der Helfer sollte nun eine formelle Anerkennung für seine Dienste zuteilwerden. Eine offizielle Information innerhalb des Unternehmens hat darüber hinaus den Nebeneffekt, dass auch in anderen Bereichen, wo dieser Fehler vielleicht noch nicht aufgetreten ist, ein neues Bewusstsein über die Gefahr von spielenden Kindern in der Nähe von Brunnenanlagen etabliert wird …

Zu der Methode 8D steht Ihnen elektronisch eine Vorlage zur Verfügung (QM-Tool 12 – 8D).

■ 5.6 Die 5W-Technik

Zweck und Herkunft

Wenn sich einem bei der Lektüre dieser Methode eine Analogie zum Verhalten von Kleinkindern aufdrängt („Mami, Papi, warum? Warum? Warum?"), ist das nicht ganz falsch, denn wer fragt, der lernt. Und genau darum geht es hier: Es soll aus Fehlern gelernt werden. Der Fragende stößt mit einem „Warum ist das so?" beim Befragten einen Denkprozess an, den er mit weiteren „Warum?" im Prinzip so lange aufrechterhält, bis sich beim Befragten eine finale Erkenntnis einstellt. Hierfür reichen in der Regel fünf „Warum?" aus, woraus sich die 5W-Technik etabliert hat.

Als Erfinder der 5W-Technik gilt Sakichi Toyoda. Der Sohn eines Schreiners machte sich einen Namen als „König der japanischen Erfinder" und gründete 1926 das Unternehmen Toyota Industries. Die daraus ausgegliederte Automobilsparte Toyota Motor Corporation ist heute mit fast zehn Millionen verkauften Fahrzeugen pro Jahr der größte Automobilbauer der Welt (Stand: Januar 2014).

Beispiel

In einem mittelständischen Aufzugsunternehmen ist ein Bereitschaftsdienst eingerichtet, um außerhalb der regulären Arbeitszeit bei Notfällen die Erreichbarkeit zu gewährleisten. Hierfür steht den vier Monteuren Oliver, Hans, Wolfram und Matthias, die sich den Bereitschaftsdienst teilen, ein Handy zur Verfügung. Es ist Freitag 17 Uhr. Oliver, der gerade im Begriff ist, die Firma zu verlassen und seinen Dienst anzutreten, greift zum Handy. Verantwortungsbewusst, wie er ist, macht er einen kurzen Check und stellt fest: Das Handy ist ohne Funktion …!

Die Ursachenforschung beginnt:

W1 – „*Warum* geht das Handy nicht?"

Erkenntnis: „Akku leer."

W2 – „*Warum* ist der Akku leer?"

Erkenntnis: „Wurde nicht geladen."

W3 – „*Warum* wurde der Akku nicht geladen?"

Erkenntnis: „Ladegerät ohne Funktion."

Halten wir kurz inne. An dieser Stelle könnte man meinen, die eigentliche Fehlerursache bereits gefunden zu haben. Doch davon auszugehen, dass das Ladegerät defekt ist, nur weil es „ohne Funktion" ist, wäre nur eine Annahme.

Um bei Analysen gleich welcher Art nicht zu früh oder zu schnell Ableitungen vorzunehmen, hilft die Regel: ZDF statt ARD. Diese hat weniger mit den gleichnamigen Fernsehsendern zu tun, als dass sie bedeutet:

Zahlen, **D**aten **F**akten statt **A**nnahmen, **R**ätsel und **D**eutungen.

ZDF statt ARD

Bei der Eingrenzung von Fehlerursachen gilt:

Zahlen, **D**aten **F**akten statt **A**nnahmen, **R**ätsel und **D**eutungen

Vermeiden Sie in solchen Situationen also ARD.

Und weiter geht's!

W4 – „*Warum* ist das Ladegerät ohne Funktion?"

Erkenntnis: „Ladestecker ist aus dem Gerät gerutscht."

W5 – „*Warum* ist der Ladestecker aus dem Gerät gerutscht?"

Erkenntnis: „Der Stecker wurde nicht vollständig eingesteckt."

Fazit

Fehler: Das Handy ist ohne Funktion.

Erkenntnis: Der Stecker wurde nicht vollständig eingesteckt.

Mögliche Korrekturmaßnahmen:

▪ Falls möglich, Stecker und Ladeschalter fest miteinander verbinden,

alternativ

▪ Mitarbeiter dazu anhalten, künftig darauf zu achten, den Stecker vollständig einzustecken.

5.7 Das Ishikawa-Diagramm

Zweck und Herkunft

Das Ishikawa-Diagramm (Bild 5.9) bringt die Begriffe „Ursache" und „Wirkung" zusammen. Daher wird es auch „Ursache-Wirkungs-Diagramm" oder aufgrund der grafischen Darstellung „Fischgräten-Diagramm" (fishbone diagram) genannt. Es gilt als eines der sogenannten „Q7", der sieben elementaren QM-Werkzeuge. Dazu gehören auch das in diesem Buch beschriebene Brainstorming, die Fehlersammelliste und die Pareto-Analyse sowie das Histogramm, die Qualitätsregelkarte und das Korrelationsdiagramm.

Der japanische Chemiker Kaoru Ishikawa entwickelte neben anderen Qualitätswerkzeugen im Jahre 1943 auch dieses nach ihm benannte Diagramm. Es sollte als Hilfsmittel dienen, um die Auswirkungen von Fehlern auf deren Ursachen zurückzuführen, und diesen Zweck erfüllt es bis heute. Ishikawa unterteilte mögliche Fehlerursachen ursprünglich in vier Sparten – Material, Methoden, Maschinen und Menschen. Da wir bei der Ermittlung möglicher Fehlerursachen prozessual vorgehen, lehnen wir uns an das Turtle Diagramm an, was sechs Ursachensparten ergibt.

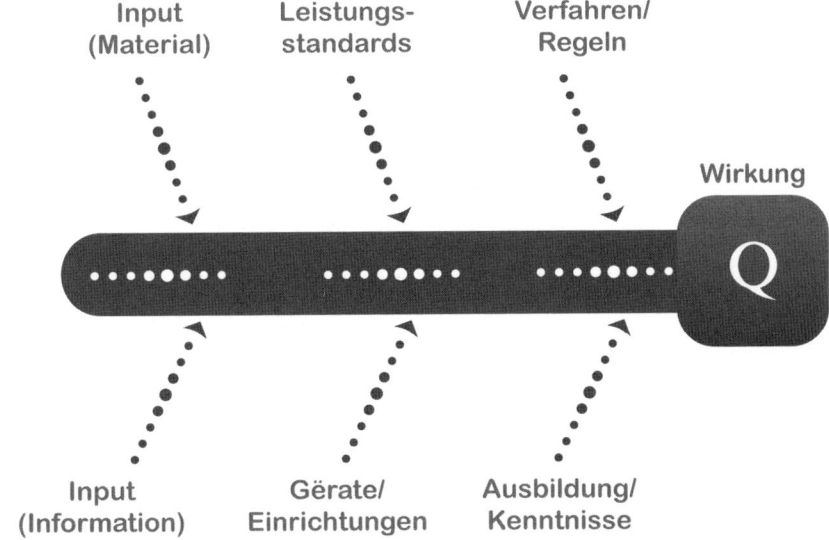

Bild 5.9 Das Ishikawa-Diagramm

Und so wird's gemacht!

1. Eine Abweichung hat sich ergeben. Diese Tatsache wird als unerwünschte (Aus-) Wirkung empfunden, die bisher noch unbekannte Ursachen hat.

2. Um nun mögliche Fehlerursachen zu ermitteln, wird zunächst die offensichtliche (Aus-)Wirkung in das Ishikawa-Diagramm eingetragen. In unserem Fall stellen wir fest, dass Projekte des Öfteren nicht termingerecht abgeschlossen wurden, was weitere negative Folgen nach sich zieht, die das PdA-Konto belasten (Bild 5.10).

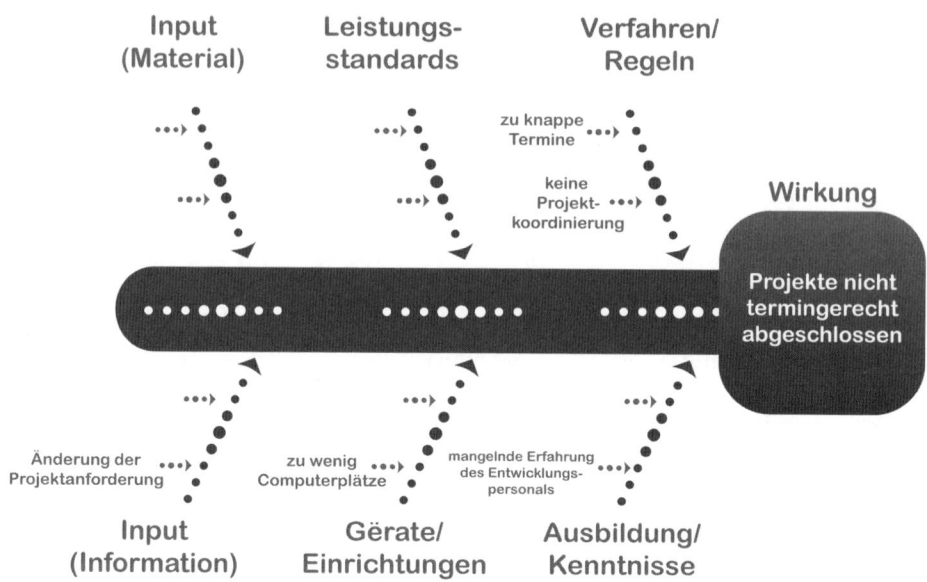

Bild 5.10   Das Ishikawa-Diagramm im Einsatz

3. Als Nächstes werden in einer Brainstorming-Sitzung *mögliche* Ursachen ermittelt.

4. Dabei werden alle sechs Kategorien nach und nach mit Inhalten gefüllt. Bitte beachten Sie, dies chaotisch und nicht systematisch zu tun, da sich sonst der kreative Effekt des Brainstormings nur eingeschränkt einstellt und mögliche Ursachen übersehen werden könnten. Nehmen Sie noch keine Bewertungen der Ideen vor.

5. Die Brainstorming-Sitzung wird so lange fortgeführt, bis alle möglichen Ursachen notiert sind und keine weiteren Ideen mehr beigesteuert werden können.

Falls eine Fehlerauswirkung oder die Situation sehr komplex erscheint, können auch mehrere Ishikawa-Diagramme erstellt werden.

 Halten Sie so viele Vorschläge zu Fehlerursachen wie möglich fest. Je mehr Ursachen in Betracht gezogen werden können, desto geringer ist die Gefahr, dass bei der Ermittlung der tatsächlichen Fehlerursache(n) etwas übersehen wird.

Zur Erstellung eines Ishikawa-Diagramms steht Ihnen elektronisch eine Vorlage zur Verfügung (QM-Tool 13 – Ishikawa).

5.8 Die Fehlersammelliste

Zweck und Herkunft

Die Fehlersammelliste funktioniert genauso unspektakulär, wie ihr Name vermuten lässt. Man sammelt damit Fehler, und zwar basierend auf deren möglichen Ursachen (Bild 5.11).

Fehlersammelliste

Auswirkung/ Problem	Projekte werden nicht zeitgerecht abgeschlossen
Prozess	Projektmanagement
Datum	03.02.2014
Auditor/ Prüfer	Arne Adlerauge
Beobachtungszeitraum	03.02. – 28.02.2014 (4 Wochen)

Nr.	Ursachen/ Abweichung	Häufigkeit				
		Woche 1	Woche 2	Woche 3	Woche 4	**Gesamt**
1	Mangelnde Erfahrung	I	II	0	I	4
2	Änderungen Projektanforderungen	IIII	I	IIIIII	II	13
3	Zu knappe Termine	0	III	II	IIII	9
4	Andere Ursachen	I	0	0	I	2

28.02.2014, Arne Adlerauge

Datum und Unterschrift des Auditors/ Prüfers

Bild 5.11 Beispiel einer Fehlersammelliste

Hierzu werden die *möglichen* Fehlerursachen aus dem ausgefüllten Ishikawa-Diagramm in eine Fehlersammelliste übertragen und wird das jeweilige Auftreten eines möglichen Fehlers über einen bestimmten repräsentativen Zeitraum hinweg beobachtet.

Noch handelt es sich um die Ergebnisse der Bemühungen aus der Brainstorming-Sitzung, also um *mögliche* Fehler. Ab dem Moment jedoch, wo die ersten unserer angenommenen Fehler wirklich eintreten und sich somit bestätigen, handelt es sich um *tatsächliche* Fehler. Man könnte also sagen, dass sich hier die Qualität der Brainstorming-Sitzung in der Realität nach und nach bestätigt. Nicht zu verwechseln mit der Qualität des Prozesses „Durchführen eines Projekts", bei dem aufgrund der dargestellten Fehler Optimierungsbedarf besteht. Aber genau um zum Ergebnis „null Fehler" zu gelangen, werden diese einzelnen Schritte unter Zuhilfenahme der entsprechenden Tools durchlaufen.

Beim Auftreten eines möglichen Fehlers wird eine Notiz erstellt. Der Aufzeichnungszeitraum sollte so gewählt werden, dass das Ergebnis repräsentativ wird.

Ist die Fehlererhebung abgeschlossen, wird das Ergebnis analysiert. Von dieser Analyse hängt sehr viel ab, denn würden wir Korrektur- und/oder Abstellmaßnahmen einleiten, bevor wir durch eine entsprechende Auswertung und Gewichtung ermittelt hätten, wo die realen Ursachen des Problems (mit der stärksten Auswirkung) liegen, könnte es passieren, dass Zeit und Geld für Maßnahmen ausgegeben wird, deren gewünschte Wirkung ausbleibt.

Um das zu vermeiden, wenden wir uns in einem finalen Arbeitsgang der Pareto-Analyse zu, welche die gewünschten Informationen zutage fördern wird, die benötigt werden, um zielgerichtete Korrekturmaßnahmen einzuleiten.

Zur Erstellung einer Fehlersammelliste steht Ihnen elektronisch eine Vorlage zur Verfügung (QM-Tool 14 – Fehlersammelliste).

◼ 5.9 Die Pareto-Analyse

Zweck und Herkunft

Die Pareto-Analyse ist benannt nach dem italienischen Volkswirt Vilfredo Marquis Pareto, der eine simple, aber gewinnbringende Beobachtung machte. Er stellte fest, dass sich bei vielen Dingen, die ihn im Alltag umgeben, eine Gewichtung von 80 zu 20 ausmachen lässt.

Einige Beispiele

- 20 % der Menschheit verfügen über 80 % des Gesamtvermögens.
- 20 % der Ursachen führen zu 80 % eines Problems.
- 20 % eines Lagerbestandes machen 80 % des Gesamtwertes aus.
- 20 % des Aufwandes führen bereits zu einem Ergebnis von 80 %.

Sportler oder Musiker unter Ihnen werden vielleicht die Erfahrung gemacht haben, dass sich mit einem Übungsaufwand von 20 % (gemessen am möglichen Gesamtaufwand) bereits passable Leistungsergebnisse einstellen. Um jedoch zu Spitzenleistungen in der Lage zu sein, muss ab diesem Punkt der Löwenanteil des Übungsaufwandes erbracht werden, sprich die verbleibenden 80 %, um die restlichen 20 % der verbleibenden Wegstrecke bis zum Ziel (100 %) zu bestreiten. Ab hier wird es mühevoller und erfordert die Bereitschaft, Energie, Motivation, Leidenschaft und Disziplin, um die „Extrameile" zu bestreiten. Im Gegenzug bedeutet das aber auch, dass man bereits mit einem recht überschaubaren Aufwand zu guten Ergebnissen kommen kann.

Wir verwenden nun die Erkenntnisse des Pareto-Prinzips zur Gewichtung unserer erfassten möglichen Fehler, und zwar anhand eines entsprechenden Diagramms – des Pareto-Diagramms.

Und so wird's gemacht!

1. Wir nehmen unsere fertige Fehlersammelliste zur Hand.
2. Nun bestimmen wir durch Abzählen die Häufigkeiten der Fehler.
3. Wir tragen die Fehler auf der x-Achse (von links nach rechts) mit absteigender Häufigkeit ein.

   Daraus ergibt sich in unserem Fall die in Bild 5.12 dargestellte grafische Auswertung. Anhand der Höhe der Säulen sieht man nun bereits die Fehlerhäufigkeit. Diese Art der Abbildung nennt sich differenzielle Häufigkeitsverteilung.

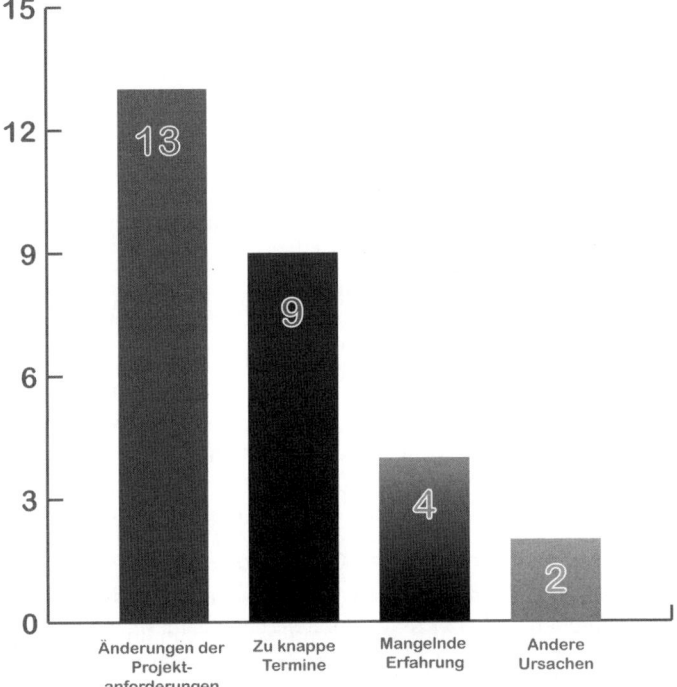

Bild 5.12 Differenzierte Häufigkeitsverteilung von Fehlerursachen

4. Jetzt summieren wir die Fehler von links nach rechts, indem wir zu jeder Teilsumme die nachfolgende Fehlerhäufigkeit addieren. Das Ergebnis: ein Pareto-Diagramm mit Summenkurve.
5. Hier lesen wir nun die häufigsten Fehler ab, welche prozentual darstellbar sind (Bild 5.13).

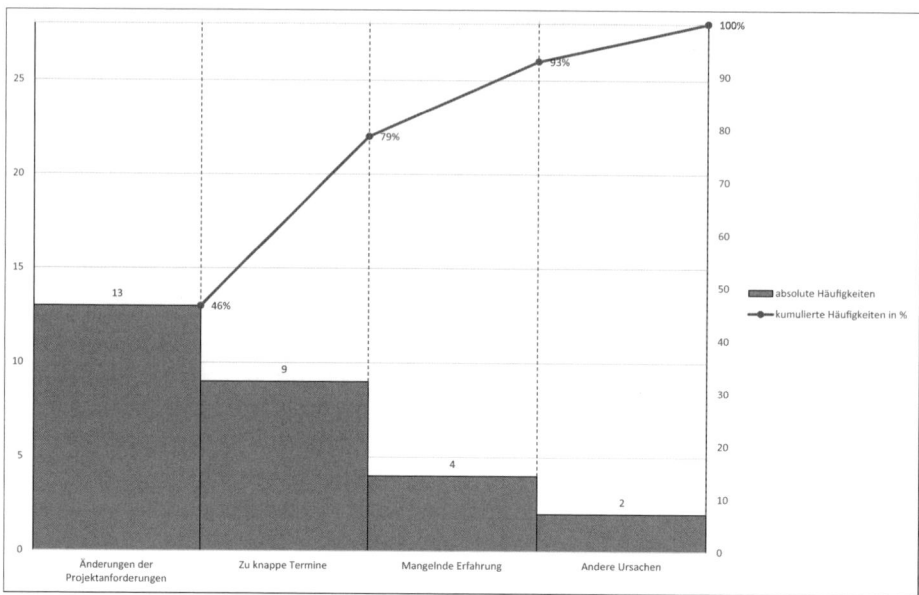

Bild 5.13 Das Pareto-Diagramm

Zur Erstellung eines Pareto-Diagramms steht Ihnen elektronisch eine Vorlage zur Verfügung (QM-Tool 15 – Pareto-Diagramm).

Aufgrund der vorliegenden Ergebnisse erkennen wir, dass die „Änderungen der Projektanforderungen" während der Durchführung von Projekten die Hauptursache sind, die zur unerwünschten (Aus-)Wirkung führt, dass Projekte nicht termingerecht abgeschlossen werden. An der entsprechenden Ursache kann jetzt gearbeitet werden. Ist die Ursache abgestellt, überprüft man wieder das Ergebnis. Zeigt sich zwar eine Verbesserung, aber dennoch weiteres Verbesserungspotenzial, geht man die nächste Fehlerursache „zu knappe Termine" an usw., bis das Ziel „null Fehler" erreicht ist.

Wer weiterführendes Interesse an QM-Methoden und -Werkzeugen hat, dem sei folgendes Werk empfohlen, welches auf mehr als 800 Seiten über 30 QM-Methoden und Werkzeuge darstellt und ausführlich erläutert.

Kamiske, G. F. (Hrsg.): *Handbuch QM-Methoden*. München 2012

Was Sie wissen sollten

- **Der Kontinuierliche Verbesserungsprozess**
  ... ist der Motor eines Qualitätsmanagementsystems.

- **Das Turtle-Diagramm**
  ... wird sowohl zur Prozessgestaltung, als auch zur Prozessanalyse und -verbesserung angewandt.

- **Poka Yoke**
  ... ist eine Fehlervermeidungsmethode mit einem Wirkungsgrad von 100 %.

- **Die FMEA**
  ... kommt bei komplexeren Sachverhalten zum Einsatz. Damit wird das Risiko möglicher Fehlerursachen vorbeugend bewertet.

- **Die 8D-Methode**
  ... kommt zur Anwendung, wenn das Kind bereits im Brunnen liegt. Anhand von acht systemischen Schritten wird der Fehler korrigiert und ein wiederholtes Auftreten verhindert.

- **Die 5W-Technik**
  ... ist eine simple Fragetechnik, um Fehlerursachen zu ermitteln.

- **Das Ishikawa-Diagramm**
  ... ist ein Brainstorming-Tool, um mögliche Ursachen eines bestehenden Fehlers (Wirkung) zu ermitteln.

- **Die Fehlersammelliste**
  ... ist ein Dokument zur Aufzeichnung von Fehlerarten und deren Häufigkeit.

- **Die Pareto-Analyse**
  ... gewichtet Fehlerursachen und ermöglicht die zielgerichtete Anwendung von Korrekturmaßnahmen.

Literatur

Kamiske, G. F. (Hrsg.): *Handbuch QM-Methoden.* München 2012

Kamiske, G. F.; Brauer, J.-P.: *Qualitätsmanagement von A bis Z.* München 2011

Sondermann, J. P.: *Poka Yoke.* München 2013

6 Qualitätsmanagementsystem einführen

„Qualität ist die beste Lebens- und Geschäftsversicherung. Qualität bedeutet, über den Hebel der Produkte Kunden zu schaffen, die das Ergebnis wertschätzen und kommunizieren. Dies führt zur Vermeidung von Nachfolgekosten und zu stolzen Mitarbeitern."

Christophe Klöckner (Vorstandsvorsitzender, Couach Yachts, Frankreich)

Bevor wir nun mit der Projektdurchführung beginnen, sollten alle erforderlichen Anforderungen im Rahmen der Projektvorbereitung und Projektplanung überprüft werden. Somit sollte an dieser Stelle

- … die formelle und verbindliche Entscheidung für ein QMS vorliegen. Diese entspricht dem unterschriebenen Projektauftrag.

- … der Qualitätsmanagementbeauftragte (QMB) durch die oberste Leitung benannt und offiziell kommuniziert worden sein.

- … das Lenkungsgremium zusammengestellt sein, welches Sie – den QMS-Projektleiter – sowohl bei der Ressourcenbereitstellung als auch bei wichtigen Projektentscheidungen und Meilensteinen unterstützen soll.

Falls es in Ihrem Unternehmen einen Betriebsrat gibt, sollte dieser in die Abstimmung über das geplante Projekt involviert worden sein. Das schafft Vertrauen und Unterstützung.

In den weiteren Ausführungen gehen wir davon aus, dass der verantwortliche Projektleiter zur QMS-Einführung auch der QMB sein wird. Diese Konstellation ist in der Praxis zu empfehlen und wird auch von den meisten Unternehmen in dieser Form umgesetzt.

Wenn Sie sich dafür entschieden haben, einen externen Qualitätscoach oder Moderator zur fachlichen und/oder methodischen Unterstützung hinzuzuziehen, dann ist jetzt der richtige Zeitpunkt, um ihn an Bord zu holen.

■ 6.1 Der Projektplan

Das Projekt zur Einführung eines Qualitätsmanagementsystems startet **jetzt!** Daher sollten Sie mit den im Kapitel „Das Einmaleins des Projektmanagements anwenden" beschriebenen Informationen und Methoden vertraut sein.

Im ersten Schritt erstellen Sie einen Projektplan. Nutzen Sie zur Unterstützung auch die methodischen Informationen aus dem Kapitel „Projektkarriere: Phase 2 – Projektplanung".

Die beliebteste und damit am weitesten verbreitete Darstellungsform ist ein „Balkendiagramm mit Zusatzfunktionen", welches nach dem Namensgeber Henry L. Gantt auch Gantt-Diagramm genannt wird. Eine Alternative hierzu ist die Netzplandarstellung, auch PERT-Diagramm genannt. PERT steht hier für „Program Evaluation and Review Technique" (= Programmauswertungs- und Überprüfungstechnik) und beschreibt die Eigenschaften dieser Darstellungsform.

Unabhängig davon, wofür Sie sich entscheiden, sollte Ihr Projektplan neben den im Folgenden beschrieben Projektschritten auch Angaben zum zeitlichen Ablauf und zu erforderlichen Ressourcen enthalten.

Zur Erstellung eines Gantt-Diagramms steht Ihnen elektronisch eine Vorlage zur Verfügung (QM-Tool 5 – Projektplan).

Projektplan

Um den Projektplan auf Ihrem Rechner abzubilden, kann eine Standardsoftware wie MS Project verwendet werden. Das Internet hält aber auch einige völlig ausreichende kostenfreie Varianten zur Verfügung. Eine davon ist *GanttProject* – verfügbar für PC und Mac. Diese Freeware kann Gantt-Diagramme in PERT-Diagramme umwandeln und enthält sogar eine Ressourcenplanung. Alternativen dazu sind *OpenProj* oder etwas abgespeckter *SmartTools Projektplan 2013* (für MS Excel). Darüber hinaus finden sich auch weitere zahlreiche Tipps und Tricks zur Erstellung eines Projektplans in Internetvideos und Webcasts. Geben Sie in Google, YouTube und Co. den Begriff „Projektplan" ein, und Sie haben die Qual der Wahl.

Soziale Medienplattformen wie Facebook, Twitter und Google+ finden sogar Dinge, die andere Suchmaschinen übersehen. Hier setzen Sie eine Raute (= „Hashtag") vor Ihren Suchbegriff – also „#Projektplan".

Die Projektschritte zur QMS-Einführung im Einzelnen

1. Eröffnungsveranstaltung durchführen
2. Bestandsaufnahme, gegebenenfalls 3-teilig
   - Prozess-Assessment
   - Mitarbeiterbefragung
   - Kundenzufriedenheitsumfrage
3. Unternehmensleitbild, Strategie und Ziele entwickeln
4. Unternehmensstruktur und -fähigkeit anpassen
5. Projekt(kern)team zusammenstellen
6. Qualitätsmultiplikatoren trainieren
7. Prozesslandschaft erarbeiten
8. Prozesse in Workshops bearbeiten
9. (Qualitäts-)Managementhandbuch erstellen
10. Systembewertung – interne Audits durchführen
11. Alle Mitarbeiter auf die Zertifizierung vorbereiten

Hinweis: Zur Untergliederung der einzelnen Projektschritte wenden wir im Folgenden das Prinzip des Prozessmodells Turtle-Diagramm an.

■ 6.2 Eröffnungsveranstaltung durchführen

Nun ist es also entschieden: Das QMS wird eingeführt, die Rahmenbedingungen sind geschaffen und der abgestimmte Projektplan liegt Ihnen in der finalen Ausfertigung vor. Ein Plan kann – sollte sogar – im Laufe des Projektverlaufs noch feinjustiert werden, allerdings sollten sich die wichtigsten Meilensteine nicht mehr ändern.

Die erste Aufgabe ist es nun, das QMS-Einführungsprojekt bei allen Mitarbeitern im Unternehmen in zusammengefasster Form zu kommunizieren.

Was will ich damit erreichen?

In der Realität hat sich im Rahmen der Belegschaft bis zu diesem Zeitpunkt schon einiges herumgesprochen. Jetzt geht es darum, alle relevanten Informationen anhand von Fakten offiziell zu verteilen, damit niemand im Dunkeln steht oder sich vom „Flurfunk" ernähren muss. Lassen Sie also Fakten sprechen (Sie erinnern sich: ZDF statt ARD), um kontraproduktive Gerüchte mit hohem Ineffizienzpotenzial zu vermeiden.

Zielgerichtete Kommunikation wird besonders dann essenziell, wenn mögliche Veränderungen geplant sind. Und da diese in der Regel mit einem QMS-Einführungsprojekt einhergehen, vermeiden Sie durch offene und konkrete Informationsverteilung mögliche Ängste bei den Mitarbeitern und unnötige Unruhen.

- Falls es in Ihrem Unternehmen einen Betriebsrat gibt, holen sie ihn möglichst früh ins Boot.

- Informieren Sie die Menschen in Ihrem Unternehmen, so früh es geht, allerdings erst dann, wenn Sie einen konkreten Plan haben, wie Sie vorgehen möchten!

Welchen Input benötige ich dazu?

Sie benötigen den fertigen Projektplan, der mit der obersten Leitung, dem Lenkungsgremium und falls vorhanden dem Betriebsrat verbindlich abgestimmt wurde. Auch der Projektauftrag kann für weitere Informationen hinzugezogen werden.

Was muss ich konkret tun?

Planen Sie eine offizielle Eröffnungsveranstaltung, zu der **alle** Mitarbeiter eingeladen werden, und kommunizieren Sie Ihre Absichten anhand des Projektplans. Bitten Sie Ihre oberste Leitung, dabei eine aktive Rolle zu übernehmen, denn das gibt den Mitarbeitern – zusätzlich zu Ihrer positiven Absicht – den nötigen Schub von ganz oben.

Da in der Regel – gerade bei etwas größeren Unternehmen – nicht alle Mitarbeiter zum gleichen Zeitpunkt verfügbar sind (Urlaub, Dienstreisen, Krankheit etc.), sollten Sie dafür sorgen, dass abwesende Mitarbeiter nach ihrer Rückkehr z. B. durch Kollegen informiert werden. Wenn kein unmittelbares Kollegium besteht, informieren Sie Abwesende persönlich.

Verteilen Sie zu Kommunikationszwecken nicht nur das schriftliche Besprechungsprotokoll der Veranstaltung oder Ähnliches. Vielmehr sollte der persönliche Kontakt im Vordergrund stehen. Er vermittelt Wertschätzung.

Folgende Informationen sollten als Richtschnur gegeben werden:

- Qualitätsgrundlagen – Was bedeutet Qualität? (Nutzen Sie hierfür die vier Grundsätze aus diesem Buch.)
- Verkündung des QMS-Projektnamens.
- Zweck und Ziel – Was will man damit erreichen?
- Projektbeteiligte – Wer ist zunächst im Kernteam (denn später bekommt **jeder** eine Aufgabe)?
- Projektablauf (thematisch und zeitlich).
- Angestrebte Ergebnisse.

- Information über die geplante aktive Einbindung **aller** Mitarbeiter.
- Grober Ausblick auf geplante Termine, Workshops, Informationszeitpunkte etc.

Falls es in Ihrem Unternehmen neben der obersten Leitung weitere Managementebenen gibt, informieren Sie diese vorab und dann erst deren Mitarbeiter. Denn unabhängig von der Freigabe der QMS-Einführung gilt es, auch **alle** Managementmitglieder ins Boot zu holen. Und zwar nicht nur informativ, sondern konstruktiv. Das bedeutet, dass aus sämtlichen Reihen noch Vorschläge und Ideen kommen können, die Sie dankbar in die Projektdurchführung mit einfließen lassen können. Auch das schafft Vertrauen auf allen Ebenen und erzeugt die so wichtige persönliche Verpflichtung zum Projekt.

Welche Spielregeln gilt es zu beachten?

Seien Sie authentisch und kommunizieren Sie nichts, was Sie nicht halten können.

Welche Infrastruktur wird benötigt?

Es empfiehlt sich, einen Raum zu verwenden, in dem alle Anwesenden komfortabel Platz haben. Handelt es sich um ein bis fünf Mitarbeiter, reicht in der Regel ein handgeschriebener Flipchart mit den wichtigsten Eckdaten oder ein Notebook mit z. B. einer Präsentation der Eckdaten in MS PowerPoint oder Open Office (kostenfrei aus dem Internet). Ab fünf Mitarbeitern empfiehlt es sich, einen Beamer/Projektor an das Notebook oder den PC anzuschließen, um alle visuell zu erreichen.

Welche Qualitätswerkzeuge wende ich an?

Um den Überblick über die Themen zu behalten, die Sie kommunizieren möchten, und auch zur Strukturierung vorab, können Sie sich am Prozessmodell Turtle-Diagramm (siehe Kapitel „Ihr QM-Werkzeugschrank") orientieren.

Welche Bereiche der Norm sind betroffen?

- Kapitel 5.1 – Selbstverpflichtung der Leitung

  Hier geht es darum, Vorbildfunktion auszuüben. In diesem Zusammenhang sollten Sie auch die oberste Leitung aktiv in die Eröffnungsveranstaltung einbinden.

- Kapitel 5.5 – Verantwortung, Befugnis und Kommunikation

  Der „Beauftragte der obersten Leitung" stellt sich vor und startet mit der systematischen internen Kommunikation.

■ 6.3 Die Bestandsaufnahme

Die Belegschaft des Unternehmens ist nun über das QMS-Einführungsprojekt im Bilde, offene Fragen wurden beantwortet und jeder weiß, welche Rolle er in etwa im Rahmen des Projektes einnehmen soll – jedenfalls eine aktive.

Damit geht es an die Bestandsaufnahme. Diese sollte aus drei Teilen bestehen:

- Prozess-Assessment,
- Ermittlung der Mitarbeitermeinung und -zufriedenheit,
- Ermittlung der Kundenzufriedenheit.

Ob eine *offizielle* Mitarbeiterbefragung nötig ist, hängt von der Größe Ihres Unternehmens ab. Ab 15 bis 20 Mitarbeitern empfiehlt sich eine offizielle Umfrage. Bei geringerer Mitarbeiterzahl werden die nötigen Informationen möglicherweise bereits informell vorliegen. Wenn Sie sich jedoch unsicher sind und alle Eventualitäten abdecken möchten, führen Sie eine Umfrage durch.

Das Gleiche gilt für die Kundenzufriedenheitsermittlung. Für beide Umfragen ist zu empfehlen:

- Lassen Sie sie anonymisiert durchführen, dann erhalten Sie die besten (weil authentischsten) Ergebnisse, auf denen Sie konstruktiv aufbauen können.
- Beauftragen Sie alternativ einen externen Dienstleister, der sowohl Mitarbeiter- als auch Kundenumfragen professionell, preiswert und in der erforderlichen Qualität durchführt. Das erspart Ihnen einen großen Aufwand an Erstellung von Checklisten, Organisation etc. Es gibt diverse Unternehmen wie beispielsweise 2ask (www.2ask. de), die namhafte Referenzen vorweisen können und Online-Umfragen zum Festpreis anbieten.

Bild 6.1 zeigt eine Checkliste einer Kundenbefragung aus der Software „LISA – Qualität und Management".

Jedes Feedback ist ein Geschenk

Nehmen Sie kein Feedback von Mitarbeitern oder Kunden persönlich, sei es noch so kritisch. Je direkter und tiefgreifender die Rückmeldungen sind, desto größer Ihre Chancen, Ihr Unternehmen, Projekt oder Vorhaben erfolgreich zu verbessern. Halten Sie sich vor Augen, dass die Umsetzungsentscheidung letztlich bei Ihnen liegt, und betrachten Sie jedes Feedback als Geschenk!

emilQ	**Kundenbefragung 15.01.2014**	Bearbeiter:	Georg Weidner
		Stand:	15.01.2014
		Version:	
		Seite:	1 von 2

Liebe Kundin, lieber Kunde,

wir bemühen uns, dass Sie sich bei uns wohlfühlen.
Mit dieser Befragung möchten wir Ihre Meinung kennenlernen!
Gerne nehmen wir Anregungen und Kritik konstruktiv auf und möchten uns weiter verbessern.

Wie beurteilen Sie folgende Punkte?

	Wie wichtig sind Ihnen diese Punkte?				Wie zufrieden sind Sie?		
	Sehr wichtig			Nicht wichtig	🙂	😐	🙁
Telefonische Erreichbarkeit	○	○	○	○	❑	❑	❑
Wartezeiten: Wie lange mussten Sie warten: ca. ......min	○	○	○	○	❑	❑	❑
Terminvergabe	○	○	○	○	❑	❑	❑
Freundlichkeit der Mitarbeiter	○	○	○	○	❑	❑	❑

Bild 6.1 Checkliste zur Kundenbefragung

Der umfassendste Teil der Bestandsaufnahme ist das **Prozess-Assessment,** welches Sie als Qualitäts- und Prozessmanager selbst durchführen sollten, denn es bildet die Hauptgrundlage Ihrer bevorstehenden Arbeit.

Eine MS-Excel-basierte Assessment-Vorlage nach ISO 9001 (Minimalanforderungen) finden Sie in Ihrem QM-Werkzeugschrank. Eine Alternative ist das Softwaretool *LISA – Qualität und Management.* Als Leser dieses Buches steht Ihnen eine Testversion 21 Tage lang zur Verfügung. Sie finden sie zum Download auf der begleitenden Internetseite emilq.com/qualitaeterleben (mehr dazu im Kapitel „Softwarelösungen zur Systemabbildung: LISA – die Lady mit Struktur").

Was will ich damit erreichen?

Das Ziel der Bestandsaufnahme ist es, den aktuellen Stand der Konstitution Ihres Unternehmens zu ermitteln, um darauf aufzubauen. Denn mit großer Wahrscheinlichkeit gibt es bereits einige Komponenten, die im Rahmen der QMS-Einführung verwendet werden können. Das Rad muss also nicht komplett neu erfunden werden. Es ist effizient und sinnvoll, wenn möglich auf die bereits vorhandene Qualität in bestehenden Strategien, Strukturen, Führung/Mitarbeiterfähigkeiten und Prozessen aufzubauen.

Welchen Input benötige ich dazu?

Der Input für Ihre Bestandsaufnahme besteht aus den Aussagen aller relevanten Interessenpartner, also der obersten Leitung, des mittleren Managements (falls vorhanden – dies gilt auch in den weiteren Ausführungen), der Mitarbeiter, Kunden und eventuell der Lieferanten. Den Kerninput erhalten Sie jedoch von den Prozessverantwortlichen und Prozesseignern der einzelnen Bereiche wie Entwicklung, Einkauf, Produktion, Vertrieb, Finanzen, IT etc.

 Je mehr Informationen und Meinungen Sie zur aktuellen Konstitution Ihres Unternehmens bekommen können, desto zielgerichteter können Sie mit der Einführung Ihres QMS beginnen – das spart Zeit und Geld!

Was muss ich konkret tun?

Beginnen Sie Ihr Prozess-Assessment bei der obersten Leitung und gehen Sie dann weiter zum mittleren Management. Beide Assessments erfolgen – im Vergleich zu den Befragungen der Prozessverantwortlichen – in eher genereller Form. Denn Manager zu sein bedeutet, Generalist zu sein. Aufgabe eines Managers ist, diverse Bälle zeitgleich in der Luft halten zu können und sich weniger in thematische Tiefen zu begeben. Dafür sind dessen Mitarbeiter zuständig. Sie sind die (Prozess-)Spezialisten, die mit dem erforderlichen Fach-Know-how zur jeweiligen Prozessausübung ausgestattet sein sollten. Wie der detaillierte Stand der Dinge ist, werden Sie somit während der Bestandsaufnahme mit den Spezialisten erfahren. Das gesamte Management wird also anhand einer breit angelegten Checkliste befragt.

Für die Führungskräfte-Interviews steht Ihnen elektronisch eine Checkliste zur Verfügung (QM-Tool 16 – Führungskräfte-Interview).

Welche Spielregeln gilt es zu beachten?

Führungskräfte (Generalisten) sollten in der gesamten Breite dafür weniger tief befragt werden. Thematische Grenzen gibt es dabei keine. Die „Checkliste zum Führungskräfte-Interview" gibt Ihnen hierfür entsprechende Orientierung.

Beim Prozess-Assessment mit den Mitarbeitern (Spezialisten) hingegen geht es wesentlich spezieller zu – thematisch schmaler, dafür so tief wie möglich (siehe auch Kapitel „Ihr QM-Werkzeugschrank: Die 5W-Technik").

Welche Infrastruktur wird benötigt?

Es empfiehlt sich, die Gespräche mit Führungskräften unter vier Augen in einer eigenen Räumlichkeit zu führen. Somit werden beide Seiten am wenigsten durch Störeinflüsse wie Anrufe, Anfragen etc. abgelenkt, und es besteht die nötige Ruhe und Aufmerksamkeit. Planen Sie für Führungskräfte-Interviews ca. zwei bis drei Stunden ein und bitten Sie Ihren Gesprächspartner, nach Möglichkeit auch persönliche Kommunikationsmedien vorübergehend auf Stand-by zu schalten.

Die Prozess-Assessments mit den Mitarbeitern sollten idealerweise am jeweiligen Arbeitsplatz erfolgen; dort, wo deren Arbeitsprozesse operativ stattfinden. So fühlt sich der Mitarbeiter zum einen am sichersten, weil er sich in seinem angestammten Umfeld befindet. Zum anderen können Sie sich gleich vor Ort ein Bild von der praktischen Prozessausübung machen.

Welche Qualitätswerkzeuge wende ich an?

- Die „Checkliste zum Führungskräfte-Interview" und
- eine Prozess-Assessment-Vorlage.

Die Prozess-Assessment-Vorlage steht Ihnen elektronisch zur Verfügung (QM-Tool 17 – Prozess-Assessment).

Welche Bereiche der Norm sind betroffen?

Alle, denn innerhalb dieses Prozessschrittes erfolgt eine Bestandsaufnahme aller Notwendigkeiten Ihres Unternehmens, die auch durch die ISO 9001:2008 repräsentiert werden. Das Ergebnis der Bestandsaufnahme ist der aktuelle Ist-Zustand, den Sie in einem späteren Projektschritt gegen die Anforderungen der Norm spiegeln, um entsprechende Lücken durch geeignete Maßnahmen zu schließen.

■ 6.4 Unternehmensleitbild, Strategie und Ziele entwickeln

Mit Beginn dieses zweiten Projektschrittes verlassen Sie den Analysemodus (Interviews, Assessments, Audits, Befragungen etc.) und begeben sich in den Erarbeitungsmodus. Ab jetzt werden – aufbauend auf der bestehenden Konstitution – die greifbaren Inhalte für Ihr „neues Unternehmen" geschaffen.

Was will ich damit erreichen?

Als Erstes wird das Unternehmensleitbild (Bild 6.2) erstellt, anhand dessen sich die Unternehmensstrategie definieren lässt. Hiervon werden die angestrebten (messbaren) Unternehmensziele abgeleitet und in operative Ziele wie Bereichsziele, Abteilungsziele, Prozessziele, Teamziele und Mitarbeiterziele heruntergebrochen. Das ermöglicht später im laufenden Tagesgeschäft eine effiziente und effektive Umsetzung all dessen, was Ihr Unternehmen anstrebt.

Ein Unternehmensleitbild repräsentiert das, was ein Unternehmen nach außen und nach innen ausdrücken will, wie beispielsweise, dass achtsam mit der Umwelt umgegangen wird, dass Mitarbeiter eingebunden und gefördert werden, dass der Kunde im Mittelpunkt steht, dass Qualität oberstes Gebot ist usw. Das Leitbild bildet die Grundlage, an der alle an der Gestaltung Beteiligten ihre Erwartungen und ihr Handeln langfristig und koordiniert ausrichten können. Beschreibt die Unternehmenskultur die verkörperten Werte (Ist), formuliert das Leitbild die gewünschte Unternehmenskultur (Soll). Die Herausforderung ist es, Ist und Soll in Einklang zu bringen!

Von dem Unternehmensleitbild werden die Unternehmensziele abgeleitet. Diese bilden die Grundlage für alle unternehmerischen Handlungen. Unternehmensziele sollten die Interessen der Stakeholder (= Interessenpartner) berücksichtigen und könnten beispielsweise Gewinnsteigerung, bewusstes Energiemanagement und Anstreben der Markt- oder Innovationsführerschaft beinhalten.

Sobald die praktische Umsetzung zu greifen beginnt, addieren sich die operativen Ziele wieder zum Gesamtziel. Der Kreis schließt sich an der Stelle der Unternehmensstrategie, die dem Leitbild gefolgt ist (Ergebnis: messbarer Erfolg!).

emilQ	**Leitbild**	Bearbeiter:	Georg Weidner
		Stand:	15.01.2014
		Version:	
		Seite:	1 von 1

Das Leitbild unseres Unternehmens

Die Tätigkeitsschwerpunkte unseres Unternehmens sind

- ...

Im Mittelpunkt unserer Tätigkeit steht der Mensch.

Seine Bedürfnisse zu erfüllen, haben wir uns zur Aufgabe gemacht.

Ein freundlich zugewandter, respektvoller, ruhiger und zuvorkommender Umgang mit dem Kunden hat für uns oberste Priorität.

Unter Wahrung der Menschenwürde und der Individualität und unabhängig vom sozialen Status des Kunden strebt unser Haus dessen bestmögliche Beratung und Versorgung mit benötigten Produkten an. Um dies zu erreichen, setzen wir auf anerkannte und fundierte Angebote und Dienstleistungen, in deren Umgang wir uns durch Qualifizierungsmaßnahmen eine besondere Befähigung erworben haben.

Die Mitarbeiter repräsentieren unser Unternehmen positiv in der Öffentlichkeit durch ihr persönliches Auftreten und ihr Verhalten gegenüber Kunden und anderen Kontaktpersonen.

Wir arbeiten kostenbewusst und erfolgsorientiert und verfügen über ein breites Spektrum moderner Geräte. Zuverlässigkeit und uneingeschränkte Beachtung der gesetzlichen Vorschriften, der Arbeitssicherheit sowie umweltschonendes Arbeiten gehören zu unseren Arbeitsgrundlagen.

Auf der Grundlage gesicherter wissenschaftlicher Erkenntnisse gewährleisten wir durch den Einsatz moderner Technik eine ganzheitliche Erfüllung der Kundenanforderungen. Ein wichtiges Ziel unseres Unternehmens ist die permanente Verbesserung unserer Leistungen durch Einsatz eines Qualitätsmanagements und ständiger Fort- und Weiterbildungen. Unsere Kompetenz und unseren Sachverstand bringen wir durch Beratung und Information aktiv ein.

Wir arbeiten mit unseren Partnern konstruktiv zusammen und passen uns den gesellschaftlichen Erfordernissen flexibel an. Wir arbeiten im Team selbstverantwortlich in den jeweiligen Arbeits-

Bild 6.2 Beispiel eines Leitbildes

Für die Entwicklung eines Leitbildes steht Ihnen elektronisch eine Vorlage zur Verfügung (QM-Tool 18 – Leitbild).

Welchen Input benötige ich dazu?

Sie benötigen genaue Informationen über Absichten, Vision und Mission der obersten Leitung. Hier gibt es grundsätzlich zwei Szenarien, auf die Sie treffen könnten.

Was muss ich konkret tun?

Szenario A: Die nötigen Informationen hierzu sind bereits verfügbar, weil sie schon zu einem früheren Zeitpunkt erarbeitet wurden.

Konkrete Aktion: Alle Informationen erfassen und strukturiert in entsprechende Vorlagen einbringen. Eventuell kann Ihnen die oberste Leitung sogar konkrete schriftliche Unterlagen hierzu zur Verfügung stellen.

Szenario B: Unternehmensleitbild, Strategie und Ziele müssen entwickelt werden.

Konkrete Aktion: Führen Sie einen Workshop durch, an welchem die oberste Leitung teilnimmt, und ermitteln Sie gemeinsam den erforderlichen Input. Stimmen Sie vorher ab, welche Personen konkret am Workshop teilnehmen sollen, und gestalten Sie Ihre Einladung entsprechend.

In der Praxis werden Sie für gewöhnlich einen Mix aus Szenario A und B vorfinden. Es liegen also in der Regel gewisse Informationen oder Ideen vor, auf denen im Workshop systematisch aufgebaut werden kann. Bereiten Sie sich auf den Workshop vor, indem Sie die von Ihnen ausgefüllte „Checkliste zum Führungskräfte-Interview" zur Hand nehmen, die Sie während der Bestandsaufnahme mit der obersten Leitung bereits erstellt haben, und bauen Sie während des Workshops gemeinsam mit Ihrer obersten Leitung darauf auf.

Idealerweise führen Sie den Workshop mit der obersten Leitung in zwei zeitlich etwas abgegrenzten Schritten durch.

Planen Sie für den ersten Teil des Workshops zur Ermittlung des Leitbildes und der Strategie zunächst etwa drei bis vier Stunden ein. Lassen Sie diesen Output nun einige Tage reifen.

Lassen Sie die oberste Leitung das erarbeitete Leitbild und die Strategie noch einmal evaluieren und gegebenenfalls anpassen. Jetzt widmen Sie sich in einem zweiten Teil des Workshops der Definition der übergeordneten Unternehmensziele.

Die Zweiteilung des Workshops unterstützt die Vermeidung von Nacharbeit.

Zur methodischen Unterstützung und Moderation können Sie einen externen Quality Coach hinzuziehen. Dies kann dazu beitragen, die Struktur und Effizienz solcher Workshops zu steigern, denn es geht um weitreichende Entscheidungen, die auch während der Erarbeitung systematisch hinterfragt werden sollten. Schließlich sollten diese Ergebnisse dem Unternehmen für viele Jahre, vielleicht Jahrzehnte als Leitfaden dienen.

Während solcher Workshops treten beispielsweise aufgrund unterschiedlicher Interessenlagen manchmal Konflikte auf. Achten Sie darauf, diese ruhig, professionell und auf konstruktiver Basis zu handhaben.

Nach erfolgter und bestätigter Definition sowohl des Leitbildes und der Strategie als auch der übergeordneten Zielsetzung des Unternehmens können die Nachfolgeworkshops mit den jeweiligen Bereichsverantwortlichen eingeplant werden, um Einzelziele abzuleiten. Es empfiehlt sich, das recht zeitnah zu tun, solange der übergeordnete Teil präsent ist.

Sobald das QMS implementiert ist, werden auch die Mitarbeiter während ihrer täglichen Arbeit durch Prozesse und Arbeitshilfen unterstützt. Diese Art der systematischen Orientierung gibt dem Management die Möglichkeit, sich um übergeordnete Aufgaben zu kümmern. Denn Mitarbeiter können sich an allgemein verbindliche Vorgaben halten und müssen nicht kontinuierlich angeleitet werden.

Welche Spielregeln gilt es zu beachten?

Beachten Sie auch hier, dass Führungskräfte eher in der Breite befragt werden sollten. Das gilt speziell für die oberste Leitung. Die thematischen Grenzen sollten daher nicht zu eng gesetzt werden. Vielmehr sollte ausreichend Spielraum für kreative Meinungsbildung bestehen und eine entsprechende Gesprächsatmosphäre geschaffen werden (siehe Kapitel „Veränderungen meistern: Teamwork: Atmosphäre").

Welche Infrastruktur wird benötigt?

Ähnlich der Bestandsaufnahme empfiehlt es sich, Workshops in neutralen Räumlichkeiten durchzuführen, um Störeinflüsse durch Anrufe, Anfragen etc. zu vermeiden.

Beschreiben Sie inhaltliche Anforderungen an den Workshop bereits in der Einladung, somit können sich die Teilnehmer darauf vorbereiten. Bild 6.3 zeigt ein Beispiel einer Unternehmensstrategie, Bild 6.4 zeigt ein Beispiel für die Formulierung von Zielen.

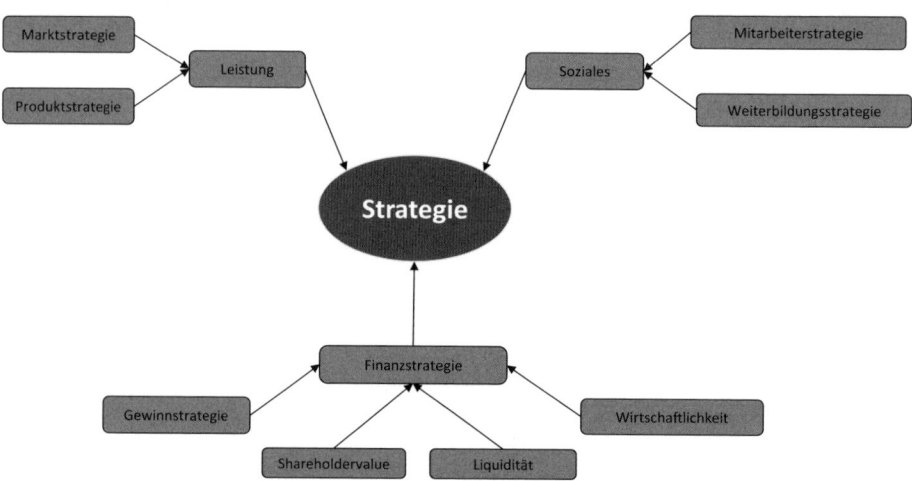

Bild 6.3 Beispiel einer Unternehmensstrategie

Für die Entwicklung der Strategie steht Ihnen elektronisch eine Vorlage zur Verfügung (QM-Tool 19 – Unternehmensstrategie).

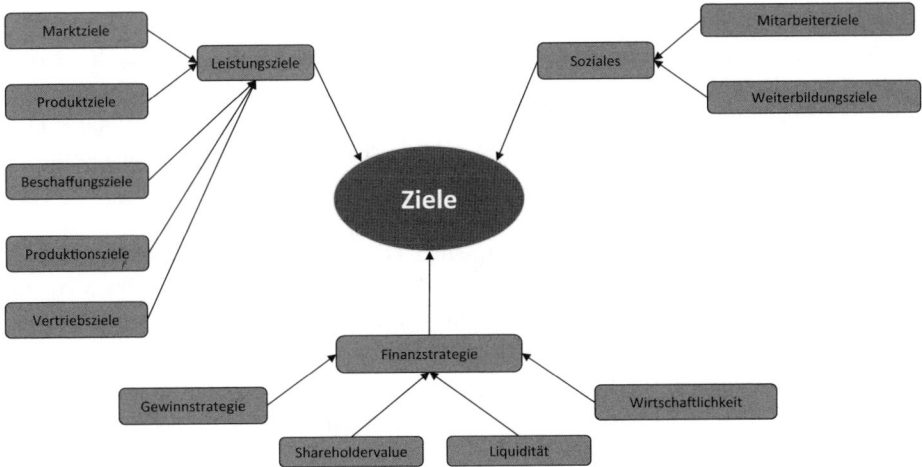

Bild 6.4 Beispiel für die Formulierung von Zielen

Für die Formulierung der Ziele steht Ihnen elektronisch eine Vorlage zur Verfügung (QM-Tool 20 – Unternehmensziele).

Welche Qualitätswerkzeuge wende ich an?

Bei der Erarbeitung von Leitbild, Strategie und Zielen bietet sich die Brainstorming-Technik an (siehe Kapitel „Veränderungen meistern: Teamwork: Brainstorming").

Welche Bereiche der Norm sind betroffen?

- Kapitel 5.1 – Selbstverpflichtung der Leitung
- Kapitel 5.2 – Kundenorientierung
- Kapitel 5.3 – Qualitätspolitik
- Kapitel 5.4 – Planung

■ 6.5 Unternehmensstruktur und -fähigkeit anpassen

„Wenn du es eilig hast, gehe langsam!"
Konfuzius

Zur Umsetzung der im letzten Projektschritt definierten Unternehmensstrategie und der davon abgeleiteten Ziele ist es nun erforderlich, die nötige Unternehmensstruktur und die Leistungsfähigkeit des Unternehmens sicherzustellen.

Was will ich damit erreichen?

An dem Beispiel der Formel 1 sieht das so aus: Es ist sicherzustellen, dass die Instanzen Rennleitung, Boxencrew und Fahrer richtig und funktional zueinander positioniert sind und dass jeder einzelne Mitarbeiter – gleich in welcher Verantwortung – über jene Fähigkeiten verfügt, um seine Aufgabe(n) in der erforderlichen Qualität auszuführen. Gefordertes Ergebnis: Das Rennen gewinnen. Das bedeutet null Fehler in Bezug auf Effektivität und Wirksamkeit.

Auch als Unternehmen gilt es, diverse Rennen zu gewinnen, z. B. gegen Mitbewerber. Im Optimum (Stichwort: Business Excellence) sollte das nachhaltig und zeitgleich so entspannt wie möglich erfolgen. Diese Entspanntheit stellt sich ein, wenn entsprechende Strukturen vorliegen und jeder Mitarbeiter weiß, was er wann zu tun hat.

Neben einer exzellenten Unternehmensstruktur geht es nun auch darum, die Substanz dafür sicherzustellen. Wir wenden uns hierfür den „Muskeln Ihres Unternehmens", den Mitarbeitern und deren Fähigkeiten, Wünschen etc. zu.

Die Leistungsfähigkeit eines Unternehmens steht in direktem Zusammenhand mit der Positionierung und der operativen Leistung der Mitarbeiter – von deren Fähigkeiten und dem abrufbaren Know-how, deren Kraft, Energie, Motivation etc.

Stellen Sie sich vor, die Boxencrew betankt einen Lkw mit bestem Rennbenzin und schickt in auf die Formel-1-Strecke. Oder: Die Boxencrew schickt einen mit Diesel betankten Formel-1-Boliden ins Rennen. Beide Varianten werden nicht zum gewünschten Erfolg führen. Denn die Aufgabe ist es, den richtigen Empfänger mit dem richtigen Input zu verbinden.

Beides liegt in den Händen des Teams „oberste Leitung plus Personalbereich" gepaart mit dem Willen, der Fähigkeit und der konstruktiven Mitarbeit der Menschen im Unternehmen. Es würde wenig Sinn ergeben, die redselige Berlinerin mit Verkaufspotenzial in der Registratur verweilen zu lassen, während sich der schweigsamere Niederbayer jeden Tag in einem Vertriebsbüro unter vermehrter Produktion von Achselschweiß jedes Wort zurechtlegen muss. Achten Sie also auch auf Vorlieben, die oftmals auf Talenten beruhen.

 Ziel ist, den richtigen Mitarbeiter mit den richtigen Fähigkeiten am richtigen Ort einzusetzen.

Welchen Input benötige ich dazu?

Ob entsprechender Optimierungs- und somit Handlungsbedarf besteht, entnehmen Sie den ausgefüllten Checklisten zum Führungskräfte-Interview (Bild 6.2) mit der obersten Leitung sowie den im Rahmen der Bestandsaufnahme erfolgten Prozess-Assessments im Bereich Personalmanagement/Personalentwicklung.

Was muss ich konkret tun?

Ihre Aufgabe als Qualitäts- und Prozessmanager innerhalb dieses Projektschrittes ist die des Organisators und Moderators. Sie sollten dafür sorgen, dass die erforderlichen Beteiligten zusammengeführt werden, um unter Ihrer Moderation Struktur und Fähigkeit gemeinsam zu definieren oder gegebenenfalls anzupassen. Zeigen Sie entsprechende Maßnahmen auf, vereinbaren Sie Zieltermine und fügen Sie diese Ihrem Projektplan hinzu. Es kann sein, dass Sie aufgrund Ihrer Rolle des „Kümmerers" manchmal etwas anecken, da Sie als Projektverantwortlicher unter anderem einen Zeitplan bedienen, der gelegentlich Engstellen aufweisen kann. Solange Kritik an Ihnen auf konstruktiver Ebene stattfindet, sind Sie auf dem richtigen Weg.

 Ein guter Qualitätsmanager ist ein „unangenehmer", aber reflektierter Qualitätsmanager!

Welche Spielregeln gilt es zu beachten?

Hier wird mit Menschen gearbeitet. Wir betreten somit ein Terrain, wo Systematik allein nicht reicht. Es gilt, mit der notwendigen Sensibilität und dem nötigen Bewusstsein vorzugehen.

Es handelt sind daher um Führungs- und Personalarbeit bzw. Personalentwicklung, die in enger Zusammenarbeit der Führungs- und Fachverantwortlichen für Personalprozesse bearbeitet werden sollten. Die erforderlichen „Spielregeln" sollten dort bekannt sein (siehe gegebenenfalls auch Kapitel „Change Management" und „Teamwork").

Falls Sie der Meinung sind, Verbesserungspotenziale in aktuellen Prozessabläufen oder Handlungsanweisungen zu erkennen, empfiehlt es sich aufgrund der Sensibilität, auch einen externen Moderator hinzuzuziehen. Binden Sie in jedem Fall – falls vorhanden – den Betriebsrat rechtzeitig ein.

Bei einer Strukturoptimierung kann im Rahmen der Personalarbeit auch das Thema „Fair Compensation" aufgegriffen werden. Denn fair kompensierte Mitarbeiter werden in der Regel auch das Optimum ihrer jeweiligen Leistungsfähigkeit abrufen. Abläufe und Strukturen hierfür sind sogar zertifizierbar (siehe auch Kapitel „Die Zertifizierung: Zertifizierungspartner SQS Schweiz").

Welche Infrastruktur wird benötigt?

Die benötigte Infrastruktur beschränkt sich auf entsprechende Räumlichkeiten, in welchen ohne Störeinflüsse durch Anrufe, Anfragen etc. gearbeitet werden kann. Diese Infrastruktur sollte im Rahmen der Personalarbeit unabhängig vom QMS-Einführungsprojekt kontinuierlich zur Verfügung stehen.

Welche Qualitätswerkzeuge wende ich an?

Hierfür sind keine Qualitätswerkzeuge als solche nötig, jedoch empfiehlt sich ein Werkzeug zur Personalentwicklung. Bild 6.5 zeigt eine sogenannte Fähigkeitsmatrix zur systematischen Erfassung von Mitarbeiterkenntnissen.

00.00.01						Ihr LOGO		
Dokumentennummer/ Number of document								
Mitarbeiter-Fähigkeitsanalyse					00			
Titel, Beschreibung/ Title, Description					Revisionsnummer/ Revision number			
Max Mustermann					TT.MM.JJJJ		TT.MM.JJJJ	
Ersteller/ Author					Erstellt am/ Created on		Revisionsdatum/ Revision date	
Tätigkeit/ Arbeitsplatz	MA 1	MA 2	MA 3	MA 4	MA 5		MA 6	MA 7

Legende: 3 = Fähigkeit zum Schulen Dritter; 2 = Durchführen der Tätigkeit ohne Aufsicht/ Anleitung; 1 = Durchführen der Tätigkeit unter Aufsicht/ Anleitung; 0 = keine Qualifikation

Bild 6.5 Fähigkeitsmatrix

Eine Vorlage der Fähigkeitsmatrix steht Ihnen elektronisch zur Verfügung (QM-Tool 21 – Fähigkeitsmatrix).

Welche Bereiche der Norm sind betroffen?

- Kapitel 5.5 – Verantwortung, Befugnis und Kommunikation
- Kapitel 6.1 – Bereitstellung von Ressourcen
- Kapitel 6.2 – Personelle Ressourcen
- Kapitel 6.3 – Infrastruktur
- Kapitel 6.4 – Arbeitsumgebung

■ 6.6 Projektteam zusammenstellen

Ab jetzt sind Sie als guter Projektmanager und auch als Führungskraft gefragt. Denn im folgenden Schritt stellen Sie ein Team zusammen, welches über das Potenzial verfügt, die Anforderungen, die es im Laufe einer QMS-Einführung zu bedienen gilt, auch zu erfüllen.

Was will ich damit erreichen?

Ziel ist es, das QMS-Einführungsprojekt auf dem Weg zum Ergebnis erfolgreich zu gestalten und von Beginn an – durch professionelle Präsenz und Multiplikation – die Akzeptanz im Unternehmen zu fördern. Andererseits gilt es, das Ergebnis an sich zu erreichen: ein funktionierendes und zertifizierbares (Qualitäts-)Managementsystem.

Welchen Input benötige ich und was muss ich konkret tun?

Bei der Zusammenstellung eines Teams sollte man einige Regeln beachten. Diese sind für Sie im Kapitel „Veränderungen meistern: Change Management: Zusammenstellung des QM-Projektteams" zusammengefasst.

Welche Infrastruktur wird benötigt?

Zur Arbeit im Team empfiehlt sich ein entsprechender Raum, in dem Sie sich mit potenziellen Mitgliedern und Kandidaten für Ihr Projektteam ungestört austauschen können, um deren Eignung zu ermitteln und später zusammenzuarbeiten. Der Raum sollte Ihnen während der gesamten Projektlaufzeit zur Verfügung stehen, da während der einzelnen Teamsitzungen auch einiges an visuellem Material (Flipcharts etc.) erarbeitet wird. Dieses sollten Sie zur Übersicht über die Wände oder auf dafür vorgesehenen Flächen (z.B. unter Zuhilfenahme von Magnetschienen) verteilen, um die unterschiedlichen Facetten des Projekts immer vor Augen zu haben. Stichwort: Visual Management.

Welche Qualitätswerkzeuge wende ich an?

Füllen Sie zur Ermittlung der Eignung möglicher Kandidaten ein Prozessmodell Turtle-Diagramm (Bild 6.6) aus und bilden Sie den Prozessablauf „Durchführen eines Projektes" ab.

So erhalten Sie eine komplette Übersicht über den Projektablauf inklusive der erforderlichen Rahmenbedingungen. Daraus gehen unter anderem die Anforderungen an Ausbildung und Kenntnisse Ihrer künftigen Projektmitarbeiter hervor.

Fachliche und methodische Inhalte entnehmen Sie dem Kapitel „Das Einmaleins des Projektmanagements anwenden".

Eine Vorlage des Turtle-Diagramms steht Ihnen elektronisch zur Verfügung (QM-Tool 9 – Turtle-Diagramm).

Um die Verfügbarkeit von Ressourcen möglicher Projektmitarbeiter zu ermitteln, empfiehlt es sich, vorab mit deren Linienvorgesetzten ein informatives Abstimmungsgespräch zu führen. Zur Sicherstellung der personellen Eignung könnten Sie einen Personalverantwortlichen zurate ziehen.

Welche Bereiche der Norm sind betroffen?

- Die Aufgabe des Teams ist es, die Anforderungen der Kapitel 4 bis 8 unter Einbindung weiterer Mitarbeiter und Kollegen des Unternehmens umzusetzen.
- Spezielle Anforderungen an das Team ergeben sich aus dem Kapitel 8 – Messung, Verbesserung und Analyse.

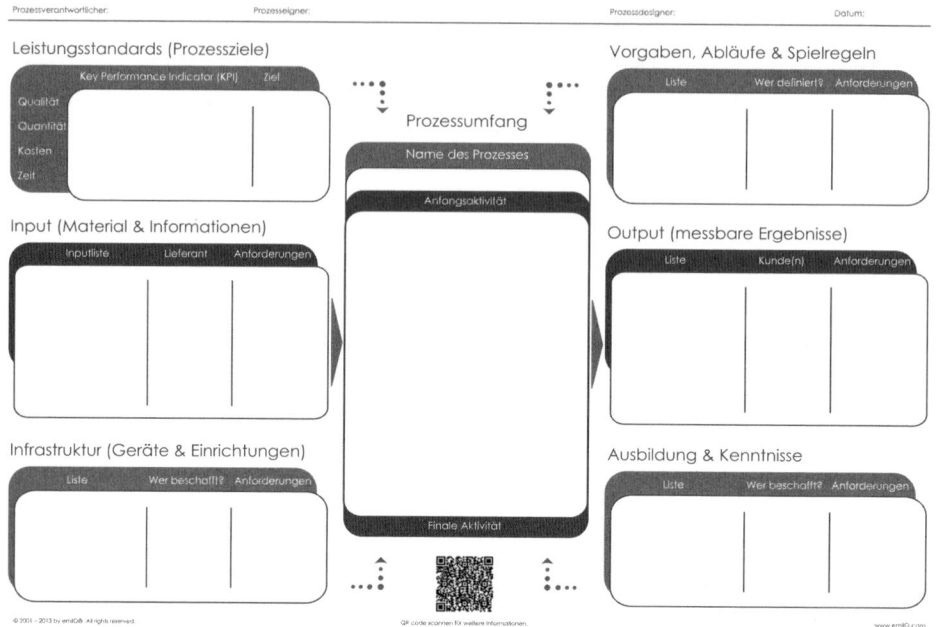

Bild 6.6 Prozessmodell Turtle-Diagramm

■ 6.7 Qualitätsmultiplikatoren trainieren

Um Ihr Projektteam nun „fit for quality" zu machen, sollten Sie es mit dem erforderlichen Qualitäts-Know-how ausstatten, denn eine unausgebildete Boxencrew, die in der Boxengasse steht und bei Einfahrt des Piloten versucht, ihr Bestes zu geben, könnte man zwar als motiviert bezeichnen, sie wird sich aber in der Praxis als nicht besonders gewinnfördernd erweisen.

Folgende Trainingskomponenten reichen in der Regel als Basis aus:

- **Kompaktes Grundlagentraining** – um das Qualitätsbewusstsein zu schärfen (Quality Awareness).

- **Methodentraining** – Workshop zur Anwendung der QM-Methoden.

- **Normentraining** – Verständnis der ISO 9001 (falls Sie sich für weitere Normen entschieden haben, trainieren Sie auch diese).

- **Softwaretraining (optional)** – falls Sie ein entsprechendes Tools einsetzen möchten.

Versuchen Sie, neben Ihrem Kernteam auch je einen Mitarbeiter aus jedem Fachbereich hinzuzugewinnen. Diese Mitarbeiter bilden später das erweiterte Kernteam und werden sowohl während des QMS-Einführungsprojektes als auch im späteren Tagesgeschäft die operativen Tätigkeiten im Rahmen des KVP wahrnehmen (Prozesse modellieren etc.).

Für Mitglieder des erweiterten Kernteams genügen zunächst ein kompaktes Grundlagentraining und ein Methodentraining.

Je eher Sie die Beteiligung/Aufgaben Ihrer gewünschten Projektteammitglieder mit deren Linienvorgesetzten abstimmen, umso besser. Auf diese Weise lässt sich für alle Beteiligten vorbeugend planen, um spätere Ressourcenengpässe möglichst zu vermeiden.

Was will ich damit erreichen?

Je mehr Mitarbeiter Ihres Unternehmens fundierte Kenntnis zum Thema Qualität haben, desto größer ist der Multiplikationseffekt und damit der Grad der Qualitätsumsetzung in allen Bereichen.

Zeitgleich werden Linienmitarbeiter dazu befähigt, Qualitätstätigkeiten in ihren jeweiligen Fachbereichen (Entwicklung, Beschaffung, Produktion/Dienstleistung, Vertrieb etc.) später eigenverantwortlich durchzuführen. Sie als Qualitätsverantwortlicher behalten „nur noch" die Rolle des Orientierungsgebers bei und steuern den KVP. Vorsicht: Manche Qualitäts- und Prozessmanager lassen sich als „Dokumentationsmitarbeiter" missbrauchen. Überlassen Sie diesen Fehler anderen und beugen Sie sowohl durch eine hohe Praxisorientierung (so wenig Dokumentation wie möglich) als auch eine Multiplikatorenausbildung entsprechend vor.

Falls Sie selbst Inhaber eines Unternehmens und QMB in einer Person sind, werden Sie sich mit entsprechenden Multiplikatoren auch mehr Freiraum für andere z. B. strategische Aufgaben schaffen (Stichwort: „Management ohne Manager". Buchtipp: *Jenseits der Hierarchien* von Tom Peters, Düsseldorf 1992).

Welchen Input benötige ich dazu?

Als Grundlage können Sie dieses Buch zur Lektüre weiterreichen oder die Inhalte zur Konzeption entsprechender Mitarbeitertrainings nutzen. Grundlegende didaktische Kenntnisse zur Wissensvermittlung erleichtern später die Arbeit, insbesondere wenn Sie alle anderen Mitarbeiter im Unternehmen zum Thema Qualität schulen. Um hierfür fit zu werden, gibt es sogenannte Train-the-Trainer-Seminare, wo Sie das in Workshops üben können.

Diverse Anbieter von entsprechenden Trainings versorgen Sie mit passenden Angeboten. Das Internet ist voll davon, doch achten sie auf die Qualität, denn darum geht es. Mit den genannten Trainings – gleich ob selbst, intern oder extern durchgeführt – sorgen Sie dafür, dass später im Rennen gegen Ihre Mitbewerber niemand ratlos in der Boxengasse steht – zumindest nicht in Ihrem Unternehmen …

Was muss ich konkret tun?

Organisieren Sie entsprechende Schulungen für Ihr Team und führen Sie diese durch oder lassen Sie sie durchführen. Tipp: Auch ein guter Quality Coach, der Sie zu diesem Zeitpunkt vielleicht bereits vor Ort unterstützt, sollte in der Lage sein, entsprechende Trainings kompetent durchzuführen. Sprechen Sie mit ihm!

Benennen Sie in Ihrer Rolle des Qualitäts- und Prozessmanagers auch einen Stellvertreter. Es sollte jemand sein, mit dem Sie eng zusammenarbeiten können und der Ihre persönliche Verpflichtung zum Thema Qualität teilt. Er wird Sie auch im Abwesenheitsfall vertreten können.

Qualitätsmultiplikatoren können in sogenannten Inhouse-Schulungen direkt im Unternehmen trainiert werden!

Ein guter Quality Coach, der Sie zu diesem Zeitpunkt eventuell bereits vor Ort unterstützt, sollte in der Lage sein, Ihnen kompetent zur Seite zu stehen.

Jedes Qualitätsseminar ist eine sinnvolle Investition in den Preis der Übereinstimmung – vielleicht auch für Sie selbst. Hierzu gibt es zum Teil auch Lern-DVDs, doch eine aktive Trainingsveranstaltung hat in jedem Fall einen höheren Wirkungsgrad.

Welche Bereiche der Norm sind betroffen?

- Die Anforderung an das Team ist, gemeinsam mit den Mitarbeitern des Unternehmens die Kapitel 4 bis 8 der ISO 9001:2008 umzusetzen.
- Spezielle Anforderungen an das Projektteam (sowie an den späteren „Qualitätszirkel") ergeben sich aus dem Kapitel 8 – Messung, Verbesserung und Analyse.

Ziehen wir an geeigneter Stelle eine kurze Zwischenbilanz, bevor wir mit der Erarbeitung der Prozesslandschaft fortfahren. Denn Sie haben zu diesem Zeitpunkt bereits einige achtbare Ergebnisse erzielt. Sie haben bereits

- eine QMS-Eröffnungsveranstaltung für alle Mitarbeiter organisiert und abgehalten,
- die Bestandsaufnahme bestehend aus Führungskräfte-Interviews und umfassenden Prozess-Assessments durchgeführt, im Rahmen dessen vielleicht auch eine Mitarbeiterbefragung und eine Kundenzufriedenheitsumfrage organisiert,

- gemeinsam mit der obersten Leitung und eventuell unter Einbindung des erweiterten Führungskreises ein Unternehmensleitbild und eine Unternehmensstrategie entwickelt und Unternehmensziele davon abgeleitet,
- die definierten Unternehmensziele gemeinsam mit der obersten Leitung und anderen Beteiligten auf alle Instanzen, Bereiche und Mitarbeiter heruntergebrochen (und sich selbst dabei nicht vergessen),
- die Überprüfung und Anpassung der Unternehmensstruktur und -fähigkeit initiiert und organisatorisch unterstützt,
- ein Kernteam zur Durchführung des QMS-Projektes zusammengestellt und die Mitglieder anhand eines Multiplikatorentrainings „fit for quality" gemacht/machen lassen.

Nun geht es weiter mit der Erarbeitung der Prozesslandschaft.

■ 6.8 Prozesslandschaft erarbeiten

Was will ich damit erreichen?

Ziel ist es, während dieses Projektschritts zunächst die übergeordnete Prozesslandschaft zu erarbeiten. Sie besteht aus den Hauptprozessen Ihres Unternehmens, die sich in die Prozessarten Managementprozesse, Kernprozesse und Supportprozesse unterteilen lassen.

Die Hauptprozesslandschaft entspricht der obersten Prozessebene. Sie ist der Ausgangspunkt für die Gestaltung aller weiteren (Unter-)Prozesse und wird üblicherweise auch als Ebene 0, Ebene A oder ähnlich bezeichnet. Da diese Bezeichnungen nicht genormt sind, können Sie eine Benennung nach Wunsch vornehmen.

Aufgrund des sich immer stärker entwickelnden Trends zur Zusammenarbeit mit internationalen Partnern gehen Unternehmen mehr und mehr dazu über, Managementsysteme über die Unternehmenssprache hinaus auch in englischer Sprache vorzuhalten. MP steht in Bild 6.7 für Main Process (= Hauptprozess). Es handelt sich bei dem Bild um die Prozesslandschaft eines Integrierten Managementsystems (IMS), was man nicht nur an der Beschreibung des übergeordneten Prozesses MP 000 erkennt. Sie sehen oben rechts auch die beiden Hauptprozesse mit Namen „MP 130 – Health & Safety" (= Gesundheit und Arbeitssicherheit) und „MP 140 – Environment" (= Umwelt).

Über diese beiden Hauptprozesse wurden die Anforderungen der OHSAS 18001 und die der ISO 14001 in das Managementsystem eingebracht.

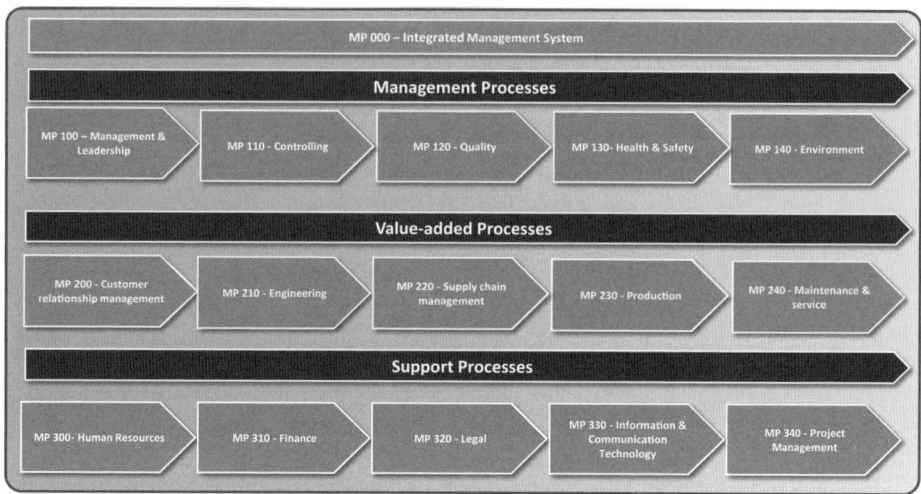

Bild 6.7 Beispiel einer Prozesslandschaft (Quelle: DeWind Europe GmbH)

Welchen Input benötige ich dazu?

Zur Erarbeitung der Hauptprozesslandschaft werden benötigt:

- Die mit der obersten Leitung erarbeitete und freigegebene Unternehmensleitlinie, -strategie und -zielsetzung zur Erarbeitung des entsprechenden Hauptprozesses, dem sich alle weiteren anschließen. In Bild 6.7 finden Sie ihn als „MP 100 Management & Leadership" (= Organisation und Führung) wieder.
- Die Ergebnisse aus den Führungsinterviews mit der obersten Leitung und dem mittleren Management.
- Die Ergebnisse der Prozess-Assessments (Bestandsaufnahme) aus den verschiedenen Abteilungen/Hauptprozessbereichen.
- Eine Ausfertigung der DIN EN ISO 9001:2008 als Leitwerk. Diese kann beim Beuth Verlag (www.beuth.de) per Download oder als Printausgabe erworben werden. Kosten: ca. 120 Euro (Stand: Mai 2014).

Was muss ich konkret tun?

1. Versammeln Sie Ihr QMS-Projektteam zum ersten QMS-Teamworkshop.
2. Versorgen Sie Ihre Teammitglieder mit den genannten Inputs.
3. Achten Sie darauf, dass jedes Teammitglied einen Satz **aller** oben beschriebenen Informationen und Unterlagen erhält.
4. Geben Sie Ihrem Team nun ausreichend Zeit, um sich mit den Inhalten vertraut zu machen.

   Da Ihr Projektteam aufgrund seiner „Herkunft aus dem Tagesgeschäft" in der Regel über fachliche Expertise verfügt, werden während der Sichtung der Unterlagen sehr bald die ersten Verbesserungspotenziale erkannt. Die fachliche Expertise paart sich in diesem Moment mit der frischen Methodenkenntnis, was sich am besten mit einem „Ich-kann-und-will-was-verbessern-Gefühl" bei den Teammitgliedern beschreiben lässt.

Der Kontinuierliche Verbesserungsprozess hat begonnen. Anhand der verfügbaren Inputs wird nun im Team die Hauptprozesslandschaft grundsätzlich festgelegt, so wie sie künftig sein sollte. Man kann sich dabei an folgender Frage orientieren:

„Welche Hauptprozesse sind nötig, um das Unternehmen in exzellenter Weise gemäß dem Leitbild und der Unternehmensstrategie zum erklärten Ziel zu führen?"

5. Versorgen Sie Ihr Team mit den entsprechenden QM-Werkzeugen und starten Sie den Workshop zur Erarbeitung des **Soll**-**Zustandes** der Hauptprozesslandschaft. Ihre Aufgabe als Qualitäts- und Prozessmanager ist es, dabei zu unterstützen und gegebenenfalls zu moderieren, um das erklärte Ziel gemeinsam zu erreichen.

6. Sobald nun aus Sicht des Teams, die Hauptprozesslandschaft gestaltet wurde, nach der künftig im Unternehmen agiert werden soll, kann der Workshop zunächst beendet werden.

7. Nachdem mindestens einmal über das Ergebnis geschlafen wurde, kommt das Team zu einem nächsten Workshop zusammen und verifiziert die Hauptprozesse. Nach einer potenziellen Anpassung wird die Hauptprozesslandschaft nun zunächst bestätigt.

8. In einem darauffolgenden Meeting wird der Entwurf der Hauptprozesslandschaft mit der obersten Leitung und dem mittleren Management abgestimmt und die Freigabe dafür eingeholt.

9. Nun wiederholen Sie die Schritte 3 bis 7, um die **aktuell vorliegende** Hauptprozesslandschaft (Ist-Zustand) auf die gleiche Weise zu erarbeiten, wie Sie es mit dem Soll-Zustand der Prozesse getan haben.

10. Mögliche Differenzen zwischen Soll- und Ist-Zustand werden nun durch geeignete Maßnahmen angepasst. Als Werkzeug, um entsprechende Maßnahmen festzuhalten und zu koordinieren, bietet sich die Aufgaben- und Projektliste (APL) an.

- Ziehen Sie bei erforderlichen Veränderungen an Prozessen immer die Prozessverantwortlichen hinzu und besprechen Sie gemeinsam eine mögliche Lösung.
- Erarbeiten Sie immer zuerst den Soll-Zustand und passen Sie dann den Ist-Zustand (aktueller Zustand) dem Soll-Zustand (angestrebter Zustand) an. Nur den Ist-Zustand abzubilden wäre reiner Selbstzweck und eine Verschwendung von Ressourcen.

Eine Ihrer übergeordneten Aufgaben besteht von nun an auch darin, den begonnenen Verbesserungsprozess kontinuierlich am Laufen zu halten (siehe auch Kapitel „KVP – Motor des QMS") und dafür zu sorgen, dass sich unter Einbindung Ihres Projektteams eine positive Multiplikation des Qualitätsgedankens im Unternehmen verbreitet.

Welche Spielregeln gilt es zu beachten?

Bei der Verbesserung von Prozessen sowie anderen konstitutionellen Komponenten kann man sich an folgender Vorgehensweise orientieren:

 Regeln für Verbesserungsprojekte

1. Exzellente Komponenten bestätigen und erhalten.
2. Nutzenstiftende, jedoch verbesserungswürdige Komponenten optimieren.
3. Komponenten, die keinen Nutzen stiften, verwerfen/entfernen.
4. Fehlende Komponenten einführen/hinzufügen.

Der zusätzliche Aufwand für Projektmitarbeiter zur QMS-Einführung liegt gemessen am Tagesgeschäft bei etwa 20 bis 30 %. Achten Sie darauf, diese Ressourcensituation mit den Vorgesetzten Ihrer Projektteammitglieder abzustimmen. Gegebenenfalls müsste das Tagesgeschäft der Betroffenen während der Projektlaufzeit etwas heruntergefahren werden. Alternativ können Aufgaben vorübergehend auf andere Mitarbeiter verteilt werden. Denn **jeder** Mitarbeiter sollte seinen Beitrag zur Steigerung der Qualität im Unternehmen leisten, was auch durch die beschriebene Entlastung des aktiv eingebundenen Kollegen erfolgen kann.

Der Anteil des Tagesgeschäfts für Qualitätsaktivitäten wird anfangs etwas höher sein und mit zunehmendem Projektverlauf sinken. Sorgen Sie dafür, dass alle Teammitglieder ausreichend Zeit in das QMS-Einführungsprojekt investieren können. Nur so können gute Ergebnisse erzielt werden.

Welche Qualitätswerkzeuge wende ich an?

Das Prozessmodell Turtle-Diagramm kennen Sie nun schon. Hier kommt es als Mastertool sowohl zum Prozessdesign (Soll-Zustand der Prozesslandschaft) als auch zur Ist-Aufnahme der aktuellen Hauptprozesse zum Einsatz. Die entsprechende Anleitung zur Nutzung des Prozessmodells finden Sie im Kapitel „Ihr QM-Werkzeugschrank: Prozessmodell Turtle-Diagramm – das Mastertool".

Die Hauptprozesslandschaft ist der Einstieg und gibt Orientierung für die weitere Arbeit mit Prozessen. Im nächsten Projektschritt werden die dahinterliegenden Teilprozesse/Prozessebenen abgebildet.

Welche Bereiche der Norm sind betroffen?

Kapitel 4.2.2 – Qualitätsmanagementhandbuch (die Hauptprozesslandschaft ist ein integrierter Teil davon).

■ 6.9 Prozesse erfassen und verbessern

Dieser Projektschritt unterscheidet sich methodisch nur unwesentlich von der Erarbeitung der Hauptprozesslandschaft innerhalb des letzten Prozessschrittes. Jedoch ist hier auf den Detaillierungsgrad zu achten, da sich die Prozessabbildung über mehrere Prozessebenen bewegen wird.

Da die operative Durchführung im Wesentlichen durch Ihre Teams – Kernteam plus erweitertes Projektteam – übernommen wird, können Sie sich bereits dem nächsten Schritt zuwenden – der Erstellung der Qualitätsdokumentation, während Ihr Team parallel an der Erfassung und Verbesserung der Prozesse arbeitet.

Vereinbaren Sie mit Ihrem Team, welche Aktivitäten innerhalb dieses Projektschrittes durchzuführen sind.

Was will ich damit erreichen?

Ziel und Zweck dieses Projektschrittes ist es, die – der Hauptprozesslandschaft dahinterliegenden – Prozessebenen und Teilprozesse zu erfassen, zu analysieren und gegebenenfalls zu verbessern. Avisiertes Ergebnis: effiziente und effektive Unternehmensprozesse.

Welchen Input benötige ich dazu?

Jeder Prozessdesigner sollte Zugriff auf die im vorherigen Projektschritt erstellte und freigegebene Prozesslandschaft haben. Darauf wird jetzt aufgebaut bzw. wird diese nun weiter heruntergebrochen.

Weiterhin benötigen Ihre Teammitglieder die ausgefüllten Checklisten der Bestandsaufnahme der betroffenen Teilprozesse. Hierzu gehören auch von den Prozesseignern manuell überreichte Dokumente.

Was muss ich konkret tun?

Briefen Sie Ihr Projektteam. Die Aufgabe für jedes Teammitglied ist folgende:

Jedes Teammitglied bildet die der Hauptprozesslandschaft dahinterliegenden Prozessebenen und deren Teilprozesse (Ebenen 2, 3, 4 … n) aus seinem Fachbereich ab.

Hierbei ist darauf zu achten, sich nicht zu verzetteln oder in der Tiefe der Details zu verlieren. Zur Unterstützung lässt sich die Abbildungstiefe (= abzubildender Umfang aller zu einem Hauptprozess gehörigen Unterprozessebenen und Teilprozesse) ähnlich der Erstellung der Hauptprozesse anhand folgender Fragestellung eingrenzen:

„Welche Prozesse müssen wie weit beschrieben werden, damit sie von den jeweiligen Prozesseignern verstanden und fehlerfrei durchgeführt werden können?"

Die Beantwortung dieser Frage ist nicht immer leicht, denn es wird im Unternehmen unterschiedliche Meinungen dazu geben. Darüber hinaus ist eine gewisse Erfahrung in der Gestaltung von Prozessen und Systemen erforderlich. Im Zweifel sollte man die jeweiligen Prozesseigner dazu befragen (sofern man es nicht selbst ist).

Es gilt das allgegenwärtige Motto: So viel wie nötig, so wenig wie möglich. Wenn Unsicherheiten bestehen oder etwas Anlaufunterstützung benötigt wird, ziehen Sie Ihren Quality Coach zur Unterstützung oder Workshopleitung hinzu.

Der „Rest" kommt mit etwas Übung und zunehmendem Lerneffekt. Diesem Lerneffekt können Sie noch etwas auf die Sprünge helfen, indem Sie Ihren Teammitgliedern einen regelmäßigen systematischen Erfahrungsaustausch ermöglichen.

Wenn Sie das tun, erfüllen Sie bereits jetzt die in der ISO 9001:2008 geforderte Etablierung von Qualitätszirkeln. Wenn Sie das bereits bestehende Projektteam später regelmäßig zu systematischen Verbesserungsaktivitäten zusammenrufen, ist die Anforderung erfüllt.

Nachdem nun im Teamworkshop die jeweiligen Teilprozesse erarbeitet wurden, können auch hier (analog zur Hauptprozesslandschaft) sich darbietende Verbesserungspotenziale genutzt und durch entsprechende Maßnahmen ausgeschöpft werden. QM-Werkzeug: Aufgaben- und Projektliste (APL).

Anschließend werden alle Haupt- und Teilprozesse über alle Prozessarten und -ebenen hinweg zur fertigen Prozesslandschaft Ihres Unternehmens zusammengefügt (siehe Kapitel „Quality Coaching: Prozessmanagement").

Jeder Teilprozess entspricht dann einem ausgefüllten Prozessmodell Turtle-Diagramm. Bild 6.8 und Bild 6.9 veranschaulichen das Prinzip.

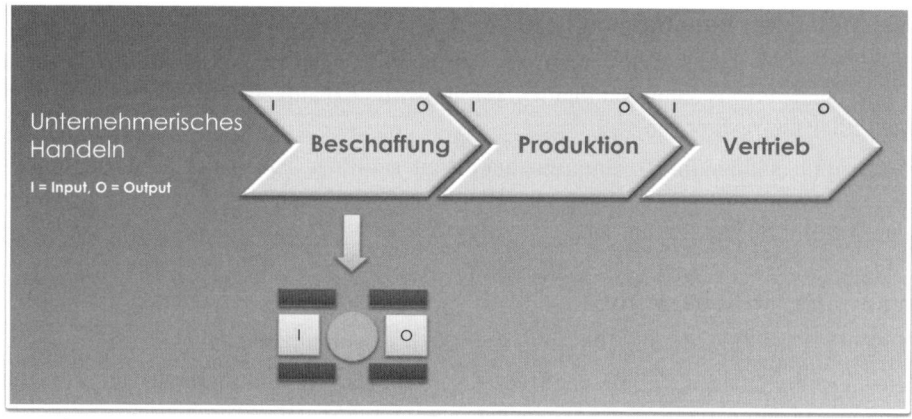

Bild 6.8 1. Jeder Hauptprozess – hier „Beschaffung" – wird anhand des Prozessmodells Turtle-Diagramm mit den erforderlichen Rahmenbedingungen (prozesssteuernden Inputs) abgebildet

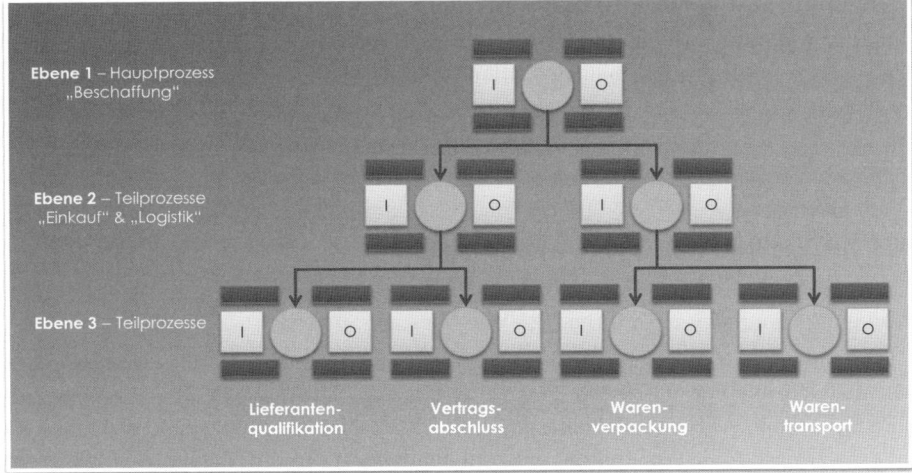

Bild 6.9 2. Der Hauptprozess wird somit weiter unterteilt, bis alle erforderlichen Ebenen und Teilprozesse tief genug abgebildet wurden

Nachdem die optimierte Prozesslandschaft vorliegt, kann diese anhand
eines geeigneten Softwaretools in digi-
taler Form abgebildet werden.

Dies ermöglicht es Ihnen, in einfacher
Weise spätere im Rahmen des KVP auf-
tretende Änderungen an einer Stelle
vorzunehmen und flächendeckend aus-
zuspielen (siehe auch Kapitel „Softwarelösungen zur Systemabbildung:
ViFlow – Prozessmodellierung mit
Komfort").

Den Aufwand für diese umfangreiche Maßnahme „Prozesse erfassen und verbessern"
dürfen Sie auf das Konto des Preises der Übereinstimmung verbuchen. Die zeitliche
Investition wird sich auszahlen.

Welche Spielregeln gilt es zu beachten?

Der korrekte methodische Umgang mit dem Prozessmodell Turtle-Diagramm innerhalb
des Projektteams ist für den Erfolg der Maßnahme entscheidend. Denn wenn ein Prozess fehlerhaft dargestellt wurde, stellt sich in den dahinterliegenden Ebenen oder Teilprozessen ein entsprechender Folgefehler ein.

Eine Beherrschung des Tools Turtle-Diagramm ist daher essenziell. Auch weil es im
Rahmen des künftigen KVP-Tagesgeschäftes immer wieder herangezogen wird, wenn es
darum geht, einen neu einzuführenden Prozess zu designen oder bestehende Prozesse
zu verbessern.

Welche Infrastruktur wird benötigt?

Außer den bereits bestehenden Arbeitsplätzen Ihrer Projektmitarbeiter in der Linien-organisation sowie entsprechender Zeit und Ruhe, ist keine weitere Infrastruktur erforderlich.

Falls kein fester oder adäquater Arbeitsplatz vorhanden ist, sollte ein entsprechender Raum zur Verfügung gestellt werden.

Welche Qualitätswerkzeuge wende ich an?

Als Mastertool zur Prozessgestaltung steht das Prozessmodell Turtle-Diagramm zur Verfügung. Sie finden es in Ihrem QM-Werkzeugschrank.

Darüber hinaus bietet Ihnen die Software ViFlow einen komfortablen Funktionsumfang zur Modellierung von Prozessen (siehe auch Kapitel „Softwarelösungen zur Systemab-bildung: ViFlow – Prozessmodellierung mit Komfort"). Diese sollten Sie aber im Rahmen der QMS-Einführung erst dann digital abbilden, wenn Sie bereits verbessert wurden – in der Dokumentation und in der Praxis.

Welche Bereiche der Norm sind betroffen?
* Kapitel 7.1 – Planung der Produktrealisierung
* Kapitel 7.2 – Kundenbezogene Prozesse
* Kapitel 7.3 – Entwicklung
* Kapitel 7.4 – Beschaffung
* Kapitel 7.5 – Produktion und Dienstleistungserbringung
* Kapitel 7.6 – Lenkung und Überwachung von Messmitteln

■ 6.10 Qualitätsdokumentation erstellen

Während nun Ihr erweitertes Projektteam (= Kernteam plus „Abgesandte der jeweiligen Abteilungen, die keinen Vertreter im Kernteam haben") anhand der Informationen des vorangegangenen Kapitels die Prozesslandschaft Ihres Unternehmens vervollständigt, werfen wir einen Blick auf die Dokumentationsanforderungen Ihres QMS. Die Dokumentation besteht neben der Prozesslandschaft aus

* Verfahrensanweisungen,
* Arbeitsanweisungen,
* Arbeitshilfen und einheitlichen Formularen,
* mitgeltenden Dokumenten und Aufzeichnung sowie gegebenenfalls Anleitungen zur Handhabung von Software, Formularen etc.

QM-Dokumentation

Es ist nicht nötig, alle Verfahrensanweisungen und Arbeitsanweisungen in prosaischer Listenform darzustellen. Eine visuelle Darstellung ist ebenso möglich. Entscheiden Sie selbst! In der Praxis empfiehlt sich eine ausbalancierte Mischung.

Die optimale Dokumentation sollte jene Informationen abbilden und beschreiben, die ein x-beliebiger Mitarbeiter innerhalb Ihres Unternehmens bräuchte, um den optimalen Ablauf zu gewährleisten. Nicht mehr und nicht weniger.

Die Dokumentation ist also nicht an einen bestimmten Mitarbeiter gebunden, sondern beschreibt den neutralen Prozessablauf oder neutrale Vorgaben. Auch Dinge, die keinem direkten Ablauf unterliegen, wie z. B. ein Unternehmensleitbild.

Von erfahrenen Mitarbeitern wird die Dokumentation gegebenenfalls nur ab und zu als Nachschlagewerk benutzt, von einem neuen, der sich während der Einarbeitung für gewöhnlich sehr eng an die Dokumentation hält, meist öfters.

Die QM-Dokumentation wirkt oft sehr theoretisch, unliebsam und trocken. Und das ist sie auch, wenn Sie nicht die Prozesse abbildet, die in der Realität vorkommen (sollen). Die Trockenheit hängt mit der Art der Gestaltung zusammen. Nichts hält Sie davon ab, einen Comic daraus zu machen, solange die Grundform erhalten bleibt und die Inhalte stimmen.

Der Umfang Ihrer QM-Dokumentation sollte sich immer am praktischen Nutzen ausrichten. Sie sollte nichts anderes sein als das schriftliche/bildliche Festhalten der optimalen Realität Ihres Unternehmens, um dieser im Sinne des gewünschten Unternehmenserfolgs kontinuierlich zu folgen.

Da dem Begriff der „Qualitätsdokumentation" ein unliebsam-theoretischer Ruf vorauseilt, werden Sie vielleicht positiv darüber überrascht sein, dass die Gesamtdokumentation für eine Zertifizierung gemäß ISO 9001:2008 nur einen kleinen Teil davon ausmacht, was sich in der Praxis bewährt hat. Letztendlich ist das aber nicht relevant, denn effiziente und effektive Praktiker dokumentieren nicht, um einer Norm gerecht zu werden, sondern um den Anforderungen des Tagesgeschäfts professionell zu begegnen. Es kommt also darauf an, was Sie daraus machen. Und es gilt wie so oft: So viel wie nötig, so wenig wie möglich!

Übernehmen Sie die Erstellung der Erstdokumentation als verantwortlicher Qualitäts- und Projektmanager selbst und lassen Sie sich hierbei aus den jeweiligen Bereichen zuarbeiten. Als Qualitätsverantwortlicher verfügen Sie über das methodische Know-how und die Struktur; die Verantwortlichen aus den Fachbereichen indes steuern das inhaltliche Wissen bei.

Bevor Sie jedoch in die Dokumentation einsteigen, sollten Sie innerhalb Ihres Projektteams abstimmen, wie tief Sie visuell (per *Turtle-Diagramm oder softwaregestützter Geschäftsprozessmodellierung*) arbeiten und welchen Teil Sie schriftlich dokumentieren möchten.

Je mehr Prozesse visuell abgebildet werden, desto weniger muss in Form von Prosa beschrieben werden, was Sie je nach Vorgaben, Gegebenheiten, Wünschen etc. entscheiden können. Bild 6.10 zeigt ein Beispiel, wie ein Qualitätsmanagementsystem aufgebaut werden kann.

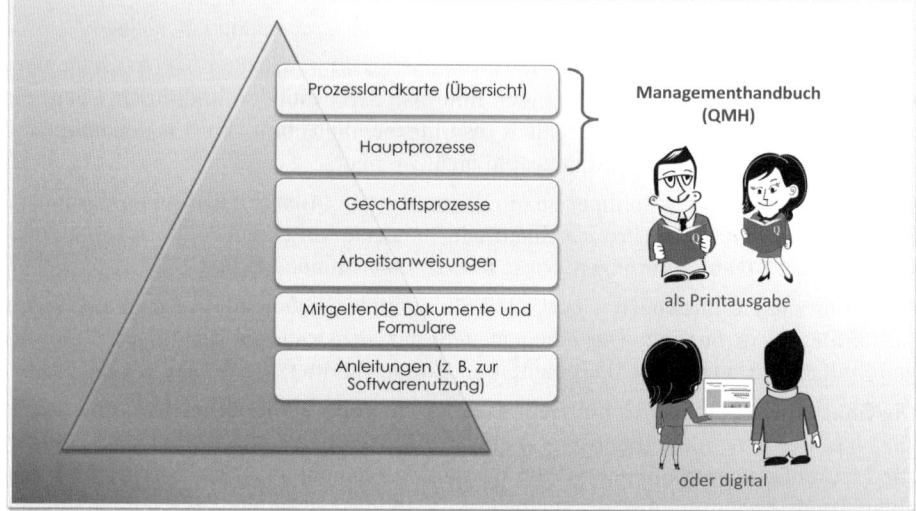

Bild 6.10 Beispiel zum Aufbau eines Qualitätsmanagementsystems

Die Dokumentation eines QMS teilt sich in den meisten Unternehmen in etwa wie folgt auf:

▪ 5 % bestehen aus dem Qualitätsmanagementhandbuch.

▪ 80 % werden durch die Prozessabbildungen eingenommen (Prozesslandschaft).

▪ 15 % entsprechen übergeordneten Dokumenten, Verfahrensanweisungen, Arbeitsanweisungen, mitgeltenden Formularen und Anleitungen.

Die 5 % für das QM-Handbuch sind in der Regel gut ausgewogen (gemäß ISO 9001:2008 erforderlich), ebenso wie die ca. 15 %, die nötig sind, um Sachverhalte zu beschreiben. Darunter befindet sich auch ein großer Prozentsatz dynamischer Dokumenten, die im Tagesgeschäft permanent genutzt werden und einer regelmäßigen Anpassung und Designänderung unterliegen (Angebote, Aufträge, Verträge etc.).

Innerhalb der 80 % (Prozessabbildungen) jedoch können Sie frei wählen, inwieweit Sie grafisch/visuell arbeiten und was Sie davon in prosaischer Form ausformulieren möchten.

Was will ich damit erreichen?

Das dokumentierte QMS dient letztendlich als Nachweis praktisch existierender Prozesse (man hat sich hierzu fundierte Gedanken gemacht) und als Nachschlagewerk. Dass die QM-Dokumentation auch als Nachweis zur Zertifizierung dient, kann als „optimaler Nebeneffekt" empfunden werden.

Der eigentliche Nutzen der im QMS enthaltenen Dokumentation sollte sich im Tagesgeschäft erschließen: Sie sollte den Null-Fehler-Maßstab aller Vorgaben und Tätigkeiten repräsentieren, die in der täglichen Praxis stattfinden (sollen).

Das erfordert die Aktualität entsprechender Beschreibungen. Denn nur mit der Aktualität des in der Praxis umgesetzten Managementsystems steht nicht nur der Erfolg Ihres Unternehmens, sondern auch die Akzeptanz derer, die danach handeln sollen.

Richtig und effizient angewandt, ist Ihr QMS samt der erforderlichen Dokumentation die Grundlage der kontinuierlichen Verbesserung und damit Aufrechterhaltung von Strategie, Struktur, Fähigkeiten und Prozessen und damit der unternehmerischen Konstitution (siehe auch Kapitel „Das-MEMO-Prinzip").

Falls Sie künftig im Rahmen Ihrer täglichen Arbeit als Qualitäts- und Prozessmanager auf Dokumente stoßen, die nachweislich nicht verwendet werden, könnten folgende Umstände vorliegen:

- Der Prozess wurde zwar aus guter Absicht beschrieben, existiert in der Praxis aber nicht (mehr).

- Der Prozess wurde zwar beschrieben, wird aber in der Praxis nicht oder anders durchgeführt.

In beiden Fällen liegt akuter Handlungsbedarf vor. Hierfür kann die 8D-Methode verwendet werden (siehe Kapitel „Ihr QM-Werkzeugschrank: Die 8D-Methode").

 Manchmal entsprechen die Prozesse in der Praxis nicht der Dokumentation. Sehen Sie in solchen Fällen genau hin und pochen Sie nicht pauschal auf die Einhaltung des beschriebenen Soll-Zustandes. Oftmals hat sich die Praxis weiterentwickelt, nur wurde der Prozess oder das System nicht aktualisiert. In solchen Fällen wird aus dem in der Praxis vorliegenden Ist-Zustand ein neuer Soll-Zustand. Die Dokumentation sollte entsprechend angepasst werden.

Welchen Input benötige ich dazu?

Zur Erstellung der QM-Dokumentation benötigen Sie

- Informationen zu Unternehmensleitbild, -strategie und Zielen,

- Informationen zur Unternehmensstruktur (Organigramm),

- Informationen zu allen personalrelevanten Themen,

- Informationen zu allen Prozessabläufen mit deren Schnittstellen und Wechselwirkungen.

Sprich alle Informationen **zum gewünschten Soll-Zustand** (nicht Ist-Zustand) des Unternehmens.

Was muss ich konkret tun?

Es gilt nun anhand der Ihnen vollständig vorliegenden Information über Strategie, Struktur, Fähigkeiten und Prozesse, den gewünschten Optimalzustand Ihres Unternehmens in systematisierter Form zu beschreiben. Dazu gehören beispielsweise Funktionsbeschreibungen (Bild 6.11) oder Finanzpläne (Bild 6.12).

emilQ	**Funktionsbeschreibung** **15.01.2014**	Bearbeiter: Georg Weidner Stand: 15.01.2014 Version: Seite: 1 von 2

Name:

Funktion:

1. Stellenbeschreibung

Stellenziele / Kurzbeschreibung Aufgabengebiet
-

Hauptaufgaben
- Fachaufgaben:
  -
- Sonstige Aufgaben:
  -

Bild 6.11 Vorlage für Funktionsbeschreibungen

emilQ	Finanzplan	Bearbeiter: Georg Weidner Stand: 15.01.2014 Version: Seite: 1 von 2

Monat Investitions- objekt	€/Jan	€/Feb	€/März	€/April	€/Mai	€/Juni	€/Juli	€/Aug	€/Sep	€/Okt	€/Nov	€/Dez
QM-Einführung - EDV (Hard- /Software - Arbeitszeit												
EDV-Ausstattung sonstige												
Neuanschaf- fungen sonstige												
Büromöbel												
Schulungen - intern - extern												
Renovierungen												
BGV A3-Kontrollen (E-Check)												
Wartungskosten sonstige												

Bild 6.12 Vorlage zur Erstellung eines Finanzplans

Und hier die gute Nachricht: Die Software *LISA – Qualität und Management*, die Ihnen 21 Tage kostenfrei zur Verfügung steht, enthält neben dem interaktiven Fragebogen zur Abbildung der konkreten Anforderungen der ISO 9001:2008 die für ein QMS erforderliche Dokumentation inklusive Musterformularen und Anleitungen.

Welche Bereiche der Norm sind betroffen?

- Kapitel 4.1 – Allgemeine Anforderungen
- Kapitel 4.2 – Dokumentationsanforderungen

■ 6.11 (Qualitäts-)Managementhandbuch erzeugen

In diesem Projektschritt wenden wir uns dem (Qualitäts-)Managementhandbuch zu, welches von der ISO 9001:2008 gefordert wird und der Minimaldokumentation eines QMS entspricht.

Es wird oft auch als Qualitätshandbuch, QM-Handbuch, QMH oder im Englischen als Management Manual (MM) und im integrierten Fall als Integrated Management Manual (IMM)bezeichnet. Sie können es aber auch schlicht Managementhandbuch nennen. Denn es geht darum, eine Dokumentation zu schaffen, welche die Anforderungen an die Strategie, die Struktur, die Fähigkeiten und Führung sowie an die Prozesse Ihres Unternehmens zusammenfassend beschreibt.

Für Fachfremde (mögliche Kunden, Lieferanten etc.) erschließt sich aus dieser vereinfachten Bezeichnung auch der tatsächliche Umfang des QMS, und es entsteht nicht der Verdacht, es könnte noch weitere davon losgelöste Systeme oder Managementhandbücher geben.

Was will ich damit erreichen?

Das Managementhandbuch soll allen Interessierten intern wie extern dazu dienen, einen komprimierten Überblick über Ihr QMS zu erhalten. Moderne Unternehmen entscheiden sich neben einer Printausgabe zunehmend dazu, das Handbuch auch im firmeneigenen Intranet oder im Internet zu veröffentlichen.

Auf diese Weise können alle Interessenpartner des Unternehmens oder solche, die es werden möchten, jederzeit darauf zugreifen und bekommen neben den Produkten und Dienstleistungen auf der Website gleich einen ersten Eindruck über die Konstitution. Das schafft Vertrauen.

Auch im Falle einer möglichen Auditierung, z. B. durch Kundenvertreter, wird das Managementhandbuch in der Regel hinzugezogen und eingesehen.

Welchen Input benötige ich dazu?

Sie benötigen die fertige QM-Dokumentation bestehend aus der Hauptprozesslandschaft, den erforderlichen Verfahrensanweisungen, Arbeitsanweisungen, mitgeltenden Dokumenten und Aufzeichnung sowie Anleitungen.

Was muss ich konkret tun?

Wenn Sie zur Abbildung und Dokumentation Ihres QMS *LISA – Qualität und Management* verwendet haben, können Sie Ihr Managementhandbuch nun per Mausklick ausdrucken – als Printausgabe, digital für Ihren Rechner oder im HTML-Format fürs Intranet/Internet.

Falls Sie die QM-Dokumentation manuell erstellt haben, fügen sich folgende Einzelkomponenten zusammen – sie ergeben Ihr Managementhandbuch (Muss):

- die erklärte Verpflichtung der Geschäftsführung zur Handlung im Sinne von Qualität und einer kontinuierlichen Verbesserung im Unternehmen (Unternehmens-/Qualitätspolitik),
- Unternehmensleitbild, -strategie und Ziele,
- Unternehmensstruktur (Organigramm),
- eine Übersicht Ihrer Hauptprozesse mit deren Schnittstellen und Wechselwirkungen (Hauptprozesslandschaft),
- entsprechende Verweise zur Norm, um die Erfüllung der Anforderungen nachzuweisen, in unserem Fall zur ISO 9001:2008.

Darüber hinaus wären zu empfehlen:

- Zusammenfassende Auszüge aus der QMS-Dokumentation wie Verfahrens- und Arbeitsanweisungen (Soll).
- Qualitätsmaßnahmen und Erfolge aus dem laufenden Geschäft (Kann).

Managementhandbuch

Es besteht keine Verpflichtung, Qualitätsmaßnahmen im Managementhandbuch aufzuführen, doch gibt es Interessenpartnern (z. B. potenziellen Kunden) etwas mehr Einblick als nötig und schafft damit Vertrauen. Und vor allen Dingen weisen Sie damit nach, dass Ihr QMS nicht nur statischer Natur ist, sondern Qualität aktiv gelebt wird. Realisieren lässt sich der entsprechende Input für das Handbuch recht einfach, indem wichtige Ereignisse/Ergebnisse aus den Qualitätszirkeln, die sowieso regelmäßig stattfinden, kurz und knapp zusammengefasst und an vorgesehener Stelle ins Handbuch eingebracht werden – z. B. im gleichen Turnus, wie die Qualitätszirkel stattfinden.

Ein Managementhandbuch sollte so kurz und knapp wie möglich sein. Wenn Sie es manuell erstellen, muss es je nach individueller Notwendigkeit und Komplexität Ihres Unternehmens zehn bis 15 DIN-A4-Seiten nicht übersteigen. Softwareunterstützt erstellte Handbücher können etwas umfangreicher sein, da die Erstellung/Aktualisierung keinen erwähnenswerten Mehraufwand darstellt.

Bei aller Verpflichtung zur nötigen Dokumentation sollten Sie sich immer Folgendes vor Augen halten:

 Ein Managementhandbuch und die zugrunde liegende Dokumentation sollten innerhalb eines funktionierenden QMS lediglich ein Abbild der gelebten Praxis sein – denn auf die kommt es an.

Welche Bereiche der Norm sind betroffen?

Kapitel 4.2.2 – Qualitätsmanagementhandbuch

◼ 6.12 Systembewertung – Interne Audits durchführen

Die nun folgende Systembewertung entspricht einer wiederholten Bestandsaufnahme (Sie erinnern sich: Prozess-Assessment, Kunden- und Mitarbeiterbefragung) und folgt somit eins zu eins dem Ablauf des zu Anfang vollzogenen Projektschritts „Die Bestandsaufnahme".

Mit dieser zweiten Bestandsaufnahme, die als Systembewertung bezeichnet wird, überprüfen wir nun, ob das eingeführte QMS dem beabsichtigten Stand entspricht und somit auch wunschgemäß zertifizierbar ist.

Bezüglich des Sachstandes sollten Sie bei der Systembewertung im Vergleich zur Bestandsaufnahme bereits einige Unterschiede bemerken. Einer liegt in der Weiterentwicklung der Qualität von Strategie, Struktur, Fähigkeit und Prozessen.

Ein anderer: Zum Zeitpunkt der ersten Bestandsaufnahme waren Sie vielleicht noch Einzelkämpfer und methodisch am Anfang. Jetzt verfügen Sie über

- ein Unternehmen mit Mitarbeitern, die den Begriff Qualität richtig zuordnen und (er)leben können,
- Erfahrungen im Management eines recht komplexen Projektes, diese Erfahrung kann auch in Folgeprojekten aller Art angewandt werden kann (Wissenstransfer),
- Erfahrung im Umgang mit Veränderungen (Change Management),
- eine solide Portion eigenes Qualitäts-Know-how,

- eine Unternehmensleitung, die dank Ihrer Bemühungen in eine positive Zukunft sehen kann,

- ein Team, welches Ihnen künftig bei allen Qualitätsaktivitäten aktiv zur Seite steht.

Und das Team besteht aus … richtig! Aus allen Mitarbeitern. Und genau das können Sie nun einsetzen, um die jetzt noch ausstehende Systembewertung in den verschiedenen Unternehmensbereichen durchführen zu lassen.

Was muss ich konkret tun?

Die Systembewertung der führungsrelevanten Prozesse sollten Sie persönlich mit der obersten Leitung und dem mittleren Führungskreis durchführen, denn dabei können Sie mögliche noch bestehende Anforderungen seitens des Managementteams mit abfragen und das QMS feintunen.

Wenn Sie sich für eine Zertifizierung Ihres QMS entschieden haben, wäre jetzt – falls nicht bereits geschehen – auch ein günstiger Zeitpunkt, um entsprechende Angebote einzuholen (siehe auch Kapitel „Die Zertifizierung").

Um die Systembewertung zu komplettieren, könnte nun auch eine abschließende Mitarbeiter- und Kundenzufriedenheitsabfrage durchgeführt oder beauftragt werden.

Wiederholen Sie nun gemeinsam mit Ihrem Team die gleichen Schritte wie im Kapitel „Die Bestandsaufnahme".

Welche Bereiche der Norm sind betroffen?

- Kapitel 5.6 – Managementbewertung
- Kapitel 8.2.2 – Internes Audit

■ 6.13 Unternehmen auf die Zertifizierung vorbereiten

Bei der Zertifizierung handelt es sich um ein eigenes Projekt, welches sich der QMS-Einführung anschließt. Daher ist es von Vorteil, Ihr Unternehmen darauf vorzubereiten. Denn es kommen externe Prüfer (Auditoren) ins Haus, die interne Dinge von Ihren Mitarbeitern wissen wollen, die solche Befragungen in der Regel nicht gewohnt sind. Dieser Tatsache gilt es professionell zu begegnen.

Die Vorbereitung auf eine Zertifizierung bietet den Mitarbeitern auch noch einmal die Möglichkeit, sich intensiv mit der Qualität des eigenen Arbeitsumfeldes auseinanderzusetzen.

Was will ich damit erreichen?

Jeder Mitarbeiter sollte Sinn, Ziel und Zweck seiner täglichen Arbeitsabläufe verstehen und sie somit inklusive der erforderlichen Rahmenbedingungen fließend benennen können. Machen Sie allen Mitarbeitern ausdrücklich klar, dass die Fähigkeit zur Erklärung nur sekundär dem Zweck der „Zertifizierungsfestigkeit" dient. Primär dient dieses Know-how dazu, um aktiv zur Umsetzung und Steigerung der Unternehmensqualität beizutragen.

Zum professionellen Qualitätsverständnis gehört auch, den vorgelagerten Input-Geber (Lieferanten) und den Output-Empfänger (internen oder externen Kunden) seiner persönlichen Arbeitsergebnisse zu kennen.

Eine Zertifizierung durch einen akkreditierten Zertifizierungspartner ist kein theoretischer Akt. Es wird hierbei neben der QM-Dokumentation das praktische Know-how **aller** Unternehmensinstanzen stichprobenartig überprüft – von der obersten Leitung bis zur operativsten Stelle. Darauf gilt es vorbereitet zu sein!

Welchen Input benötige ich dazu?

Platzieren/publizieren Sie die in einer Gemeinschaftsproduktion erstellte QM-Dokumentation an geeigneter Stelle. Ausnahmslos alle Mitarbeiter sollten zu jedem Zeitpunkt darauf Zugriff haben. Dabei spielt es keine Rolle, ob es sich um eine innovative Softwarelösung handelt oder um einen einfachen Ausdruck der entsprechenden Unterlagen und des Managementhandbuches.

Was muss ich konkret tun?

Planen Sie eine offizielle Informationsveranstaltung. Hierzu laden Sie wie bereits zur Eröffnungsveranstaltung **alle** Mitarbeiter ein. Bitten Sie auch hier wieder die oberste Leitung, einen aktiven Part zu übernehmen, z. B. das erarbeitete Unternehmensleitbild samt Strategie und Zielsetzung zu präsentieren. So wird auch die persönliche Verpflichtung zu Qualität standesgemäß kommuniziert.

Vermitteln Sie folgende Informationen:

- Bedanken Sie sich ausdrücklich für die Mitarbeit aller am QMS-Einführungsprojekt und präsentieren Sie die Ergebnisse. Ein Soll-Ist-Vergleich zwischen dem Ausgangszustand und dem aktuell erreichten Ergebnis wirkt motivierend.
- Präsentieren Sie das QMS als Ergebnis aller Bemühungen. Wenn Sie zur Abbildung ein Softwaretool verwendet haben, gestalten Sie die Veranstaltung interaktiv und bewegen Sie sich darin, statt nur ein paar Screenshots zu zeigen.
- Schulen Sie alle Mitarbeiter noch einmal geschlossen in den Grundlagen der ISO 9001:2008. Tun Sie das kurz und knackig.
- Informieren Sie die Mitarbeiter über weitere Termine (Voraudit, Zertifizierungsaudit) und stellen Sie die hierfür nötige Anwesenheit der Mitarbeiter sicher.

- Eröffnen Sie die Diskussion. Nehmen Sie sich gemeinsam mit der obersten Leitung, dem mittleren Management und dem Betriebsrat nun ausreichend Zeit, um alle Fragen zum Thema ausführlich zu beantworten.

Welche Bereiche der Norm sind betroffen?

Kapitel 5.5 – Verantwortung, Befugnis und Kommunikation

 Was Sie wissen sollten

Bei der QMS-Einführung kann wie folgt vorgegangen werden:

1. Eröffnungsveranstaltung durchführen

   Betroffene Bereiche der ISO 9001

   - Kapitel 5.1 – Selbstverpflichtung der Leitung
   - Kapitel 5.5 – Verantwortung, Befugnis und Kommunikation

2. Bestandsaufnahme, gegebenenfalls dreiteilig

   - Prozess-Assessment
   - Mitarbeiterbefragung
   - Kundenzufriedenheitsumfrage

   Betroffene Bereiche der ISO 9001

   - Alle

3. Unternehmensleitbild, Strategie und Ziele entwickeln

   Betroffene Bereiche der ISO 9001

   - Kapitel 5.1 – Selbstverpflichtung der Leitung
   - Kapitel 5.2 – Kundenorientierung
   - Kapitel 5.3 – Qualitätspolitik
   - Kapitel 5.4 – Planung

4. Unternehmensstruktur und -fähigkeit anpassen

   Betroffene Bereiche der ISO 9001

   - Kapitel 4 bis 8

5. Projekt(kern)team zusammenstellen

   Betroffene Bereiche der ISO 9001

   - Kapitel 4 bis 8

6. Qualitätsmultiplikatoren trainieren

   Betroffene Bereiche der ISO 9001

   - Kapitel 4 bis 8

7. Prozesslandschaft erarbeiten

   Betroffene Bereiche der ISO 9001

   - Kapitel 4.2.2 – Qualitätsmanagementhandbuch

8. Prozesse erfassen und verbessern

   Betroffene Bereiche der ISO 9001

   - Kapitel 7.1 – Planung der Produktrealisierung
   - Kapitel 7.2 – Kundenbezogene Prozesse
   - Kapitel 7.3 – Entwicklung
   - Kapitel 7.4 – Beschaffung
   - Kapitel 7.5 – Produktion und Dienstleistungserbringung
   - Kapitel 7.6 – Lenkung und Überwachung von Messmitteln

9. Qualitätsdokumentation erstellen

   Betroffene Bereiche der ISO 9001

   - Kapitel 4.1 – Allgemeine Anforderungen
   - Kapitel 4.2 – Dokumentationsanforderungen

10. (Qualitäts-)Managementhandbuch erzeugen

    Betroffene Bereiche der ISO 9001

    - Kapitel 4.2.2 – Qualitätsmanagementhandbuch

11. Systembewertung – interne Audits durchführen

    Betroffene Bereiche der ISO 9001

    - Kapitel 5.6 – Managementbewertung
    - Kapitel 8.2.2 – Internes Audit

12. Unternehmen auf die Zertifizierung vorbereiten

    Betroffene Bereiche der ISO 9001

    - Kapitel 5.5 – Verantwortung, Befugnis und Kommunikation

7 Softwarelösungen zur Systemabbildung

In diesem Kapitel werden Ihnen drei Softwarelösungen vorgestellt, welche die QMS-Einführung mit verschiedenen Schwerpunkten unterstützen.

LISA – Qualität und Management holt Sie dort ab, wo Sie gerade stehen. Die Software führt Sie entlang der ISO 9001:2008 durch die Bestandsaufnahme, analysiert und bewertet per Knopfdruck den aktuellen Stand Ihres Managementsystems und schlägt Ihnen dynamische Verbesserungsmaßnahmen vor. LISA enthält darüber hinaus bereits alle zertifizierungsrelevanten Dokumente und Vorlagen in anpassbarer Form.

ViFlow ist auch zur Abbildung der QMS-Dokumentationen geeignet, spielt jedoch seine große Stärke in der visuellen Modellierung, Vernetzung und unkomplizierten Weiterentwicklung von Geschäftsprozessen aus. Es gibt drei verschiedene Editionen – Standard, Professional und Enterprise.

Das Content Management System (CMS) von *Joomla!* gesellt sich als Open-Source-Alternative für No-Budget-Verfechter dazu, dafür aber mit abgespeckter Funktionalität.

▉ 7.1 LISA – die Lady mit Struktur

Kurzporträt

LISA – Qualität und Management (kurz *LISA*) ist eine interaktive Software, die von emilQ EXCELLENCE in Zusammenarbeit mit der Alchimedus Management GmbH entwickelt wurde. LISA steht für **L**eitung, **I**ntegration, **S**truktur und **A**nalyse und dient der intuitiven und zeitsparenden Bewertung, Abbildung und kontinuierlichen Weiterentwicklung von Managementsystemen.

Neben der Abbildung der ISO 9001:2008 als interaktiver Fragebogen mit dynamischen Maßnahmenvorschlägen sind Qualitätswerkzeuge, Musterdokumente, Checklisten sowie entsprechende Anleitungen dazu enthalten.

Am Beispiel des Fertighauses aus dem Kapitel „Wie funktioniert ein QMS?" könnte man LISA mit einem Ausbauhaus vergleichen. Sie kaufen ein bewährtes, zu 80 % vorgefertig-

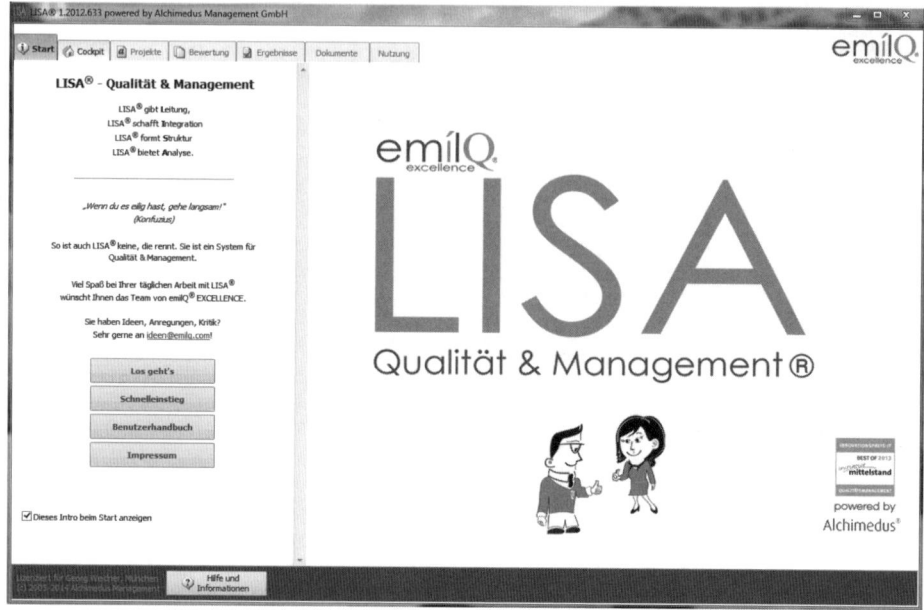

Bild 7.1 LISA – Qualität und Management – Startbildschirm

tes Paket, welches Ihnen die verbleibenden ca. 20 % für die Umsetzung eigener Wünsche und Anforderungen offenlässt.

Mit LISA können alle standardisierten sowie individuellen Managementsysteme und Fragebögen interaktiv abgebildet werden. In der klassischen Variante deckt sie alle Anforderungen der ISO 9001:2008 ab.

Das 2006 erstmalig eingesetzte Datenmodell befindet sich bis heute über 26 000-fach in mehr als 30 Branchen im Einsatz. Sprachen: Deutsch. Eine englische Sprachvariante befindet sich in der Entwicklung. Ebenso wie die Abbildung weiterer Managementsysteme, darunter auch die OHSAS 18001.

Branchenschwerpunkte

Die Softwarestruktur von LISA kann mit einem offenen Setzkasten verglichen werden, der mit standardisierten Managementsystemen, aber auch individuellen Fragebögen bestückt werden kann. LISA ist somit in allen Branchen individuell zur Bewertung, Analyse, Abbildung und Weiterentwicklung von Systemen und Anforderungen aller Art einsetzbar.

Funktionen und Workflow

- Interaktive Abbildung der ISO 9001:2008. Beliebig erweiterbar für andere Managementsysteme.

- Bestandsaufnahme (Analyse) und Bewertung der aktuellen Unternehmenskonstitution.

- Weiterentwicklung des Unternehmens basierend auf dynamischen Maßnahmenvorschlägen.
- Erstellung der erforderlichen QM-Dokumentation anhand allgemeiner Vorlagen.
- Erstellung des Managementhandbuches per Knopfdruck.
- Planung und Terminierung von strategischen, strukturellen, personellen und prozessbezogenen Maßnahmen.
- Weiterentwicklung erstellter Managementsysteme.
- Von renommierten Zertifizierungsunternehmen geprüft und anerkannt.

Besondere Features:

- Export von Terminen nach MS Outlook, Word und Excel ab Version 2003.
- Vollwertiges Dokumentenmanagementsystem.
- Automatische Versionsverwaltung und Archivierung.
- Veröffentlichung von Managementsystemen per Mausklick – digital und in HTML (z. B. zur Intranet-/Internetnutzung).
- Datenaustausch kompletter Projekte mit externen Partnern wie Quality Coachs und Beratern (z. B. zur Umsetzungsbegleitung, Systembeurteilung auch per Ferndiagnose) oder Zertifizierungsunternehmen (z. B. zur Dokumentenprüfung).

Systemvoraussetzungen

Das Datenmodell von LISA basiert auf MS Access – einem Standardprodukt aus dem Hause Microsoft – und ist daher kompatibel zu allen herkömmlichen Windows-Rechnern.

Erforderliche Systemvoraussetzungen sind:

- Betriebssystem Microsoft Windows ME, XP, Vista, 7 oder 8 (Apple Mac: Virtual PC, Parallels oder Bootcamp mit entsprechend installiertem Windows)
- Microsoft Word und Excel (2003 bis 2013)
- 512 MB RAM
- 500 MB Festplattenspeicher
- Monitorauflösung ab 1024 mal 768

Installationsablauf

Als Leser dieses Buches wird Ihnen eine 21-tägige selbstinstallierende Testversion (*.exe) zur Verfügung gestellt. Den Download-Link finden Sie auf der buchbegleitenden Internetseite emilq.com/qualitaeterleben.

Handhabung und Veröffentlichung

Sobald Sie mit LISA Ihr QMS erstellt haben, können Sie das Projekt über die Veröffentlichungsfunktion auf Knopfdruck ausspielen und lokal oder in einem Netzwerkverzeichnis speichern. Dabei wird ein strukturiertes Inhaltsverzeichnis generiert, worüber alle User ins QMS einsteigen und darin navigieren können. Alle enthaltenen Dokumente können auch mit dem Programmpaket Open Office (kostenfreies Pendant zu MS Office) gelesen werden. Somit ist pro Unternehmen nur eine Lizenz von LISA nötig.

Training und Schulung

emilQ EXCELLENCE bietet in Zusammenarbeit mit seinem Systempartner, der Alchimedus Management GmbH, regelmäßige Trainings zur Handhabung von LISA an. Anfragen richten Sie bitte an office@emilq.com.

Support

LISA-Programmnutzern steht bereits während der Testnutzung eine Supporthotline zum telefonischen Normaltarif zur Verfügung. Die Telefonnummer finden Sie direkt in der Software unter „Hilfe/Support".

Besonderheiten

Wenn sich LISA durch etwas auszeichnet, dann durch die Tatsache, dass die Software bereits mit einem fertigen Qualitätsmanagementsystem in allgemeiner Form ausgeliefert wird. Darauf aufzubauen erspart bei der Abbildung des individuellen QMS sehr viel Zeit und Geld, wodurch sich die Investition in LISA in kurzer Zeit amortisiert hat.

Lizenzen, Nutzung und Updates

Einen Link zu weiteren Informationen zu Downloads, aktuellen Preisen, Updates etc. finden Sie auf der buchbegleitenden Internetseite emilq.com/qualitaeterleben.

■ 7.2 ViFlow – Prozessmodellierung mit Komfort

Kurzporträt

Das Softwaretool *ViFlow* ist ein Produkt der ViCon GmbH. Das Software- und Consultingunternehmen bietet einfache Lösungen für effektives Prozessmanagement für Unternehmen jeder Branche und Größe. 1998 in Hannover gegründet, sind die Prozessspezialisten heute mit zahlreichen qualifizierten Partnern und Kunden international vertreten.

ViFlow steht für das Visualisieren, Analysieren, Dokumentieren und Optimieren von Unternehmensprozessen und die Bereitstellung Letzterer für alle, die damit zu tun haben. ViFlow setzt dabei auf das Standardprogramm Microsoft Visio auf. Die Software wurde im Jahr 2000 in den ersten Versionen bei Kunden eingesetzt und ist inzwischen in der Version ViFlow 5 eines der erfolgreichsten Geschäftsprozessmanagement-Werkzeuge überhaupt.

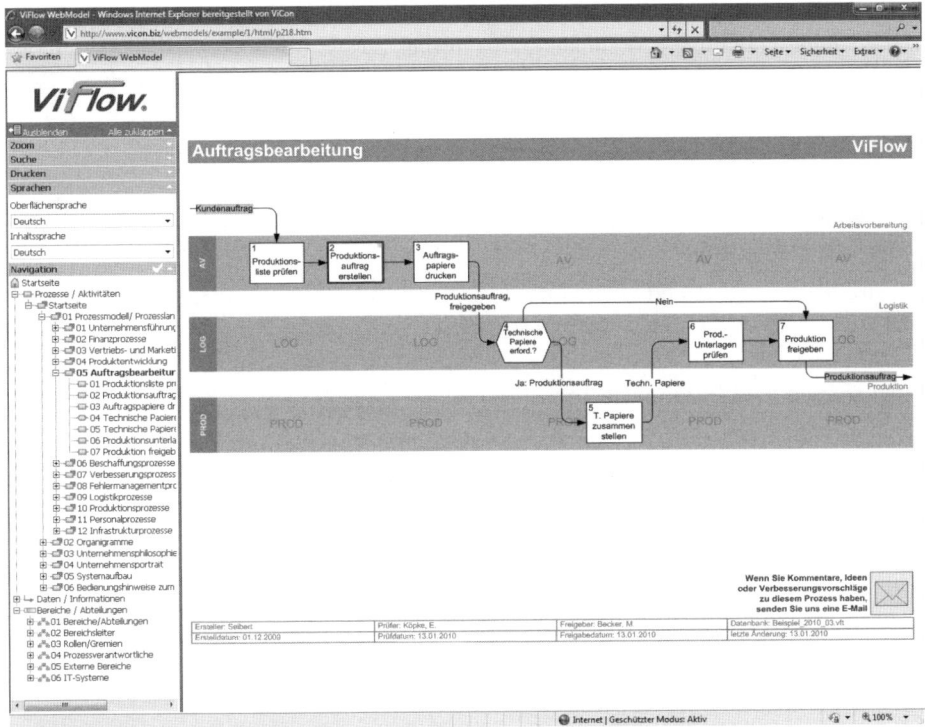

Branchenschwerpunkte

Bei ViFlow handelt es sich um ein allgemeines Methoden- und Modellierungstool, das in allen Branchen und für alle Unternehmensgrößen einsetzbar ist – vom Einzelunternehmen über Arztpraxen und den Mittelstand bis hin zum international agierenden Automobilzulieferer.

Produktvariationen

Je nach Anwendungszweck und -umfang, gibt es ViFlow in drei Editionen:

ViFlow Standard

Das ViFlow für alle: Die ViFlow-Standard-Softwareedition zeichnet sich vor allem durch die leicht verständliche und übersichtliche Prozessdarstellung aus. Mit wenigen Handgriffen erstellen Sie aussagekräftige Flussdiagramme und Prozessbeschreibungen mit detaillierten Informationen und veröffentlichen diese im HTML-Format als sogenanntes ViFlow WebModel im Intra- bzw. Internet.

ViFlow Professional

Die ViFlow-Software für Profis: Mit ViFlow Professional können Sie Ihr Prozessmodell in bis zu neun verschiedenen, selbst definierten Sprachen pflegen und das WebModel in der jeweiligen Landessprache erstellen, beispielsweise für ausländische Niederlassungen.

Darüber hinaus verfügt ViFlow Professional über erweiterte Im- und Exportfunktionen. Damit können Sie Ihr Prozessmodell nicht nur als Access-Datenbank, als XML- und als Visio-Dateien exportieren, sondern auch Inhalte aus Access, Excel oder anderen Textdateien in die ViFlow-Datenbank importieren.

ViFlow Enterprise

ViFlow für das ganze Unternehmen: In der Enterprise-Edition enthält ViFlow verschiedene Funktionen zur Unterstützung der Arbeit mit vielen Modellierern (SPM – Shared Process Modeling).

Die drei Produktvarianten werden darüber hinaus durch einen integrierten Nachbarn, den *ViFlow Reporter*, ergänzt, auf den wir weiter unten noch näher eingehen werden.

Funktionen und Eigenschaften

- Leicht verständliche Prozessdarstellung mit aussagekräftigen Grafiken und detaillierten Informationen.
- Intuitive Benutzerführung durch eine umsetzungsnahe Programmoberfläche.
- Datenbank zur Wiederverwendung und zentralen Pflege von Prozessinformationen.
- Hohe Kompatibilität und sichere Bedienung von anderen Microsoft-Anwendungen durch die Integration von Microsoft Office Visio.
- Umfangreiche Prozess-Import/Export-Funktionen.
- Konfiguration für Mehrbenutzerumgebungen.
- Unterstützung der Modellierung von Prozessgrafiken nach BPMN (Business Process Model and Notation).
- Direkte Veröffentlichung der Prozessgrafiken und -informationen per WebModel zur Betrachtung im Microsoft Internet Explorer oder im kostenfreien ViFlow WebModel Viewer.

Systemvoraussetzungen

Um mit ViFlow zu arbeiten, braucht man einen PC mit einem Betriebssystem ab Windows XP (ab Service Pack 3), Microsoft Office ab Version 2007 und Visio. Letzteres kann auch direkt mit ViFlow erworben werden.

Details zu den Systemanforderungen – auch für die Integration in Netzwerken – findet man aktuell unter: www.viflow.de/systemanforderungen.html.

Installationsablauf

Als Leser dieses Buches wird Ihnen von der ViCon GmbH eine erweiterte Testversion von 60 Tagen zur Verfügung gestellt. Dabei handelt es sich um die Vollversion der höchsten Edition von ViFlow – ViFlow Enterprise und ViFlow Reporter Professional.

Nach der Erstinstallation der Testversion von ViFlow können Sie die Software direkt starten und sich schon im Startfenster Hilfe für die ersten Schritte holen. Dort ist ein Video-Tutorial hinterlegt und ebenso ein Schnelleinstieg in zehn Schritten als PDF verlinkt. In ViFlow sind außerdem ein detailliertes Benutzerhandbuch und eine Online-Hilfe integriert.

Im Startfenster hat man außerdem die Möglichkeit, aus verschiedenen Datenbankvorlagen auszuwählen. Zu empfehlen ist es, zum Start mit ViFlow die Vorlage der Beispieldatenbank zu laden. Diese enthält ein vollständiges Prozessmodell, welches einen guten Einblick in die Modellierungsmöglichkeiten gibt. Nach dem Kauf einer Lizenz kann die installierte Testversion direkt freigeschaltet werden.

Handhabung und Veröffentlichung

Die Prozessstruktur

Nach dem Start des Programms haben Sie Zugriff auf die ViFlow-Datenbank. Die darin enthaltenen Prozesse, Daten und Bereiche werden in übersichtlicher, hierarchisch gegliederter Struktur (ähnlich der Darstellung des Windows Explorer) im linken Teil des Programmfensters dargestellt.

Per Doppelklick auf einen beliebigen Prozess in der Übersicht öffnet sich im rechten Teil des Programmfensters die dazugehörige Prozessgrafik. So lassen sich auch die Informationen zu allen Objekten aufrufen.

Die Prozessmodellierung

Um einen Prozess zu modellieren, zieht man ein vorhandenes Prozesssymbol aus der ViFlow-Schablone auf das Zeichenblatt im rechten Teil des Programms. In dem sich daraufhin öffnenden Fenster gibt man dem neuen Prozess einen Namen oder wählt einen bereits in der Datenbank vorhandenen Prozess aus. Den Prozess kann man nun beliebig detaillieren und zusätzliche Informationen und Verknüpfungen in der Datenbank abspeichern.

So wie die Prozesssymbole werden auch bestehende Bereiche, Verzweigungen (Ja-Nein-Entscheidungen) und Daten (Input/Output) einfach per Drag and Drop aus der Baumstruktur auf das Zeichenblatt gezogen. Vorhandene Unterprozesse werden in der Grafik mit einer Schattierung und in der Prozessübersicht mit einem [+]-Symbol gekennzeichnet.

Die Veröffentlichung

Die modellierten Prozesse werden den Mitarbeitern per WebModel im HTML-Format angezeigt und können so interaktiv genutzt werden. Zum Betrachten der Prozessgrafiken und -informationen genügt der Microsoft Internet Explorer.

Die Navigation im WebModel erfolgt durch Klick in die Prozessstruktur oder auf das entsprechende Symbol in der Grafik. Auf diesem Weg lassen sich auch Detailinformationen und verknüpfte Dokumente oder Dateien direkt aus der Grafik aufrufen oder öffnen.

So hat jeder Mitarbeiter jederzeit Zugriff auf die für ihn wichtigen Prozesse und Informationen. Prozesse und ganze Prozesslandschaften können so auch im lokalen Intranet veröffentlichen werden.

Die Dokumentation mit ViFlow Reporter

ViFlow Reporter ist das Zusatzmodul für die Erstellung von schriftlichen Dokumentationen und zur Analyse der in ViFlow eingegebenen Daten und Prozessinformationen, wie z. B. verschiedene Prozessbeschreibungen, Prozesskennzahlen, Verbesserungspotenziale, Liste von Maßnahmen zur Prozessverbesserung, Liste gelenkter Nachweis- und

Vorgabedokumente, Datenliste und Datenverwendung, Stellenbeschreibungen, unternehmensweites Prozessmodell.

Training und Schulung

Da ViFlow auf Microsoft Visio basiert, findet man sich als Microsoft-Office-Nutzer in kurzer Zeit damit zurecht, was Zeit und Geld für umfassende Schulungen spart. Nichtsdestotrotz ist es für ein fundiertes Basiswissen zu empfehlen, an einem der von ViCon angebotenen Trainings teilzunehmen. Diese finden monatlich im Wechsel in vier verschiedenen Städten statt. ViCon bietet das zweitägige Seminar „ViFlow-Basics" als Einstieg und für Fortgeschrittene die eintägigen Seminare „ViFlow QMH Special" und „ViFlow Manager" an. Für die Schulung mehrerer Mitarbeiter können auch Inhouse-Seminare gebucht werden.

Support

Die ViCon GmbH unterhält ein Servicecenter mit kostenlosem technischem Support über verschiedene Kanäle:

Online-Support-Anfrage über das Helpdesk-System

Hotline: +49 5 11 69 60 48–22

Remote-Support (Direktzugriff auf Ihren PC)

Knowledgebase

Tutorials auf ViFlow TV

Besonderheiten

Neben der einfachen Handhabung während der Prozessmodellierung liegt eine spezielle Stärke von ViFlow in der Mehrsprachigkeit. Denn das Programm lässt sich in jeder Version während des laufenden Betriebs per Knopfdruck auch auf Englisch, Französisch, Italienisch, Ungarisch, Spanisch oder Niederländisch umschalten.

Lizenzen, Nutzung und Updates

Alle weiterführenden Informationen zu Downloads, aktuellen Preisen, Updates etc. finden Sie unter www.viflow-qms.de/qualitaeterleben.

■ 7.3 Joomla! – eine Open-Source-Alternative

Kurzporträt

Bei *Joomla!* handelt es sich um ein Content Management System (CMS), welches Inhalte verwaltet und miteinander verknüpft. Vergleichsprodukte sind WordPress, Drupal und TYPO3.

Joomla! steht unter der sogenannten GPL (General Public Licence). Es handelt sich dabei um freie Software, die von einer Community stetig weiterentwickelt wird und allgemein kostenfrei genutzt werden darf (Open Source).

Seit September 2012 gibt es die Softwareversion 3.0, die auch für die mobile Verwendung optimiert wurde (Stichwort: Responsive Webdesign). Der in Joomla! integrierte Editor zur Bearbeitung von Dokumenteninhalten kann dadurch auch von Tablets oder Smartphones aus komfortabel bedient werden. Joomla! kommt in den verschiedensten Organisationen zum Einsatz, darunter befinden sich große Unternehmen wie IKEA, eBay und Peugeot, aber auch Institutionen wie das britische Verteidigungsministerium, die Betreiber des Eiffelturms in Paris oder der Fernsehsender MTV.

In den meisten Anwendungsfällen wird Joomla! zur Erstellung von Internetseiten verwendet. Hierzu gibt es Tausende kostenfreier und kostenpflichtiger Vorlagen, auf denen man – ähnlich dem Prinzip von LISA – diverse Systeme aufbauen kann.

Als CMS kann Joomla! nicht nur für Internetseiten, sondern auch zum Zwecke der Datenspeicherung oder Dokumentenverwaltung genutzt werden wie auch zur Abbildung und Speicherung einer QM-Dokumentation.

Beispiel eines digitalen integrierten Managementhandbuches

Das Unternehmen DeWind Europe GmbH hat sich für den Einsatz von Joomla! als Plattform für das digitale Managementhandbuch entschieden. Bild 7.2 bis Bild 7.5 zeigen Screenshots eines mit Joomla! erstellten Managementhandbuches.

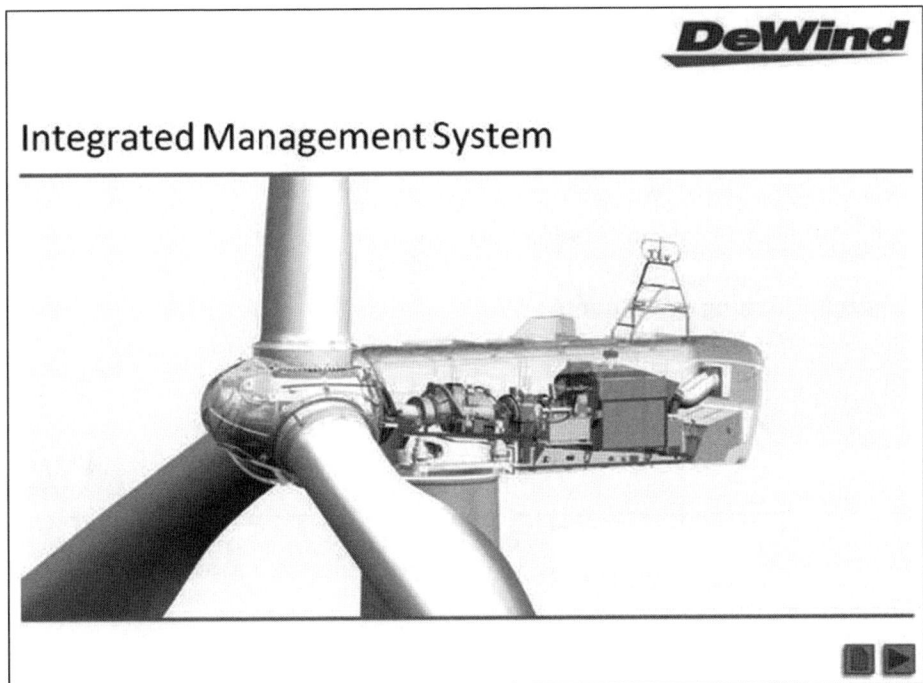

Bild 7.2 Startseite des Managementsystems

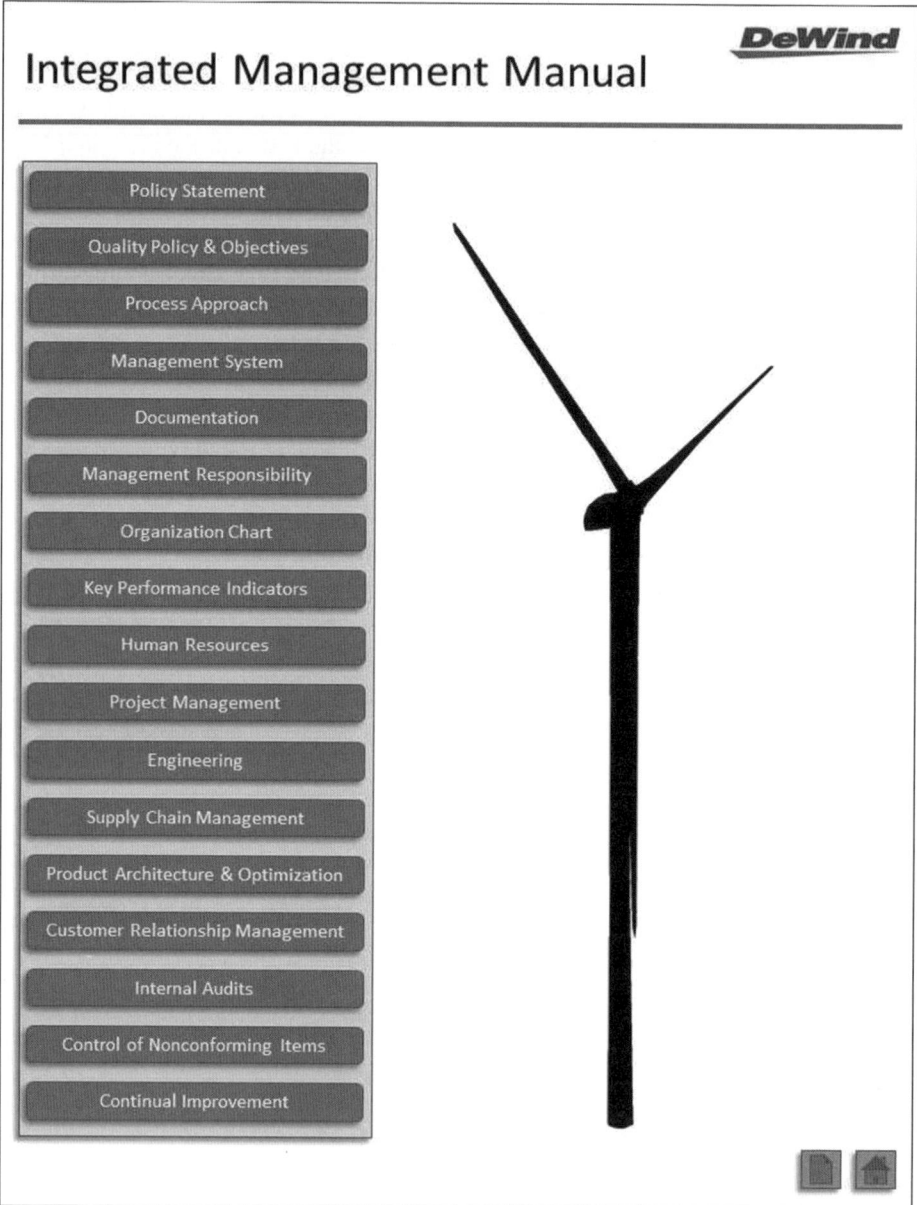

Bild 7.3 Digitales integriertes Managementhandbuch/Integrated Management Manual (IMM) gemäß den Anforderungen der „big three standards" – ISO 9001:2008, ISO 14001 und OHSAS 18001

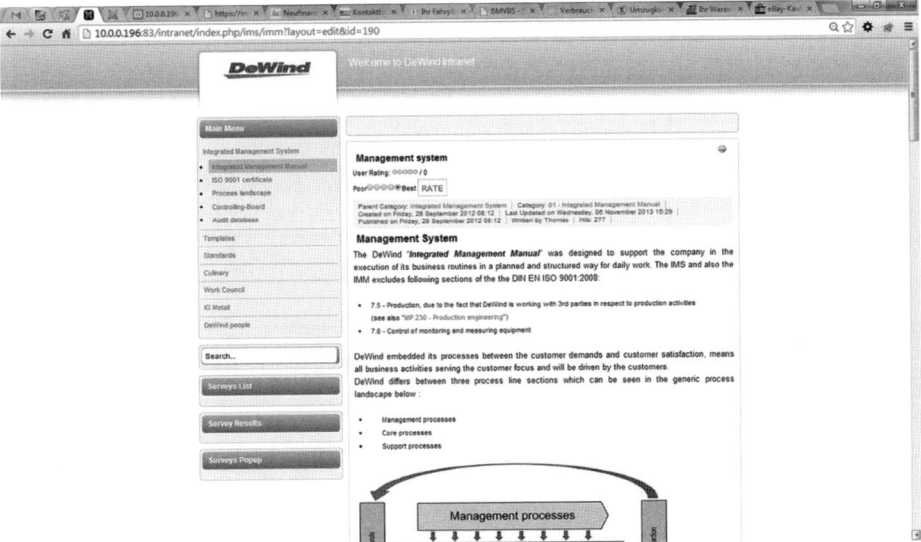

Bild 7.4 Beschreibung des Managementsystems

Integrated Management System Documents		Revision
Main Process		
MP 000	Integrated management system	01
Business Processes		
BP 000.01	Integrated management system	03
BP 000.02	Document Structure	03
BP 000.03	Control of documents	01
BP 000.04	Control of records	00
BP 000.05	Hearing	00
BP 000.06	Internal audits	01
BP 000.07	Continual improvement	00
Instructions		
INS 000.01.01	Process landscape	02
INS 000.02.01	Integrated management system numbers	04
INS 000.07.01	Improvement projects	00
Documents		
DOC 000.01.01.01	Process landscape	08
DOC 000.06.00.01	Internal audit plan (template)	00
DOC 000.06.00.02	Internal audit report (template)	02
DOC 000.06.00.03	Final meeting presentation	00
Manuals		
MAN 000.02-01	Document headers	00
MAN 000.03-01	Publishing IMS documents into the intranet	01
Databases		
ENOVIA		
Overall Documents		
Task, project and deviation list_template		
Minutes of meeting (MOM)		
Presentation_template		

Bild 7.5 Strukturierte Ablage von QM-Dokumenten

Systemvoraussetzungen

Joomla! läuft im Prinzip auf jedem Rechner, allerdings müssen zuvor eine Entwicklungsumgebung und eine Datenbank installiert werden. Diese sind auch für den Betrieb auf einem Server nötig. Für technisch versierte User ist die Installation anhand einer Anleitung ohne fremde Unterstützung machbar. Als Hilfe können entsprechende Bücher oder Videotrainings herangezogen werden.

Buch und Videotraining

DVD: *Joomla! 3. Das umfassende Training* von Galileo Press. Einen kostenfreien Einblick erhalten Sie unter: *http://www.galileo-videotrainings.de/content-management/thema.*

Buch: *Joomla 3.0 logisch! Einfache Webseitenerstellung ohne Programmierkenntnisse* von Dr. Daniel Schmitz-Buchholz.

Installation, Nutzung und Updates

Mit den freien Softwarepaketen XAMPP (= Entwicklungsumgebung und Datenbank) und Joomla! lässt sich unkompliziert ein lokales Intranet realisieren, in welchem die QM-Dokumentation abgelegt, bearbeitet und von allen Mitarbeitern mit IT-Zugriff genutzt werden kann.

XAMPP ist eine Zusammenstellung freier Software und ermöglicht das einfache Installieren und Konfigurieren des Webservers Apache mit der Datenbank MySQL sowie den Skriptsprachen Perl und PHP. Die Software ist für verschiedene Betriebssysteme verfügbar. Joomla! ist neben seinem Stiefbruder WordPress sehr populär, weshalb es dafür auf entsprechenden Internetseiten und in Diskussionsforen zahlreiche hilfreiche Tipps, Tricks und kostenfreie Programmerweiterungen (= Plug-ins) gibt. Das macht die Nutzung von Joomla! attraktiv. Da viele der einschlägigen Internetseiten englischsprachig sind, sind entsprechende Sprachkenntnisse für den „Do-it-yourself-Qualitäter" von Vorteil.

Alle Installationsdetails und Informationen zur Handhabung finden Sie unter folgenden Links:

http://www.joomla.de

http://www.joomlaportal.de/forum.php

http://extensions.joomla.org/

http://www.joomlart.com/index.php

http://www.yootheme.com/

http://www.apachefriends.org/de/faq-xampp.html

Nach erfolgreichem Abschluss Ihrer Joomla!-Installation werden Sie mit einer freundlichen Nachricht im System begrüßt (Bild 7.6).

Bild 7.6 „Glückwünsch! Joomla! ist vollständig installiert!"

Bevor Sie auf die Schaltfläche „Installationsverzeichnis löschen", klicken, können Sie sich noch entscheiden, weitere Sprachen zu installieren. Das können Sie jedoch auch jederzeit über die Administrationsoberfläche von Joomla! nachholen.

Klicken Sie nach dem Löschen auf die Schaltfläche „Admin", um zur Anmeldemaske für Joomla! zu gelangen.

Melden Sie sich mit Ihrem notierten Benutzernamen und Passwort an, und die Bestückung mit Qualitätsinhalten kann beginnen.

Was Sie wissen sollten

Im Vergleich der drei Kandidaten liegt LISAs Stärke in der interaktiven Analyse und Bewertung sowie der Weiterentwicklung des bereits enthaltenen QMS nach ISO 9001:2008.

ViFlow spielt seine volle Kraft in der visuellen Modellierung von Geschäftsprozessen aus – inklusive der Möglichkeit, mitgeltende Formulare und Tools gleich am richtigen Prozess oder Teilprozess anzudocken.

Der dritte Kandidat, das Joomla! CMS, präsentiert sich neben den beiden Kaufkandidaten als kostenfreie Do-it-yourself-Variante für den IT-versierten „Open Source QMB".

Wer bereit ist, mehr Zeit als Geld zu investieren, und keinen großen Wert auf Analyse- und Bewertungsfunktionen des QMS legt, wird sich bei Joomla! zu Hause fühlen.

Alle anderen sind mit einer Kombination aus LISA und ViFlow gut beraten.

8 Die Zertifizierung

Roland Glauser (CEO, Schweizerische Vereinigung für Qualitäts- und Managementsysteme – SQS)

Das QMS in Ihrem Unternehmen steht und kann nun zertifiziert werden. Die Zertifizierung eines (Qualitäts-)Managementsystems stellt sicher, dass sich die von Ihnen implementierten Komponenten auch an den dafür vorgesehenen Stellen befinden und darüber hinaus richtig funktionieren. Die Zertifizierung entspricht also einer qualifizierten Überprüfung und offiziellen Abnahme Ihres eingeführten QMS.

■ 8.1 Grundsätzliches

Um über alle Unternehmen, Branchen und Länder hinweg einheitliche Prinzipien und Anforderungen an die Kompetenz, Konsistenz und Unparteilichkeit zu gewährleisten, gelten für den Zertifizierungsablauf akkreditierter Zertifizierungsstellen dieselben Grundlagen. Diese sind ebenso wie die Zertifizierungsinhalte an sich anhand der internationalen Normen ISO/IEC 17024 (Personenzertifizierung), ISO/IEC 17065 (Produktzertifizierung) und ISO/IEC 17021 (Systemzertifizierung) festgelegt. Letztere hat in der neuesten Fassung Gültigkeit für alle Managementsysteme unabhängig von ihrer Ausrichtung. Somit ist sie auch die Richtschnur zur Systemzertifizierung unseres QMS nach ISO 9001:2008.

Bild 8.1 zeigt den grundsätzlichen Ablauf einer Systemzertifizierung.

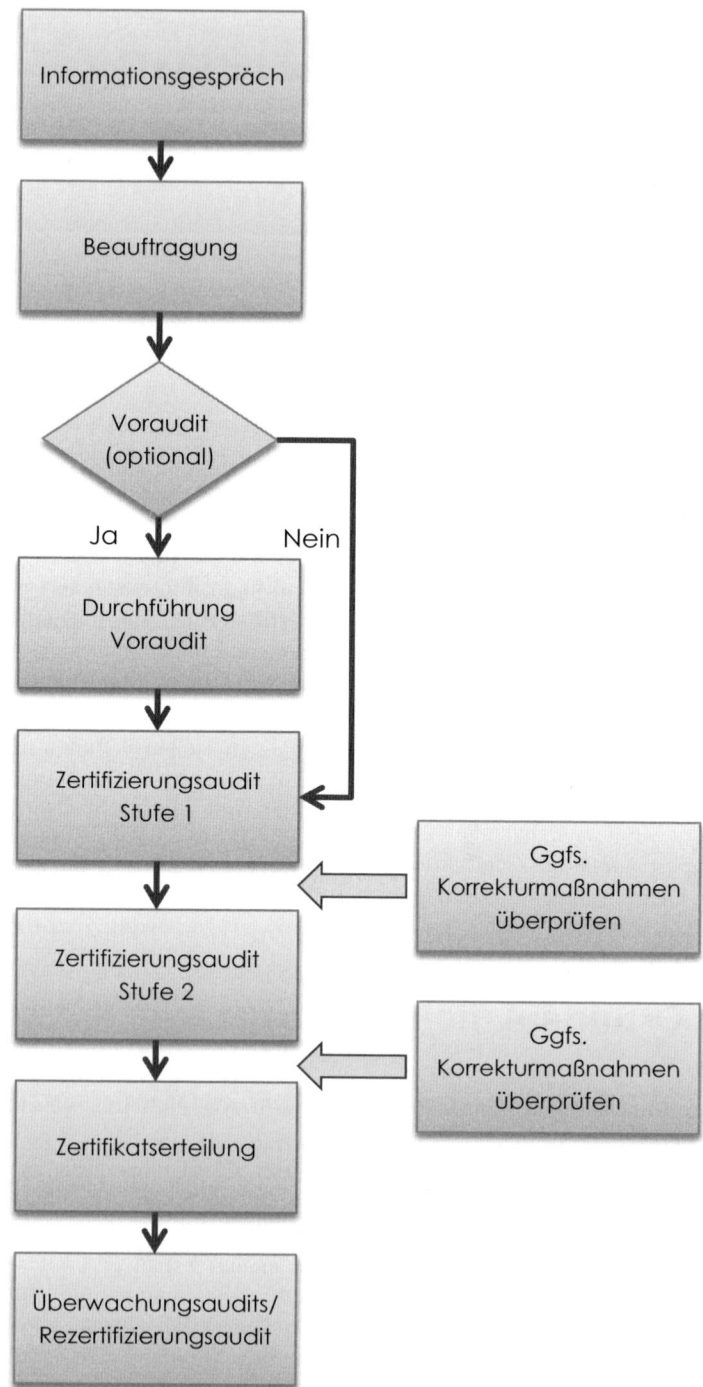

Bild 8.1 Zertifizierungsablauf gemäß ISO/IEC 17021:2011

Entscheiden Sie im Vorfeld, ob Sie gegebenenfalls ein kombiniertes Zertifikat anstreben, denn eine integrierte Zertifizierung stellt im Vergleich zu Einzelzertifizierungen (analog zum Einführungsprojekt des Managementsystems) einen deutlich reduzierten Aufwand dar.

Da eine Zertifizierung auch als eine Art Aushängeschild fungiert, darf nach erfolgreicher Zertifikaterteilung das Emblem des Zertifizierungspartners in die Geschäftsausstattung (Internetseite, Briefpapier, Visitenkarten, Broschüren etc.) eingebunden werden. Damit signalisieren Sie: „Qualität ist uns nicht nur wichtig, wir arbeiten auch kontinuierlich daran!" Das schafft Selbstbewusstsein in den eigenen Reihen und Akzeptanz bei externen Interessenpartnern.

Dabei soll aber nicht unerwähnt bleiben, dass keine Verpflichtung besteht, ein etabliertes Managementsystem zertifizieren zu lassen. Anhand des Beispiels der Formel 1 wäre dieser Umstand allerdings damit zu vergleichen, einen frisch konstruierten Rennboliden der Öffentlichkeit samt seinen neuen Bestzeiten vorzuenthalten. In der Realität fast undenkbar, denn es ist auch der Öffentlichkeitseffekt, der Umsätze beflügelt – sowohl in der Formel 1 als auch in Ihrem Unternehmen.

Die meisten Qualitäts- und Prozessmanager entscheiden sich daher für eine abschließende Zertifizierung des Systems.

Zertifizierung nicht zum Selbstzweck

Trotz der positiven Außenwirkung sollte weder die QMS-Einführung an sich noch die Zertifizierung als Selbstzweck angesehen oder aus Marketinggründen durchgeführt werden. Denn Kundenzufriedenheit und die damit einhergehende Kundenbindung werden durch die nachhaltige Qualität Ihrer Produkte und Dienstleistungen erzeugt und nicht durch ein glänzendes Image. Zumindest nicht auf Dauer, denn ohne der entscheidenden Qualitätssubstanz würde die Hülle mit der Zeit verblassen, und Ihr Zertifizierungserfolg wäre schnell verflogen.

■ 8.2 Was Sie unbedingt beachten sollten

Wie in anderen Branchen tummeln sich auch hier zweifelhafte Anbieter bis hin zu schwarzen Schafen, welche oftmals pauschale Dienstleistungspakete zu attraktiv erscheinenden Preisen anbieten – allerdings nur auf den ersten Blick.

Denn in den Reihen der Zertifizierungsunternehmen gibt es einige Anbieter ohne entsprechende Akkreditierung. Sie arbeiten zum Teil auch nach eigenen „individuellen" Verfahren und nicht nach international anerkannten Standards. Das bedeutet, dass weder die erbrachte Zertifizierungsdienstleistung noch das ausgestellte Zertifikat eine allgemein verbindliche Bestätigung der Qualität Ihres Systems darstellt.

Daher ist zu empfehlen, Zertifizierungsunternehmen mit zweifelhaftem Ruf oder fehlender Akkreditierung zu meiden. Nichts wäre unangenehmer, als wenn Sie sich mit Ihrem vermeintlich qualifizierten Unternehmen in die Öffentlichkeit begeben würden und mitten im Rennen um die besten Kunden von der „Rennleitung" aufgrund einiger systemischer Regelverstöße disqualifiziert werden müssten.

Achten Sie stattdessen sowohl auf die Akkreditierung einer Zertifizierungsstelle als auch auf einen einwandfreien Leumund und eine praktische Herangehensweise. Neben der inhaltlichen Dienstleistung wird es auch der Leumund Ihres Zertifizierungspartners sein, der später zur Reputation Ihres Unternehmens beitragen wird.

Beachten Sie bei der Auswahl des richtigen Partners für die Zertifizierung nach ISO 9001 die Zulassung des Zertifizierers für die eigene Branche. Dieser sogenannte EAC Scope wird in 39 Branchenschlüssel unterteilt. Weitere Informationen hierzu finden Sie z.B. auf der Internetseite der Deutschen Akkreditierungsstelle unter http://www.dakks.de.

Jeder seriöse Zertifizierungspartner wird Ihnen zu allen relevanten Sachverhalten im Detail Auskunft geben können. Nachfolgend werden beispielhaft zwei Zertifizierungsunternehmen präsentiert.

■ 8.3 Zertifizierungspartner – TÜV SÜD

Bild 8.2
Muster eines Zertifikatlogos, Quelle: TÜV SÜD

Kurzporträt

Die TÜV SÜD Management Service GmbH (TMS) ist Teil des TÜV-SÜD-Konzerns und unterstützt weltweit Kunden aus allen Branchen bei Auditierungen, Begutachtungen, Validierungen und Zertifizierungen von Qualitäts-, Umwelt- und Sicherheitsmanagementsystemen.

Der TÜV SÜD ist ein internationaler Dienstleistungskonzern mit den strategischen Geschäftsfeldern Industrie, Mobilität und Zertifizierung. Rund 19 000 Mitarbeiter sind an über 800 Standorten weltweit präsent. Die interdisziplinären Expertenteams unterstützen als Prozesspartner für die Optimierung von Technik, Systemen und Know-how.

Branchenschwerpunkte

Neben den klassischen Themenfeldern Qualität, Umwelt, Energie und Sicherheit bietet das Unternehmen auch innovative Spartenprodukte aus Bereichen wie IT-Sicherheit und Servicequalität an.

Die acht Zertifizierungsgrundsätze

1. Aktive Kundenorientierung

Im Mittelpunkt jeder unternehmerischen Aktivität steht der Kunde. Er entscheidet über Erfolg und Misserfolg. Deshalb ist es entscheidend, die Bedürfnisse der Kunden zu verstehen und dafür zu sorgen, deren Erwartungen nicht nur zu erfüllen, sondern zu übertreffen.

2. Motivierender Führungsstil

Führungskräfte sollen das Unternehmen an den Anforderungen des Marktes ausrichten. Dazu müssen sie ein internes Umfeld schaffen und erhalten, in dem sich die Mitarbeiter voll dafür einsetzen, die Unternehmensziele zu erreichen.

3. Einbeziehung des Einzelnen

Auf allen Ebenen bestimmen die Mitarbeiter das Wesen eines Unternehmens. Nur wenn diese vollständig in wichtige Entscheidungen einbezogen werden, sind sie auch motiviert, ihre Fähigkeiten im Dienste des Unternehmens einzusetzen.

4. Prozessorientierter Ansatz

Um das gewünschte Ergebnis effizienter zu erzielen, sollten alle Tätigkeiten und die dazugehörigen Ressourcen in Form von Prozessen gesteuert werden.

5. Systemorientierter Managementansatz

Die Prozesse in einem Unternehmen stehen untereinander in einer wechselseitigen Beziehung. Versteht man diese Prozesse als ganzheitliches System und steuert sie entsprechend, kann die Effizienz der gesamten Organisation gesteigert werden.

6. Ständige Verbesserung

Nur wer sich ständig hinterfragt und die Gesamtleistung des Unternehmens kontinuierlich verbessert, wird langfristig Erfolg haben.

7. Sachbezogener Ansatz zur Entscheidungsfindung

Die genaue Analyse von Daten und Informationen bildet die Grundlage für wirksame Entscheidungen.

8. Lieferantenbeziehungen zum gegenseitigen Nutzen

Ein Unternehmen und seine Lieferanten sind voneinander abhängig. Eine vertrauensvolle Beziehung ist daher wichtig und sorgt für eine Win-win-Situation.

Der Weg zur Zertifizierung

Eine Systemzertifizierung durch den TÜV SÜD erfolgt ebenfalls nach den Vorgaben der ISO/IEC 17021:2011. Die operative Durchführung lässt sich in vier Schritten darstellen:

Schritt 1 – Vorbereitung (gegebenenfalls in Form eines optionalen Voraudits)

Der Kunde wird über den Ablauf der Zertifizierung informiert und nach erfolgter Beauftragung wird der erreichte Stand des Managementsystems erfasst. In Abstimmung mit dem Kunden wird die Managementdokumentation (Qualitätsmanagementhandbuch, Prozess- oder Verfahrensanweisungen) stichprobenartig auf Plausibilität zu den Normanforderungen geprüft. Auf Kundenwunsch werden in einzelnen Abteilungen Voraudits zu den vorliegenden Prozessen durchgeführt. Anschließend wird ein Bericht erstellt, in dem mögliche Verbesserungspotenziale aufgezeigt werden.

Innerhalb dieses ersten Schrittes erläutern Kunden außerdem ihre Strategie zur Zielerreichung und wie diese gemessen wird. Anschließend erfolgt eine Überprüfung der Kernanforderungen der ISO 9001: Unternehmens- und Qualitätsziele, Verantwortung der Leitung, Verbesserungsmaßnahmen und deren Wirksamkeit, Kundennutzen und Kundenorientierung sowie Kennzahlen und Trends.

Am Ende der ersten Phase werden die weiteren erforderlichen Schritte mit dem Kunden abgesprochen.

Schritt 2 – Audit (Stufe 1)

Im Audit der Stufe 1 werden vom TÜV SÜD die folgenden Themenbereiche verifiziert: Dokumentenprüfung, Bewertung der Angemessenheit des beantragten Geltungsbereiches, Standort- und produktspezifische Kundenbedingungen, Bewertung der internen Audits, Bewertung des Managementreviews, angemessene Planung des Audits der Stufe 2 (Zertifizierungsaudit) und die Reife des Managementsystems für das Audit der Stufe 2.

Schritt 3 – Zertifizierungsaudit (Stufe 2)

Das Audit der Stufe 2 wird den Vorgaben entsprechend spätestens sechs Monate nach dem Audit der Stufe 1 durchgeführt. Gemeinsam mit Mitarbeitern des Kunden – also des zu zertifizierenden Unternehmens – überprüfen die Auditoren das System anhand der Wertschöpfungskette. Hierbei werden aus der neutralen Bewertung von Stärken und Schwächen mögliche Verbesserungspotenziale identifiziert.

Schritt 4 – Bericht

Unmittelbar nach dem Audit findet das gemeinsame Abschlussgespräch über die Ergebnisse des Audits statt. Auf Basis der erkannten Stärken und Schwächen identifizieren die Auditoren dabei das Entwicklungspotenzial und besprechen mit dem Kunden die weitere Vorgehensweise. Falls erforderlich, werden vorgesehene Korrekturmaßnahmen im Hinblick auf die Weiterentwicklung und effiziente Umsetzung bewertet.

Das Zertifikat

Am Ende einer erfolgreichen Zertifizierung erhält man das individuelle Systemzertifikat.

Konkret gibt das Zertifikat des TÜV SÜD Auskunft über die relevante Bezugsnorm, die Leistung und den Geltungsbereich, nach denen ein Unternehmen zertifiziert wurde. Außerdem findet man auf seinem Zertifikat die Gültigkeit sowie die individuelle Zertifikatnummer. Ein weiteres wesentliches Element ist das Akkreditierungslogo des jeweilig zuständigen Standardgebers, wie z. B. der DAkkS (Deutsche Akkreditierungsstelle). Das Akkreditierungslogo zeigt, dass die Zertifizierungsstelle einer laufenden Überwachung der Prozessqualität, Kompetenz und Unabhängigkeit durch eine neutrale Institution auf der Basis international anerkannter Kriterien unterliegt.

Das Zertifikat hat eine Gültigkeit von drei Jahren.

Gültigkeit, Überwachungsaudit und Rezertifizierung

Die Zertifizierung bleibt nur dann drei Jahre gültig, wenn die verpflichtenden jährlichen Überwachungsaudits fristgerecht durchgeführt werden. Dabei darf das Datum des ersten Überwachungsaudits nach der Erstzertifizierung innerhalb von 9 Monaten bis 12 Monaten nach dem letzten Tag des Zertifizierungsaudits liegen. Für die folgenden Überwachungsaudits gelten dann Zeitfenster von mindestens 4 Monaten bezogen auf den Fälligkeitstermin. Werden die Überwachungsaudits nicht fristgerecht durchgeführt, wird das Zertifikat zunächst ausgesetzt.

Wegen der engen Durchführungszeiten für das erste Überwachungsaudit empfiehlt es sich übrigens – um Zertifikataussetzungen und -entzüge zu vermeiden –, dieses Audit frühzeitig zu planen und durchzuführen.

Voraussetzung einer erfolgreichen Rezertifizierung nach drei Jahren ist die Durchführung eines Wiederholungsaudits (W-Audit). Fälligkeit für das Rezertifizierungsaudit ist der letzte Tag der Zertifikatlaufzeit. Konkret: Das W-Audit muss vor Ablauf der Zertifikatlaufzeit durchgeführt und vom TÜV SÜD freigegeben worden sein.

Der TÜV SÜD im Kurzinterview

Kurzinterview mit Frau Ulrike Vogt, Leiterin Marketing und Vertrieb, TÜV SÜD Management Service GmbH

Frau Vogt, die Auswahl an Zertifizierungsunternehmen ist groß. Warum sollte sich ein Unternehmen für den TÜV SÜD als Zertifizierungspartner entscheiden?

Aufgrund unseres hohen Anspruchs und des hohen Qualitätsdenkens.

Aber das ist doch selbstverständlich ...

Ja, in der Theorie oftmals schon. Beim TÜV SÜD handelt es sich dabei um in der Unternehmensphilosophie verankerte Leitlinien, die auch in die angebotenen Leistungen einfließen. Denn wie mit kaum einem anderen Unternehmen verbinden die Menschen mit dem TÜV SÜD und dem blauen Oktagon Glaubwürdigkeit und Zuverlässigkeit. Daher wird das bekannte Prüfzeichen bei Betrachtern als besonders positiv wahrgenommen – wie Studien immer wieder belegen.

Bei der Zielgruppe dieses Buches handelt es sich im Wesentlichen um kleine bis mittlere Unternehmen, die auch dort abgeholt werden sollen, wo sie aktuell stehen. Wie schafft man das als so großer Konzern?

Nun, den TÜV SÜD zeichnet aus, dass trotz der Unternehmensgröße klassische, mittelständische Tugenden gepflegt werden mit kurzen Entscheidungswegen, flachen Hierarchien und direkten Ansprechpartnern. Die unabhängigen und erfahrenen Systemanalysten sind nicht nur im jährlichen Audit für Kunden da, sondern stehen jederzeit bei Fragen als kompetente Ansprechpartner zur Verfügung.

Wie sieht beim TÜV SÜD das Preismodell für eine Zertifizierung aus?

Je nach Unternehmensgröße und der damit verbundenen Aufwandskalkulation erhalten Kunden vor Auftragserteilung ein transparentes Angebot auf Basis aktuell geltender Tagessätze.

Besten Dank Frau Vogt.

Leistungsdetails und weiterführende Informationen zu den Zertifizierungsleistungen der TÜV SÜD Management Service GmbH finden Sie unter http://www.tuev-sued.de/tms.

■ 8.4 Zertifizierungspartner SQS Schweiz

 **Schweizerische Vereinigung für Qualitäts- und Management- Systeme (SQS)**

Bild 8.3 Logo der Schweizerischen Vereinigung für Qualitäts- und Managementsysteme

Kurzporträt

Führende Experten der Schweizer Industrie waren Ende der 70er-Jahre zusammen mit Professor Hans Dieter Seghezzi von der Universität St. Gallen mit der Schaffung von Qualitätsstandards beschäftigt. Als die Norm fertig vorlag, kam der Ruf nach einer neutralen Stelle, die befähigt ist, zu beurteilen, ob ein Betrieb die gesetzte Norm auch tatsächlich erfüllt. Das führte im Juni 1983 zur Gründung der Schweizerischen Vereinigung für Qualitäts- und Management-Systeme (SQS) in Zollikofen, nahe der Bundeshauptstadt Bern.

Die SQS verfügt über eine unabhängige und eigenfinanzierte Vereinsstruktur. Diese ermöglicht es ihr, neutral kundenorientiert zu agieren und die erwirtschafteten Erträge in den nachhaltigen Fortbestand der Organisation zu reinvestieren. Die Mitarbeiter stammen aus dem deutschen, französischen und italienischen Sprachgebiet. Das hängt zusammen mit den drei SQS-Hauptmärkten Schweiz, Frankreich und Italien.

Gegründet als schweizerischer Verein ist die SQS eine neutrale und unabhängige Non-Profit-Organisation. Ihr gehören über 60 Mitglieder aus schweizerischen Wirtschaftsverbänden und Bundesstellen an, die den Gedanken der qualitativ hochwertigen Zertifizierung unterstützen.

Die SQS-Zertifikate sind weltweit anerkannt und stehen für strenge Richtlinien und unabhängige Audit- und Zertifizierungsarbeit. Die SQS ist von der Schweizerischen Akkreditierungsstelle (SAS) akkreditiert und Mitglied bei IQNet, dem Internationalen Netzwerk für Zertifizierung.

Als tragende Unternehmenswerte definiert die SQS Glaubwürdigkeit, Neutralität, Unabhängigkeit, Ehrlichkeit und Unbestechlichkeit.

Branchenschwerpunkte

Als Schweizer Marktführer deckt die SQS mit über 100 fest angestellten Auditoren und einem Marktanteil von rund 70 % in der Schweiz sämtliche Industrie- und Dienstleistungsbereiche ab. Die Partnerschaften mit der Liechtensteinischen Gesellschaft für Qualitätssicherungs-Zertifikate (LQS) und der bio.inspecta AG stärkt die SQS in ihrer Marktposition.

Interview mit der SQS Schweiz

Interview mit Roland Glauser, CEO der SQS

Zehn Fragen, zehn Antworten aus erster Hand.

Herr Glauser, die SQS ist international ausgerichtet. Wie entwickelt sich die Nachfrage nach Zertifikaten in andern Ländern im Vergleich zur Schweiz?

Die Dynamik der Nachfrageentwicklung ist einerseits ein Ergebnis der Situation in den entsprechenden Märkten, aber auch der besonderen Anforderungen in gewissen Branchen und Sektoren (Bau, Umwelt, Energie, Sicherheit, Logistik, Medizintechnik, Gesundheit und anderes mehr). Märkte, Branchen und Sektoren geben also den SQS-Kunden bezüglich Zertifizierung den Takt vor.

Auf der andern Seite entsteht ein zusätzlicher Antrieb durch die Endkunden der SQS-zertifizierten Unternehmen: Je ausgeprägter deren Qualitätsbewusstsein und das Nachhaltigkeitsdenken verankert sind, desto eher machen sie ihre Auftragsvergabe vom Vorliegen eines Zertifikats abhängig.

Und wo sind die SQS-Kunden zu finden?

72 % der SQS-Kunden haben ihren Sitz in der Schweiz, 8,3 % in Frankreich, 4 % in Deutschland, 12,3 % in Italien, 1,4 % im Fürstentum Liechtenstein und 6,6 % im übrigen Ausland. Volumenmäßig hat die SQS bisher über 16 200 Zertifikate ausgestellt, 4400 davon im Ausland (Stand Ende 2012).

Zahlreiche bedeutende Konzerne sind Bestandteil des SQS-Kunden-Portefeuilles. Wie steht es mit kleineren bis mittleren Unternehmen (KMU)?

Wir sind stolz, renommierte und gut positionierte SMI- und SPI-Firmen mit internationaler Ausrichtung zertifizieren zu dürfen. [Anmerkung des Autors: SMI (Swiss Market Index) und SPI (Swiss Performance Index) sind die beiden bedeutendsten Indizes des Schweizer Aktienmarktes.]

Einige dieser Kunden betreuen wir sogar weltweit. Der Hauptanteil aber, nämlich rund 96 %, befindet sich in Betriebsgrößen unter 500 Mitarbeitern. Und, was erstaunen mag, kleine Organisationen mit weniger als 30 Mitarbeitenden machen rund 55 % aus. Die großen Betriebe haben folglich einen Anteil von rund 4 %. Die SQS deckt damit das typisch schweizerische Spektrum von Betriebsgrößenklassen ab, denn 98 % der Schweizer Unternehmen sind Klein- und Mittelbetriebe.

Sehen Sie eine Tendenz, dass sich immer mehr KMU zertifizieren lassen wollen oder sich zertifizieren lassen müssen?

Man muss da differenzieren. Von außen betrachtet, ist der Bedarf nach Zertifizierungsleistungen – abgesehen vom Bedarf nach kontinuierlicher Verbesserung der eigenen Managementsysteme und Leistungen – generell nicht eine Frage der Betriebsgröße, sondern des Marktes, in dem sich eine Organisation bewegt. Betreten KMU solche Märkte, müssen sie sich den Zugang mit den verlangten Zertifikaten ermöglichen. Es sind sozusagen die erforderlichen „Tickets" zum Markteintritt, wie Sie das weiter oben im Kapitel „Das Qualitätsmanagementsystem" auch beschreiben. Weil sich KMU zunehmend der Globalisierung stellen, resultiert aus dieser Entwicklung in der Tat eine vermehrte Nachfrage. Das ist die Außensicht.

Ein zweiter Nachfrageimpuls stammt aus der „Innensicht" der KMU. Nicht externe Faktoren, sondern innerbetriebliche Überlegungen geben hier den Impuls zur Zertifizierung. Das hat zu tun mit der steten Verbesserung des Ausbildungsniveaus der Unternehmerschaft, was in den letzten Jahren eine spürbare Professionalisierung in der Betriebsführung zur Folge hatte. Das kontinuierliche Ausloten von Innovationschancen und von Verbesserungen, das Austarieren von Effizienz und Effektivität gehören in dieser „Liga" somit fast selbstverständlich ins „Führungs-Cockpit". Zertifizierungen schaffen hier den Vollzugsrahmen dazu.

Bestehen erkennbare Unterschiede in Bezug auf Branchen?

Ja, es sind Sektoren, die ausgesprochen qualitäts- und sicherheitssensibel handeln müssen. Entsprechend hoch ist dort das qualitative Anspruchsniveau. Zu erwähnen sind hier beispielsweise die Bereiche Gesundheit, Medizintechnik, Sicherheit, öffentlicher Transport und Energie.

Im Angebot der SQS stehen über 100 Dienstleistungen. Wie werden diese Produkte entwickelt?

Die Weiterentwicklung des Angebots richtet sich so weit wie möglich nach den Bedürfnissen der Kunden.

Findet sich im bestehenden SQS-Angebot keine passende Dienstleistung, bietet die SQS im Rahmen ihrer Entwicklungsleitsätze die Hand für Neuentwicklungen. Häufig entstehen Dienstleistungen durch ein Zusammenspiel von neuen Normen oder Standards und gleichzeitiger Nachfrage auf Kundenseite. So schloss die SQS im Berichtsjahr 2012 die Entwicklung von sieben Dienstleistungen erfolgreich ab, die nun sämtlichen Interessierten zur Verfügung stehen und sich bereits im praktischen Einsatz befinden.

Ein Beispiel dazu: Die Bewertung von Führungsgremien gemäß Corporate-Governance-Grundlagen erfolgt mit dem „Best Board Practice"-Label. Dieses Label unterstützt die Sicherstellung der gesetzlichen Konformität, schafft Transparenz und stellt Effizienz und Effektivität der Leitung sicher.

Konkret: Was wird am meisten verlangt?

Die wichtigsten Dienstleistungen der SQS basieren auf den drei Normen ISO 9001:2008, ISO 14001:2004 und OHSAS 18001:2007, die Sie weiter oben als „the big three" bezeichnen. Wir nennen diese drei „Kernzertifikate", denn sie werden von den Kunden mehr und mehr als sogenannte „kombinierte Zertifikate" für Qualität, Umwelt und Sicherheit verlangt. Das ist ein Trend, der von der SQS gefördert wird, denn kombinierte Zertifikate für die wichtigsten Managementdisziplinen bringen die Verpflichtung zu umfassender Unternehmensqualität ausgeprägt zum Ausdruck.

Ja, das sind also die eigentlichen „Klassiker" auf dem Zertifizierungsmarkt. Was tut sich aus Ihrer Sicht in Sachen Neuentwicklungen?

Stark zugenommen hat in den vergangenen Jahren die Nachfrage sowohl nach Zertifizierungen von Umweltmanagementsystemen als auch nach Überprüfungen von Arbeitssicherheit und Gesundheitsschutz. Die SQS will daher ihre Leistungen in diesen Bereichen weiter ausbauen. Vier internationale Normen und Standards stehen neu im Angebot der SQS. [Anmerkung: Eine kurze Beschreibung der vier Standards finden Sie in Tabelle 8.1.]

In welche Richtung wird sich der Zertifizierungsmarkt Ihrer Einschätzung nach entwickeln?

In unserem internationalen Netzwerk sind – zusammengefasst – zwei Tendenzen klar ersichtlich: Erstens wird im Zuge der Internationalisierung von Handel, Produktionsketten und Organisationen die Bedeutung von Qualitäts- und Konformitätsnachweisen weiter ansteigen. Nachweissicherheit und auch Compliance (= Übereinstimmung) von Leistungserbringern und Anbietern bezüglich Qualität, Zuverlässigkeit und Sicherheit aus wirtschaftlicher, sozialer und ökologischer Sicht sind wichtiger denn je. Diese Tendenz betrifft sowohl gesetzliche Vorgaben als auch freiwillige Normen und Verpflichtungen.

Und zweitens geht die Entwicklung neuer Normen und Anforderungen immer mehr in Richtung sektorspezifische Normen und risikoorientierte Themen. Vielfach basieren diese auf bewährten Grundlagen wie ISO 9001 und machen die Kombination mit anderen Normforderungen (Managementsystemen) möglich. Im Vordergrund dieses Regulierungstrends steht die Produktsicherheit. Sektoren wie Nahrungsmittel, Luft- und

Raumfahrt, Transport, Gesundheit, Automobilbau, Verpackung und andere mehr fragen vermehrt solche spezialisierte Überprüfungsleistungen nach.

Gemäß dem „ISO-Survey", dem alljährlichen Bericht der Internationalen Organisation für Normung, präsentieren sich die Perspektiven für das Zertifizierungswesen seit dem Jahre 2011 vielversprechend. Wie stellt sich die SQS darauf ein?

In unserer komplexen Welt mit gesteigerten Sicherheits-, Qualitäts- und Nachhaltigkeitsbedürfnissen ist es naheliegend, dass Zertifikate und Konformitätsnachweise in allen Wirtschaftsbereichen im Aufwind sind. Wir arbeiteten im vergangenen Rekordgeschäftsjahr deshalb auch an unserer künftigen Ausrichtung. Im Rahmen eines umfassenden Strategie-Reviews hat das Thema Nachhaltigkeit einen zentralen Stellenwert erhalten. Dabei identifizierte die SQS Nachhaltigkeit als einen wichtigen Treiber für ihre unternehmerische Entwicklung und verankerte dieses Prinzip stärker in der Unternehmensstrategie. Diese richtet sich an vier Achsen aus, nämlich: qualitatives und nachhaltiges, eigenfinanziertes Wachstum; absolute Orientierung an Kundenerwartungen bei der Entwicklung neuer Dienstleistungen und integrierter Managementsysteme; Erbringen von exzellenten Dienstleistungen, die einen echten Mehrwert darstellen; Pflege der Swissness mit Premiumdienstleistungen im Binnenmarkt und im Ausland.

Besten Dank Herr Glauser.

Tabelle 8.1 Vier neue internationale Normen im SQS-Angebot (Quelle SQS)

Fair Compensation	Zertifizierung von Lohngerechtigkeit auf freiwilliger Basis anstelle per Verordnung mit der 1 : 12 -Initiative.
	Mit der Überprüfung und **Zertifizierung von Lohngerechtigkeit** bietet die SQS den Unternehmen an, ihr Lohngefüge und -system nach anerkannten Kriterien zu überprüfen und ihnen differenziert über die Einhaltung von Lohngerechtigkeit Rückmeldung zu geben. Unternehmen können sich auf drei verschiedenen Stufen auszeichnen lassen und sich so als gute Arbeitgeber auf dem Arbeitsmarkt positionieren. Die SQS bietet diese Zertifizierung in Zusammenarbeit mit der Association of Compensation & Benefits Experts an.
ISO 50001:2011	Die Norm definiert die Anforderungen an ein systematisches **Energiemanagement.** Sie bildet die Grundlage, um das Energiemanagement sowie die Energieeffizienz kontinuierlich zu verbessern und die Umweltauswirkungen der Energienutzung zu reduzieren.
ISO 29990:2010	Die Norm bietet die Grundlage für ein **bildungsspezifisches Managementsystem** und die kontinuierliche Verbesserung des Führungssystems, der Prozesse und der Dienstleistungen. Sie ist eine branchenspezifische Vertiefung der ISO 9001 und eignet sich für alle Lerndienstleister.
IQNet SR 10	Der Standard spezifiziert die Anforderungen, um ein **Sozialmanagementsystem** einzuführen, aufrechtzuerhalten und kontinuierlich zu verbessern. In Abgrenzung zur bestehenden Dienstleistung SA8000 ist IQNet SR 10 ganzheitlicher und umfasst neben sozialen und gesellschaftlichen Themen auch die Bereiche Ökonomie und Ökologie. Die Dienstleistung wird in Zusammenarbeit mit der IQNet angeboten.

Details zur Zertifizierung nach der ISO 9001, weiterführende Informationen sowie das geführte Interview im Original finden Sie auf der von der SQS Schweiz speziell für die Leser dieses Buches angelegten Infoseite unter www.sqs.ch/qualitaeterleben.

 Was Sie wissen sollten

Ein Qualitätsaudit stellt einen systematischen, unabhängigen und dokumentierten Prozess dar. Ziele sind dabei der Auditnachweis sowie die objektive Auswertung, inwieweit die Qualitätskriterien erfüllt sind. Zentrale Frage hierbei ist: Sind die Ziele oder Vorgaben erreicht bzw. erfüllt?

Audits können von eigenen Mitarbeitern, von Kunden oder von neutralen externen Stellen durchgeführt werden. Entsprechend kann zwischen internen und externen Audits unterschieden werden. Ein externes Audit erfolgt im Regelfall dann, wenn eine Zertifizierung nach einem bestimmten System angestrebt wird oder ein Kunde ein Audit wünscht.

Eine Zertifizierung eines eingeführten Managementsystems weist nach, dass dieses System entsprechend den Vorgaben umgesetzt wurde und funktioniert.

Die Zertifizierung erfolgt über ein Audit, das von Auditoren von akkreditierten Zertifizierern durchgeführt wird. Richtschnur für die Durchführung eines QMS nach ISO 9001:2008 ist die ISO/IEC 17021.

Der Zertifizierer sollte sorgfältig ausgewählt werden.

9   Qualität (er)leben

„Qualität ist der höchste Standard beständig exzellenter Leistung. Beständigkeit ist hierbei die ausschlaggebende Größe, die zu nachhaltigem Erfolg führt."

Webster Thomson (Highschool-Lehrer von Usain Bolt, Läufer und Weltrekordhalter, Jamaika)

Herzlichen Glückwunsch zur Implementation Ihres neuen Qualitätsmanagementsystems!

Sie haben ein Umfeld geschaffen, in welchem sich Unternehmensstrategien anhand einer homogenen Landschaft aus Organisationsstrukturen und Prozessen von Mitarbeitern Ihres Unternehmens effizient und effektiv umsetzen lassen. Durch den im QMS integrierten Kontinuierlichen Verbesserungsprozess (KVP) wird Ihre neue Unternehmenslandschaft als wichtigste Grundlage täglichen Wirkens auch künftig up to date gehalten. Ein großer Vorteil stellt sich ein:

„Durch er- und gelebte Qualität kann von nun an zusätzlicher Gewinn erwirtschaftet werden!"

Jede Verbesserung, die Sie im Rahmen der QMS-Einführung an Ihrer Strategie, der Struktur, den Fähigkeiten der Mitarbeiter und an Prozessabläufen vorgenommen haben, äußert sich in Heller und Cent. Insbesondere Verbesserungen an oft wiederkehrenden Arbeitsabläufen. Denn nach dem MEMO-Prinzip geben die Prozesse im Unternehmen den Mitarbeitern korrekte Orientierung, ähnlich dem menschlichen Gehirn, welches unser tägliches Wirken steuert. Und wer Köpfchen hat, kommt weiter! Für eine fitte Organisation gilt also: „Don't work hard, but SMART!"

Durch Effizienzsteigerung in Prozessen werden kürzere Durchlaufzeiten und ein insgesamt geringerer Ressourceneinsatz bei gleichem Output erreicht. Alternativ würde sich der Output bei gleichbleibendem Einsatz von Ressourcen durch Effizienzverbesserungen in Prozessen erhöhen. Im Lean Management, einer Methode zur Prozessverschlankung, spricht man bei der Suche nach Effizienzsteigerungen von sogenannten „hidden factories" (= versteckte Fabriken). Ein Sammelbegriff für all die internen Vorgänge, die vermeidbare Ausgaben (PdA) bewirken, ohne einen zusätzlichen Nutzen zu stiften.

Der KVP setzt also unter anderem neue Ressourcen frei, die Sie zur weiteren Produkt- und Dienstleistungserzeugung belegen können, ohne zunächst weitere Investitionen tätigen zu müssen.

Zweifler könnten anmerken, dass das nur bei steigender Auftragslage funktioniert, was prinzipiell richtig ist. Jedoch wächst ein Unternehmen im Wesentlichen über intakte Produkte und Dienstleistungen und nur bedingt bzw. zeitlich begrenzt durch eine positive Markt- oder Nachfragesituation.

Als Qualitätsanbieter, dessen Produkte und Dienstleistungen die Bedürfnisse der Kunden nachhaltig befriedigen, haben Sie in jedem Falle die Grundlage geschaffen, innerhalb eines bestimmten Markt-, Produkt- oder Dienstleistungssegmentes zu den Gewinnern zu gehören, vielleicht sogar der Erste zu sein und das auch international.

Neben der beschriebenen Steigerung der Effizienz findet durch den kontinuierlich wirkenden KVP auch eine Steigerung der Effektivität Ihres unternehmerischen Outputs statt. Diese Wirksamkeit basiert auf der Reduktion von Fehlern und Abweichungen innerhalb interner wie externer Ergebnisse.

Darüber hinaus stellen Sie durch ein gelebtes QMS die Weichen, um neben Ihren aktuellen Produkten und Dienstleistungen weitere Marktchancen frühzeitig zu erkennen, Innovationen hervorzubringen und langfristig marktfähige Produkte zu entwickeln, zu produzieren und zu vertreiben.

Die sich stetig verbessernde Konstitution Ihres Unternehmens wird in der Regel auch von Interessenpartnern wohlwollend wahrgenommen und durch eine langsam, aber stetig steigende Aufmerksamkeit auf Ihre Produkte und Dienstleistungen honoriert.

Haben Sie den Mut, auf den sich langsam, aber sicher einstellenden „Erfolg durch Qualität" zu warten. Seien Sie dabei nicht untätig, überstürzen Sie aber auch nichts. Das deutsche Automobilunternehmen Porsche (seit 2012 VW-Konzernmarke) konnte durch oben besagte Maßnahmen (= starke Konzentration auf die Ausschöpfung von Effizienz- und Effektivitätspotenzialen) Mitte der 90er-Jahre eine drohende Insolvenz abwenden. Entsprechende Verbesserungsmaßnahmen wurden von ehemaligen Managern des Automobilbauers Toyota beratend begleitet (Buchtipp: Liker, J.K.: *The Toyota Way*. New York 2004). Porsche hat den Turnaround geschafft und nicht zuletzt aufgrund der sich kontinuierlich entwickelnden Qualität seiner Produkte und Dienstleistungen unter vielen Fans Kultstatus erlangt.

Qualität braucht Zeit, jedoch entspricht jede investierte Minute Ihrer aktiven Geduld – richtig – dem PdÜ. Halten Sie die Qualität auf dem bereits erreichten Niveau, versuchen Sie, darauf aufzubauen und einem möglichen Preisdruck des Marktes standzuhalten, sofern es Ihre Unternehmensstrategie vorsieht und zulässt.

Begegnen Sie als Unternehmer, Führungskraft, Qualitäts- und Prozessmanager dem Sie kontinuierlich umgebenden Wettbewerb offen, beteiligt und konstruktiv.

Die Konkurrenz schläft nicht. Weder beim Vertrieb auf den Absatzmärkten noch beim Einkauf auf den Beschaffungsmärkten. Jeder möchte darüber hinaus die besten und qualifiziertesten Mitarbeiter für sein Unternehmen gewinnen oder den besten Lieferanten für ein bestimmtes Zulieferprodukt.

Im ernst zu nehmenden Marktspiel um Qualität sehen sich alle gleichermaßen mit diversen Regeln und Herausforderungen konfrontiert, wie politische Weichenstellungen, Internationalisierung, Wechselkursnachteilen bei Zukäufen aus dem Ausland etc. In diesem Zusammenhang seien beispielhaft auch die asiatischen Märkte genannt, die sich längst auf dem Vormarsch befinden.

Ihr Unternehmen kämpft vielleicht gerade gegen die Konkurrenz, der es eben wieder gelungen ist, durch findige Lobbyisten oder intelligente Maßnahmen innerhalb Ihres gemeinsamen „Spielfeldes" Vorteile zu erringen, die sich als Nachteile für Sie erweisen. Oder Sie befinden sich in Gesprächen mit Ihrer Bank oder sonstigen Kapitalgebern, auf deren Unterstützung Sie angewiesen sind und denen Sie erklären müssen, warum der Umsatz in diesem Jahr leider niedriger ausfällt obwohl dies doch klar sein müsste, weil sich die Weltkonjunktur nun einmal in einer tiefen Krise befindet.

Bei all diesen Herausforderungen kann ein funktionierendes, weil gelebtes Qualitätsmanagement eine wesentliche Hilfestellung sein.

Dem Preiskampf mit Ihren Mitbewerbern können Sie sich entgegenstellen, weil es Ihnen gelungen ist, durch Effizienzsteigerungen auch Ihre Kostenstruktur optimal zu gestalten, und Sie auch bei sinkenden Verkaufspreisen noch rentabel wirtschaften. Und auch Ihre Kunden wissen, dass sie nicht nur das Produkt oder die Dienstleistung geliefert bekommen, die sie bestellt haben (siehe auch Kapitel „Grundsatz 1 – Die Definition für Qualität"), sondern dies auch noch in der richtigen Menge zum richtigen Zeitpunkt und unter Einhaltung vereinbarter Kosten und Preise.

Ihren Kampf um die besten Mitarbeiter führen Sie ebenso erfolgreich, weil sich die gute Qualität Ihres Unternehmens auch im Personalwesen widerspiegelt. Und das spricht sich auch unter Freunden und Freundesfreunden Ihrer Mitarbeiter herum.

Auch gegenüber verschiedenen anderen Verwerfungen und Effekten, die mit der Dynamik von Märkten einhergehen, sind Sie robuster aufgestellt.

Sie gestalten Ihre Produkte und Dienstleistungen auf Basis solider wie flexibler Entscheidungsgrundlagen, erkennen frühzeitig Markttrends, die den Nerv treffen und so die individuellen Anforderungen Ihrer jetzigen und künftigen Kunden präzise erfüllen (siehe auch Kapitel „Grundsatz 3 – Der Leistungsstandard für Qualität").

Eine sehr wichtige und grundlegende Erkenntnis: Qualität spielt sich nicht wie oft fälschlicherweise vermutet oder unterstellt nur im Premiumsegment ab. **Allein das Übereinstimmen mit den vereinbarten oder erwarteten Anforderungen des einzelnen Menschen, Kunden und Käufers ist entscheidend** und entscheidet über Gewinn oder Verlust. Im Falle unseres Fußballendspiels Brasilien gegen Uruguay im Rahmen der WM 1950 wäre weder dem Torwart etwas zugestoßen noch den Menschen, die sich daraufhin das Leben genommen haben, wenn die Erwartungshaltung, die mehr als klar auf „Sieg" stand, nicht enttäuscht worden wäre.

Sie können hochpreisige Premiumprodukte anbieten und dem Qualitätsanspruch trotzdem nicht gerecht werden, weil sie z.B. Ihre Lieferzeiten nicht einhalten oder weil Ihr Materialeinsatz höher ist, als er sein müsste.

Im Gegensatz dazu kann Ihr Produkt im unteren Preissegment liegen, und dennoch erfüllen Sie den Leistungsstandard *null Fehler*, weil sich Ihr Kunde darauf verlassen kann, was er wann und wie bekommt. Es muss schlicht seinen Anforderungen und Erwartungen entsprechen. Der außergewöhnliche Erfolg der Textileinzelhandelskette KiK mit zwischenzeitlich über 3200 Filialen in acht europäischen Ländern, davon ca. 2600 in Deutschland (Vergleich: 1996 gab es ausschließlich 225 Filialen in Deutschland), mag ein Beispiel hierfür sein (Stand: 2012).

Der Hinweis darauf, dass es „egal ist", ob ein Unternehmen im Premiumsegment oder im Ein-Euro-Segment anbietet, kann dabei nicht die grundsätzliche gesellschaftliche Diskussion darüber ersetzten, in welcher Welt wir leben wollen und wie wir mit den begrenzten Ressourcen auf diesem Planeten umgehen möchten. Ebenso ist der verantwortliche Umgang mit ethischen Grundsätzen und Menschenrechten ein zentraler Diskussionspunkt.

Und wenn Sie für einen Moment auf die Seite des Konsumenten wechseln, sollte es Ihnen abhängig von Ihren Budgetbeschränkungen nicht egal sein, wie Ihr persönliches Konsumverhalten aussieht. Denn das ist eine sehr wichtige Auseinandersetzung mit den Werten einer Gesellschaft, die es sich lohnt, mit ganzem Eifer zu führen. Es geht dabei um den Umgang mit Menschen – mit jedem einzelnen von uns. Seien Sie auch darin exzellent.

Der Ruf des Qualitätsstandortes Deutschland eilt ihm seit Anbeginn des 20. Jahrhunderts ungebremst voraus und wird heute mit vielen Nachbar- und Partnernationen wie der Schweiz, Österreich sowie diversen anderen Ländern dieser Welt geteilt, die sich – wie auch Deutschland – diesen Ruf im Laufe vieler Jahrzehnte erarbeitet haben. Die Qualifizierung und Globalisierung aller Märkte unterliegt also einer stetigen Entwicklung – wie Ihr QMS. Die Generalstrategie für Qualität lautet: Bewegung!

„Made in Germany" wird nach wie vor als Garant exzellenter Ergebnisse erachtet. Machen Sie aktiven Gebrauch von diesem wirtschaftlichen Nährboden und gehören auch Sie zu den Qualitätspionieren der aktuellen Zeitrechnung.

Sie haben im Rahmen Ihrer QMS-Einführung die Rahmenbedingungen geschaffen und das Rüstzeug dafür erlangt. Machen Sie es besser als mancher Mitbewerber vor oder neben Ihnen, und überlassen Sie somit anderen „den Weg aus der Chance".

Setzen Sie Ihren Formel-1-Boliden auf die Rennstrecke. Greifen Sie auf eine gewappnete Rennleitung und eine exzellent vorbereitete Boxencrew zu, die nur darauf wartet, Sie zu unterstützen – nur fahren müssen Sie selbst, und Sie werden den Sieg durch Qualität erleben!

Dank

Mein herzlichster Dank geht an alle Menschen in meinem Umfeld, die inhaltlich, methodisch, mental oder auf andere Weise zur Entstehung dieses Buchprojekts beigetragen haben.

- Frau Lisa Hoffmann-Bäuml, meiner Lektorin und Programmleiterin beim Carl Hanser Verlag, die mir mit ihrem konstruktiven, unkomplizierten und immer sympathischen Feedback den Weg durch dieses Projekt gewiesen hat, ohne mich dabei in der Darstellung der Thematik einzuschränken.
- Herrn Dr. Fritz Taucher, dem Chefredakteur des Fachmagazins *Qualität und Zuverlässigkeit*, vom Carl Hanser Verlag für die inspirierenden Dialoge, die zur Grundsteinlegung dieses Buchprojekts beigetragen haben.
- Herrn Daniel Trylski, Grafikdesigner und Webentwickler für emilQ und GlaxoSmithKline für die gemeinsame Entwicklung der beiden Protagonisten „Q" und „LISA", die wunderbaren Grafiken zum Buch und für die Unterstützung bei der Erstellung der buchbegleitenden Internetseite.
- Herrn Thomas Mai, Qualitätsingenieur der DeWind Europe GmbH, für seinen Praxisinput und für die umfassende und unermüdliche Unterstützung bei der Erstellung der Tools und Vorlagen für den QM-Werkzeugschrank.

- Frau Ulrike Vogt, Leiterin Marketing und Vertrieb, TÜV SÜD Management Service GmbH für den informativen Austausch und die Zuarbeit für das Kapitel „Die Zertifizierung".

- Herrn Roland Glauser, CEO SQS Schweiz für das umfassende Interview.

- Frau Ursula Schlatter, Marketingleiterin SQS Schweiz für die Aufbereitung des SQS-Interviews, den wertvollen Input zum Thema „Zertifizierung" und die hervorragende Gastgeberschaft während des Filmdrehs in Zollikofen.

- Frau Anke Judith Bauer, Marketingleiterin ViCon GmbH und Fotografin für die exzellente Kommunikation und den Input zur Geschäftsprozessmodellierung mit ViFlow.

- Herrn Sascha Kugler, Geschäftsführer der Alchimedus Management GmbH sowie die Herren Michael Saft und Ronald Raack für die Bereitstellung der IT-Systembasis für „LISA – Qualität und Management" und die hervorragende Kooperation während der Entwicklungsphase.

- Herrn Thorsten Krieg, Ingenieur für Arbeitssicherheit und Datenschutz, für die Unterstützung im Produktmanagement der buchbegleitenden Softwareentwicklung von „LISA – Qualität und Management".

- Frau Verena Jackstein, Textredaktion und Onlinemedien bei emilQ, für die gute Zusammenarbeit und das konstruktive Feedback.

- Herrn Thomas Brocksch, Qualitätsmanager der DeWind Europe GmbH, für die Bereitstellung der QMS-Abbildungen auf Joomla!-Basis.

- Herrn Gautier Decaen, Project Manager PMO der WKN-Windkraft Nord AG, für die Informationen zur Joomla!-Installation.

- Herrn Oliver Jauch, Media- & Sound Supervisor, für die Gesamtproduktionsverantwortung und das Sounddesign des multimedialen Materials zum Buch.

- Herrn Markus Kleinhans, Regisseur & Kameramann (Mekk Movie), für die sympatisch-professionelle Produktion der Kapitelvideos.

- Herrn Michael Kunz, Project Manager und Strategy Ambassador, Bürkert Fluid Control Systems, für die Bereitstellung von Beispielmaterial für den QM-Werkzeugschrank.

- Herrn Christian Zafuta, Physiotherapeut, für die körperlichen Erfrischungseinheiten während der gesamten Erstellungsphase des Buchmanuskriptes.

Für die ausführlichen Testlesungen und das unterstützende Feedback möchte ich mich herzlich bedanken bei

- Isabella Krabek – Philologin, SAP Nordic Solutions, Kopenhagen, Dänemark

- Günter Anders MBA – Senior Specialist Qualitäts- und Lieferantenentwicklung, Vestas Wind Systems AG, Aarhus, Dänemark

- Thomas Mai – Qualitätsingenieur, DeWind Europe GmbH, Hamburg

- Bernd Witzany – Geschäftsführer, CIC-Consulting GmbH, VWL-Dozent sowie Coach und Seminarleiter bei emilQ EXCELLENCE

- Petra Deka – Geschäftsführerin ACT Music, München/Berlin

Für die sehr persönlichen Beiträge und Stimmen zum Thema Qualität (auch wenn nicht alle Beiträge im Buch untergebracht werden konnten) geht mein außerordentlicher Dank an

Sebastian Fitzek, Prof. Dr. Christian Kunze, Garth Wilkonson, Eva Ludwig, Luis Vallina, Alexander Zachow, Dr. rer. nat. Vassilios Meladinis, Stefan Borbe, Leyla Alacam, Artur Müller, Christophe Klöckner, Marek Kumsta, Uwe Röder, Leon Xu, Mogens H. Olivarius, Parasuraman Subramania Pillai, Sir Ernest Betson, Alexander Otterbach, Webster Thompson.

Der besondere Dank …

… geht an den Menschen an meiner Seite – an meine liebste Ehefrau, beste Freundin und Geschäftspartnerin Carola Weidner geb. Seifert, die durch ihre unermüdliche und allumfassende Unterstützung mein Leben ständig bereichert und durch ihr kontinuierliches Feedback in höchstem Maße zum Gelingen dieses Buchprojekts beigetragen hat. Ich liebe dich!

Falls ich jemanden vergessen habe, bin ich untröstlich und werde die Nennung im Falle einer nächsten Ausgabe nachholen.

Besten Dank an alle für die grandiose Unterstützung!

Euer

Georg E. Weidner

Autor

Der Autor, geb. am 18. Mai 1970 in München, ist Gründer und Geschäftsführender Inhaber des Unternehmens emilQ mit den Geschäftsbereichen emilQ EXCELLENCE und emilQ TV. Zuvor war er Vizepräsident und Betrauter für Qualitäts- und Organisationsentwicklung bei der Vestas Wind Systems AG, dem Weltmarktführer im Bereich Windenergie mit Hauptsitz in Dänemark.

Georg E. Weidner coacht Unternehmer, Führungskräfte, Künstler und Existenzgründer durch Entwicklungs- und Veränderungsprozesse und berät Unternehmen auf internationaler Ebene. Er hält Vorträge und gibt Seminare zum Thema Qualität in Strategie, Struktur, Führung und Prozessgestaltung.

Während diverser Auslandsstationen in Asien, den USA und Europa entwickelte er das MEMO-Prinzip und erhielt 2003 einen Lehrauftrag für prozessorientiertes Qualitätsmanagement an der Hochschule Kempten.

Georg E. Weidner beschäftigt sich seit 1998 mit der Integration von Qualität im unternehmerischen Umfeld sowie mit dem Prinzip des Methodentransfers für individuelle Interessenbereiche. Seine weitere Leidenschaft gilt der Musik.

Weiterführende Informationen finden Sie unter *www.emilq.com*.

Index

Symbole

5W-Technik   *115 ff.*
8D-Methode   *100, 115, 157*

A

Ablauf   *109*
Ablauforganisation   *38*
Altertum   *5*
Anforderung   *12*
Arbeitstechnik   *85*
Atmosphäre   *81*
Aufbauorganisation   *38*
Aufgaben- und Projektliste (APL)   *81*
Aufgabenverteilung   *80*
Auftraggeber   *54, 64*
Ausbildung   *109*

B

Berater   *56, 70 f.*
Bescheidenheit   *71*
Bestandsaufnahme   *132*
Best Practice   *4, 25, 109*
Betriebsrat   *54, 127, 130, 141, 164*
Beziehungsebene   *77*
Brainstorming   *82, 86, 114 ff., 119 ff., 139*

C

Change Management   *69, 161*
Coach   *56, 71*
Content Management System (CMS)   *174*

D

Design Thinking   *83*
Diagramm   *89*
Dialog   *92*
DIN EN ISO 9001:2008   *11, 24, 26 f., 54, 106, 131, 135, 139, 142 f., 146, 150, 154, 159, 161 f., 164*
Dokumentation   *154 f., 157, 159, 163*

E

Effektivität   *49*
Effizienz   *49*
EFQM Excellence Model   *9, 29*
Eisberg PdA   *21*
Eisenhower-Prinzip   *96*
Emotion   *74*
Entscheidungsfindung   *186*
Entscheidungsspielraum   *73*
Erholungspause   *80*
Eröffnungsveranstaltung   *129*

F

Fachspezialist   *56*
Fähigkeit   *24, 36, 42, 133, 139, 141, 157, 159, 161*
Fähigkeitsmatrix   *142*
Feedback   *63, 90, 93, 132*
Fehlerkosten   *14 f.*
Fehlersammelliste   *119, 121, 123*
Finanzplan   *158*
Findungsphase   *79*
Flussdiagramm   *47*
FMEA   *113*
Forming   *79*
Führung   *38, 71, 133, 159*
Führung, Erfolgsfaktoren   *72*
Führungsprozess   *44*
Führungsstil   *185*
Funktionsbeschreibung   *158*

G

Gantt-Diagramm *128*
Gegenwart *8*
Geschäftsprozessmodellierung *155*
Gesprächsatmosphäre *94*
Gestaltungselement *88*
Grafik *89*
Gruppenuhr *77*
Gültigkeit *187*

H

Handlungsflexibilität *58*
Histogramm *119*

I

Industriezeitalter *7*
Infrastruktur *110, 131, 134, 138, 141, 143, 154*
Input *42, 108, 130, 133, 136, 140, 143, 145, 148, 151, 157, 160, 163*
Integriertes Managementsystem (IMS) *30*
Internes Audit *161*
Ishikawa-Diagramm *115 f., 119, 121*
ISO 14001 *29*

K

Kenntnis *109*
Kernprozess *44*
Key Performance Indicator (KPI) *109*
Kick-off-Meeting *55, 59*
KISS-Regel *11*
Kommunikation *91, 93 f.*
Konfliktlösung *84*
Konsensfindung *83*
Kontinuierlicher Verbesserungsprozess (KVP) *9, 101, 103, 144, 145, 153, 195*
Kontinuierliche Verbesserung *186*
Korrelationsdiagramm *119*
Kosten *3, 14 f., 21, 24, 95, 110*
Kundenanforderung *9, 31*
Kundenorientierung *185*
Kundenzufriedenheit *3, 132, 146, 162, 183*

L

Leidenschaft *73*
Leistungsfähigkeit *74*
Leistungsphase *79*
Leistungsstandard *17, 108*
Leitungsprozess *44*
Lenkungsgremium *54, 64, 88, 127, 130*

Lieferant *91*
Lieferantenbeziehung *186*

M

Made in Germany *7*
Managementhandbuch *160*
Managementprozess *44*
Marktzugang *4*
Matrixorganisation *39*
Matrixorganisation, ablauforientierte *40*
Matrixorganisation, aufbauorientierte *40*
MEMO-Prinzip *34*
Mensch *35*
Mitarbeiter *34, 38, 185*
Mitarbeiterbefragung *146*
Mitarbeitermeinung *132*
Mitarbeiterzufriedenheit *132*
Mittelalter *6*
Moderation *86*

N

Norm *11, 25 f., 28 f., 37, 52, 131, 135, 139, 142 f., 146, 150, 154, 159, 161 f., 164, 192*
Norming *79*
Null Fehler *9, 17, 71, 99, 108, 122, 140, 157, 197*

O

Oberste Leitung *33, 54, 127, 130 f., 133 f., 136 ff., 140, 162 f.*
OHSAS 18001 *29*
Orientierung *36*
Output *42, 105*

P

Pareto-Analyse *115 f., 119, 122*
PdA-Eisberg *100*
PDCA-Zyklus *102 f., 115*
Performing *79*
PERT-Diagramm *128*
Poka Yoke *111*
Präsentation *90 f.*
Preis der Abweichung (PdA) *14, 16, 20, 100*
Preis der Übereinstimmung (PdÜ) *14, 16*
Priorisieren *96*
Produktqualität *3*
Projektabschluss *64*
Projektauftrag *57*
Projektcontroller *55*
Projektcontrolling *61 f.*
Projektdefinition *52*

Projektdurchführung   *61*
Projektergebnis   *61*
Projektkarriere   *57*
Projektleiter   *51 f., 54 ff., 64, 127*
Projektmanagement   *33, 51*
Projektmarketing   *63*
Projektmitarbeiter   *54, 56, 143, 150*
Projektorganisation   *53*
Projektplan   *60, 128*
Projektplanung   *58*
Projektreview   *65*
Projektrolle   *53*
Projektsponsor   *54*
Projektstatusbericht   *62*
Projektteam   *55, 57 f., 61, 63 f., 70, 72, 85, 142, 144 ff., 148 f., 151 ff.*
Projektvorbereitung   *57*
Projektziel   *61*
Projetreview   *64*
Prozess   *34, 36, 38, 42, 44, 151, 157, 159, 161*
Prozessablauf   *46*
Prozessart   *43*
Prozess-Assessment   *132 f.*
Prozessbürokratie   *46*
Prozessebene   *45*
Prozesskette   *42*
Prozesskosten   *14, 15*
Prozesslandschaft   *47, 147*
Prozessmanagement   *42*
Prozessmodellierung   *170*
Prozessorientierung   *186*
Prozessschaubild   *45*
Prozessumfang   *107*
Puffer   *58*

Q

QM-Handbuch   *159*
Qualitätsanforderung   *2*
Qualitätsdefinition   *12*
Qualitätsdokumentation   *154*
Qualitätsgeschichte   *5*
Qualitätshaus   *12*
Qualitätskriterium   *2, 193*
Qualitätsmanagementbeauftragter (QMB)   *24, 127, 145*
Qualitätsmanagementsystem (QMS)   *3, 22, 24, 127*
Qualitätsmaßstab   *20*
Qualitätsmultiplikator   *144*
Qualitätsregelkarte   *119*
Qualitätsrevolution   *7*
Qualitätssprache   *11*
Qualitätswerkzeug   *131, 135, 139, 142 f., 150, 154*
Qualitätszirkel   *100, 160*

R

Reflexion   *74*
Regelungsphase   *79*
Reputation   *4, 184*
Rezertifizierung   *187*
Risikoreduktion   *3*

S

Sachebene   *77*
SMART   *61*
Softwarelösung   *167*
Software, Weiterentwicklung Managementsystem   *167*
Soll-Zustand   *157*
Spielregel   *80, 109, 131, 134, 138, 141, 150, 153*
Stakeholder   *136*
Statusmeeting   *61*
Storming   *79*
Strategie   *9, 24, 34 ff., 38, 42, 101, 133, 135, 157, 159, 161, 195*
Streitphase   *79*
Struktur   *24, 34 ff., 38 f., 42, 133, 139 ff., 157, 159, 161*
Supportprozess   *44*
Swimlane-Diagramm   *46*
Synergie   *4*
System   *13, 23*
Systemabbildung   *167*
Systembewertung   *161*
Systemorientierung   *186*

T

Tagesordnung   *80*
Teammitglied   *70, 87*
Teamwork   *76*
Text   *89*
Transparenz   *4, 73*
Turtle-Diagramm   *47, 93, 103, 129, 131, 143 f., 150, 152 ff.*

U

Überwachungsaudit   *187*
Unternehmen   *35, 162*
Unternehmenskultur   *135 f.*
Unternehmensleitbild   *135, 155, 157*
Unterstützungsprozess   *44*

V

Veränderungsprinzip   *72*
Veränderungsprozess   *71*

Veränderungsprozess, Phasenmodell   *74*
Verantwortung   *33, 71, 131*
Verbesserungsprojekt   *150*
Verhalten   *90*
Vier Grundsätze für Qualität   *9, 10*
Visualisierung   *87*
Visualisierungsmittel   *88*
Vorbeugung   *8, 13, 100, 115*
Vorbildfunktion   *33, 73, 131*
Vorgabe   *109, 193*
Vorgehensweise   *130, 134, 137, 141, 143, 145, 148, 151, 158, 160, 162 f.*

W

Wachstum   *4, 101*
Wettbewerbsvorteil   *4*
Willensstärke   *71*

Z

Zeit   *3, 24, 89, 95, 107*
Zeitmanagement   *95*
Zertifikat   *187*
Zertifizierung   *162, 181*
Zertifizierungspartner   *185, 188*
Ziel   *129, 133, 135, 139 f., 143, 145, 147, 151, 156, 159, 163, 193*
Zielsetzung   *80*